无线光通信原理与应用

汪井源　徐智勇
李建华　汪　琛　著

东南大学出版社
SOUTHEAST UNIVERSITY PRESS
·南京·

内容提要

本书主要围绕无线光通信的原理、系统及应用等内容，对无线光通信信道模型及理论、无线光通信系统及关键技术、无线光通信新型应用及前沿发展进行阐述。本书从基础问题出发，以实际应用中的问题为目标，通过分析讨论，尽量以易于理解的方式介绍解决无线光通信中问题的原理方法、系统组成和关键技术。本书是作者在无线光通信领域多年教学和研究的成果汇集，在应用无线光通信研究领域已有理论知识的基础上，引入作者在该领域最新的研究成果，既是对以往相关研究工作的经验回顾和技术总结，也包含了作者对未来无线光通信技术发展的一些思考和展望。

本书既可作为高等院校通信工程、电子工程和光学工程等相关学科专业本科生和研究生的课程教学用书，也可作为无线光通信领域研究人员和工程技术人员的参考用书。

图书在版编目(CIP)数据

无线光通信原理与应用 / 汪井源等著. — 南京 ：东南大学出版社，2023.3(2024.10重印)

ISBN 978-7-5766-0164-0

Ⅰ.①无… Ⅱ.①汪… Ⅲ.①光通信 Ⅳ.①TN929.1

中国版本图书馆 CIP 数据核字(2022)第 114933 号

无线光通信原理与应用

著　　者：汪井源　徐智勇　李建华　汪　琛

责任编辑：张　烨　　责任校对：韩小亮　　封面设计：王　玥　　责任印制：周荣虎

出版发行：东南大学出版社

社　　址：南京四牌楼 2 号　　邮编：210096　　电话：025-83793330

网　　址：http://www.seupress.com

电子邮件：press@seupress.com

经　　销：全国各地新华书店

印　　刷：苏州市古得堡数码印刷有限公司

开　　本：787 mm×1092 mm　1/16

印　　张：11.5

字　　数：294 千

版　　次：2023 年 3 月第 1 版

印　　次：2024 年10月第 2 次印刷

书　　号：ISBN 978-7-5766-0164-0

定　　价：52.00 元

本社图书若有印装质量问题，请直接与营销部联系。电话(传真)：025-83791830

前言

PREFACE

一直以来，作为非主流光通信方式的无线光通信技术在光纤通信的耀眼光芒下低调发展。但是，无线光通信方便、可靠、大容量的特点还是使其在军事通信和特殊场合的应用中获得了一席之地。时至今日，随着人类社会对通信带宽的追逐，以及下一代移动网络的发展部署，无线光通信重新引起研究人员的关注，逐渐获得了新的发展空间。

本书是陆军工程大学无线光通信研究团队在该领域多年教学和研究的成果汇集。本书既介绍了无线光通信的基本原理，又针对无线光通信在实际应用中面临的问题，分析了其应用发展所需的关键技术和系统组成。全书共分 7 章，涉及大气信道及其传输特性、无线光通信系统、湍流抑制技术、基于光子计数的弱光检测技术、紫外光网络以及逆向调制无线光通信等内容。希望读者在阅读本书后对无线光通信有一个初步的认识，并为进一步的学习和研究打下良好的基础。

本书是作者在多年相关课程教学的基础上总结完成的，并且引入了作者在该领域最新的一些研究成果，既是对以往相关研究工作的经验回顾和技术总结，同时也体现了作者对未来无线光通信技术发展的一些思考和展望。

参与本书撰写或为本书提供参考资料的还有谢孟桐、秦蕴仪、李成、赵继勇、戚艾林和朱勇等人。本书写作过程中，得到了研究生马雅盼、张磊等人的帮助。感谢所有参与人员的辛苦付出和无私奉献。此外，本书的工作还得到了国家自然科学基金(62271502、62171463、61975238)的支持和资助。

由于水平有限，书中难免有误，欢迎读者批评指正。

目　录

CONTENTS

第 1 章 无线光通信概述

1.1 概述

无线光通信(Wireless Optical Communication,WOC)是以光波为载体,在自由空间传播以实现信息传递的通信方式,也称为自由空间光通信(Free Space Optical Communication,FSO)。

实际上,人类对光通信的研究和应用也是从无线光通信开始的。早在三千多年前,我国历史上就有通过烽火狼烟来传递前方敌情的记载,这可以看作一个简单原始版本的无线光通信。随着科学技术的进步,人类对光通信的兴趣有增无减。1880 年,美国人亚历山大·格雷厄姆·贝尔演示的人类历史上第一个利用光电器件设计搭建的光通信系统就是无线光通信系统,这个系统的通话距离最远达到了 213 m。1881 年,贝尔发表了题为《关于利用光线进行声音的产生与复制》的论文,报道了他的光电话装置。贝尔发明的这个光电话虽然在商业上没有获得成功,但是他清晰地展示了现代光通信的基本原理和基本架构,甚至在贝尔本人看来,在他所有的发明中,这个光电话是他最伟大的发明。贝尔的光电话也被认为是近代无线光通信的开始,对未来光通信的发展影响重大且深远。

20 世纪 60—70 年代,在激光器出现以后,人们对激光在通信方面的巨大潜力充满了兴趣,这一时期国际上掀起了研究无线激光通信的热潮。1961 年美国贝尔实验室和休斯公司分别用红宝石激光器和氦-氖激光器进行了大气激光通信的实验。60 年代中期,CO_2激光器和 Nd:YAG 激光器的发明,使大气激光通信又向前迈进了一步,尤其是 CO_2激光器,它的波长为 10.6 μm,是适合大气信道传输的低损耗窗口,逐渐成为大气激光通信的主要候选光源。60 年代中期以后涌现了许多大气激光通信实验系统,其中包括 10.6 μm 外差检测电视信号传输实验系统,传输距离为 19 英里;30 Mb/s 脉冲编码调制通信实验系统,传输距离为 5 英里;工作于 10.6 μm 波长的 224 Mb/s 脉冲编码通信实验系统等。与此同时,光调制技术和探测技术也得到了一定的发展。

在这一时期对光通信的研究中,研究人员同时也一直致力于获得理想的光传输介质以实现大容量通信。在华裔科学家高锟博士提出的低损耗光纤理论指引下,世界上第一根低损耗光纤于 1970 年问世。此后,光纤通信吸引了各国工业部门和研究机构极大的兴趣,光纤通信在技术上和应用上都获得了巨大的成功。此时的无线光通信由于受天气的影响而显得通信性能不够稳定,逐渐被冷落。

显而易见，光纤通信时至今日仍然是现代信息社会的基石，其长距离、高速率和高可靠性的特点使其在人类生产活动及日常生活中获得了空前规模的应用，在信息社会中具有不可替代的作用。不过，面对人类层出不穷的通信需求，光纤通信也不可能完全适用于所有的应用领域，而无线光通信因为其自身特点仍然具有独特的生命力，可以用作抗干扰通信、应急通信以及光纤通信的补充手段，特别是在军事通信应用中有着广阔的应用前景。

进入 20 世纪 80 年代以后，大功率半导体激光器件被研制成功并推向市场，激光技术、光电探测等关键技术也日益完善与成熟，随着空间通信需求的日益增加，大气激光通信重新唤起了人们的热情。在探索大容量、高速率通信的研究中，无线激光通信技术悄然复苏并逐渐走向实用化。1988 年，巴西 AVIBRAS 宇航公司研制出一种便携式半导体激光大气通信系统，其外形如一架双筒望远镜，在上面安装了半导体激光器和麦克风，将一端对准另一端即可通信，通信距离为 1 km，而如果将光学天线固定下来，通信距离可达 15 km。1989 年美国 FARANTI 仪器公司研制出一种短距离、隐藏式大气激光通信系统。90 年代初，俄罗斯进行的激光大气通信系统技术的实用化研究也取得了实质性进展，推出 10 km 以内的半导体激光大气通信系统并在莫斯科、瓦洛涅什、图拉等城市投入应用[1]。可以说，无线光通信在度过其发展中的艰难时期后，又迎来了众多关注。目前，在经过了这些年的发展后，无线光通信不仅成功地走向了应用，而且众多新技术的探索使得无线光通信又开辟了新的应用领域和应用形式。

我国对大气激光通信的研究几乎与国际同步，早在 1963 年就开始了大气激光通信的研究。1971 年，电子工业部三十四所开始了大气激光通信技术的研究，1974 年推出了 Nd:YAG 大气激光通信系统实验样机，并在北京军事博物馆与清华大学间架通了实验线路，进行了通信演示[1]。进入 90 年代后，随着国际上无线光通信研究的复苏，中国电子科技集团公司第三十四研究所、中国科学院上海光学精密机械研究所等国内研究机构和企业也先后研制成功实用的近地大气激光通信系统端机。

综合来看，无线光通信的优点可以总结为：

• 开通便捷：因为不需要敷设光缆，所以无线光通信系统在建立通信连接时，非常便捷。架设便捷可以大大缩短施工周期，这对于通信运营管理者而言，是一种极好的选择。

• 传输速率高：由于光波的频率在 10^{14} Hz 量级，作为光通信方式，无线光通信系统具有非常高的传输速率，其最大信息传输速率可达 Gb/s 量级。

• 抗电磁干扰：无线光通信设备的工作波段位于光波谱段，适用于复杂电磁环境下的抗干扰通信。

• 保密性好：无线光传输时的激光光束一般较窄，定向性好，很难截获，因此，具有较好的通信保密性。

• 无需频谱授权：无线光通信设备之间没有信号的相互干扰，所以无需像无线电通信那样申请频谱授权。

此外，自从 20 世纪 90 年代以来，随着波分复用(Wave length Division Multiple, WDM)、自适应光学(Adaptive Optics, AO)以及掺铒光纤放大器(Erbium Doped Fiber Amplifier, EDFA)等关键器件和技术的不断发展，无线光通信在传输距离、传输容量、可靠性等方面都有了很大改善，无线光通信系统的适用性不断增强，新的技术应用也层出不穷。

1.2 无线光通信的分类和应用

无线光通信是以自由空间为信道进行传播的，这里的传输信道可以是真空、大气或者水等自由空间。在不同的应用中，由于不同的信道各具特点，其对光波传输的影响也各不相同，因此，可将光通信分类如图 1-1 所示。

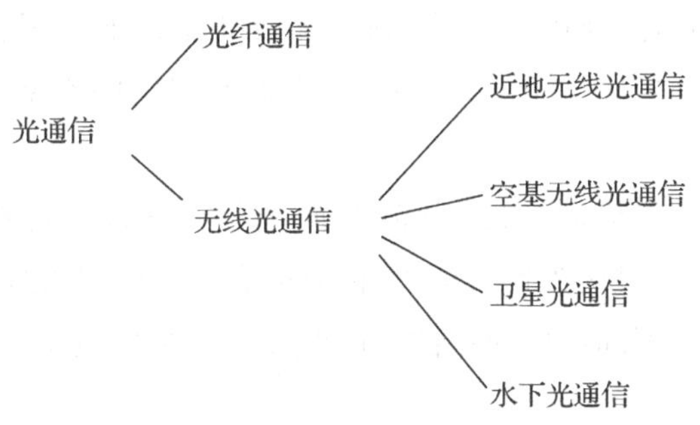

图 1-1 光通信分类

光通信可分为光纤通信和无线光通信，而无线光通信发展至今，依据传输信道的特点和区别又主要包含了近地无线光通信、空基无线光通信、卫星光通信和水下光通信等通信形式，如图 1-1 所示。

(1) 近地无线光通信

近地无线光通信主要应用于地球表面，此处大气信道对激光传输的影响最为严重，系统一般工作于中短距离，包括点对点大气激光通信、室内可见光通信、紫外光通信等不同形式。

近地无线光通信是目前商业领域中最成熟也最常见的应用，特别是在复杂电磁环境下的军事应用中备受瞩目。比如美国海军的 TALON 计划，其属于未来容量提升计划(Future Naval Capability Program)的一部分，主要用于为未来美国海军作战提供不受电磁频谱限制的大带宽可靠传输手段。随着未来的战场对通信带宽需求的日益增长，TALON 计划满足态势感知、安全通信、自由操控的使用条件，并与现有网络互连互通。

(2) 空基无线光通信

空基无线光通信主要应用于飞机或无人机的空对地、空对空无线光通信，其传输信道虽然也位于大气层，不过由于大气信道的特点随着海拔高度不同而有所变化，其对激光传输的影响与近地大气信道也不一样。

目前国外开展了空-地一体无线光通信系统研究的主要有美国、欧盟等。美国主要开展了飞机、飞艇、无人机之间及对地的无线光通信系统及组网试验，欧盟主要开展了飞机对地无线光通信试验、无人机对卫星通信试验等。

美国空军早在20世纪60年代就开展了空-地无线光通信外场测试。为了将无线光通信技术引入战场通信应用，美国国防部高级研究计划局（DARPA）在2002—2003年开展了太赫兹作战回传（THOR）项目，以检验将多个无线光通信终端连接到一个网络内的可行性。为了解决可靠性问题，DARPA还提出了将无线光通信的高传输速率和射频通信的高可靠性混合起来应用的思路。目前在军用领域推动这种混合通信技术发展的主要是美国DARPA和美国空军研究实验室（AFRL），已开展了多次验证和测试活动。

（3）卫星光通信

卫星光通信是无线光通信最具应用潜力的领域，包括星间光通信和星地光通信。在卫星光通信的传输中，信道对激光传输的影响随着海拔高度的升高而降低，但是距离带来的光功率损失使得接收的光信号非常微弱，同时光束跟踪和对准的难度也是卫星光通信面临的巨大挑战。

自20世纪90年代实现全球首次在轨激光通信试验以来，以美国航空航天局、欧洲空间局、日本宇宙航空研究开发机构为代表的国外空间研究机构，已经完成了不同轨道间、不同通信制式、不同激光波长、不同通信速率的空间激光通信在轨技术验证，多个研究计划都在积极推进。

2021年，美国国家航空航天局（NASA）进行了激光通信中继演示验证（Laser Communications Relay Demonstration，LCRD）研究，目的是验证空间激光通信链路与网络技术，是建立美国下一代跟踪和数据中继卫星（Tracking and Data Relay Satellites，TDRS）空间激光通信与网络的重要参照。NASA还计划于2025年在高轨道卫星（GEO）节点上启用新的激光通信近地卫星系统（Laser Optical Communications Near Earth Satellite System，LOCNESS），该系统将补充TDRS的数据中继能力。

此外，无线光通信还在往深空通信的方向发展。2022年NASA计划发射一颗运行在火星和木星之间的探索性卫星Psyche，并搭载激光通信终端（Deep Space Optical Communications，DSOC），以进行一系列深空激光通信试验，通信距离为5500万千米。

随着世界各国重视程度的增加和技术的进步，卫星光通信已显现出规模应用的曙光。SpaceX公司目前已成功在轨道上测试了星链卫星的激光通信，这种设计可大幅降低连接延迟，向着打造更强大空基互联网的目标迈出了重要一步。SpaceX公司计划在所有星链计划卫星上配置激光终端，这标志着卫星光通信在国外已处于规模应用的前夜。

（4）水下光通信

水下光通信主要是水下蓝绿光通信，主要应用形式为对潜激光通信，以及应用于水下自主式机器人（AUV）、水下传感器网络的无线光通信等。

自20世纪70年代以来，随着激光技术的日益成熟，对潜水下光通信技术逐渐得到了人们的重视。1977年，美国海军发表了一份研究报告，评估了卫星对潜激光通信的可行性，提出了初步方案和主要的技术要求，1978年，开始正式实施激光对潜通信的研究发展计划。苏联也几乎在同一时期开始研究激光对潜通信。研究表明，在400～580 nm波段，海水对光波传播的损耗较低，水质较好时损耗可低于0.05 dB/m，这被称为海水的“蓝绿窗口”，利用海水的低损耗“窗口”即可实现对潜水下光通信。

进入21世纪后，随着水下自主式机器人、集群式无线传感器网络系统等海洋信息技术的发展，水声通信等现有水下无线通信手段的性能开始成为上述海洋信息技术发展的瓶颈，在此巨大的需求背景下，水下无线光通信受到了各国研究机构的重视。近十年来，在相关光电技术快速进步的背景下，国内外多个研究机构在水下无线光通信技术领域已取得了一定的突破和进展，短距离、低速率的水下无线光通信系统接近于实用化。美国伍兹赫尔海洋学院（Woods Hole Oceanographic Institution，WHOI）Norm Farr教授带领研究团队，研制了速率为1～10 Mb/s、最大距离约为200 m的实验系统，可搭载于水下机器人进行水下试验。2012年，美国SA Photonics公司宣布推出NEPTUNE水下无线光通信系统，光源采用532 nm/486 nm可调谐激光器，通信速率为10～250 Mb/s，采用QPSK或PPM调制方式，通信距离为10～200 m。

1.3 本书的内容

本书主要介绍无线光通信的基础理论、系统构成以及一些有益于提高无线光通信可靠性和灵活性的新技术和新应用。

第一章主要介绍无线光通信历史发展及应用分类；第二章主要介绍大气的组成及对激光传输的影响，大气湍流中的光传输理论；第三章主要介绍典型无线光通信系统的组成，强度调制直接检测（IM/DD）系统和相干光通信系统，以及关键器件；第四章主要介绍抑制湍流影响的孔径平均、空间分集、自适应光学、新型无衍射光束等关键技术；第五章主要介绍无线光通信中基于光子计数的弱光检测技术，以及相应的误码率性能分析；第六章主要介绍紫外光通信的发展、器件、系统及关键技术，介绍基于紫外光通信的组网技术及应用领域；第七章主要介绍新型逆向调制无线光通信技术的发展及应用。

参考文献

[1] 朱勇，王江平，卢麟. 光通信原理与技术[M]. 北京：科学出版社，2011.

第2章 大气信道及其对无线光通信的影响

无线光通信的信道随着应用形式的不同而有所区分，可以是自由空间，也可以是水下，而自由空间又随着海拔高度的不同，其影响光传输的信道特点又有所不同。本章主要介绍大气信道及其对无线光通信系统的影响。

由于大气结构复杂，成分多样，基于其基本成分、结构、参量等特性讨论激光衰减的问题时，大气的光学特性也随着问题的不同而采用不同的描述方式。例如，当分析大气散射的问题时，大气可被视为大气分子和气溶胶粒子的组合；但是当处理大气湍流问题时，大气则被视为具有折射率变化的介质。

2.1 大气信道的特点

2.1.1 大气的分层

地球大气的成分和结构是非常复杂的，根据大气垂直减温率的正负变化，一般把大气分为对流层、平流层、中间层和热层。

在对流层中，大气温度是随着海拔高度升高而降低的，这导致了对流层内产生强烈的对流运动。对流层中聚集了大气质量四分之三的粒子以及几乎全部的水汽，对流层是对光传输影响最严重的部分。在对流层顶的一个厚度约为几千米的区域，温度随着高度下降的趋势变缓，这是对流层和平流层的过渡区。对流层的高度在地球的不同区域是不同的，它随着纬度不同而改变。一般来说，赤道附近及热带地区的对流层高度约为 15～20 km，而极地和中纬度地区的对流层高度约为 8～14 km。

从对流层顶到 50～55 km 高度，垂直减温率为负值的大气层为平流层。平流层中的大气很稳定，垂直运动很微弱，多为大尺度的平流运动。平流层中的尘埃很少，大气的透明度很高。此外，平流层中的水汽含量很少，几乎没有在对流层中经常出现的各种天气现象。

从平流层顶到约 85 km 高的空间为中间层。在这一层中，大气的温度也和对流层一样，随着高度的增加而降低。在中间层内，臭氧已很稀少，水汽也很少。

中间层以上为热层，又称电离层。在这一层中，温度随着高度的增加而增加。热层是大气中温度最高的一层，在这一层中大气非常稀薄。热层顶的高度随着太阳活动的强弱而变化，太阳活动高峰期时约为 500 km，太阳活动宁静期时约为 250 km。

热层以上为外大气层，也称为逸散层或逃逸层，这里的空气粒子非常稀少，对无线光通信的影响较小。

2.1.2　大气的组成

无线光通信技术与传统的有线光纤通信技术相比，传输介质的不同是两者最本质的差异。无线光通信技术使用大气信道作为传输介质，而有线光纤通信技术使用光纤作为传输介质。光纤作为一种人造的通信介质，为光信号传输提供了良好的环境，而大气信道自身的特性并不理想，给无线光通信系统带来了巨大影响。所以在研究大气信道对自由光通信系统的影响前，首先要了解大气组成及大气信道特点。

通常把去除水汽的纯净大气称为干洁大气，简称干大气。干大气的成分按体积计算，大约含有 78%的氮气、21%的氧气、1%的惰性气体。干大气的成分可以分为可变和不可变两种，其中不可变成分在大气中总是保持一定的比例，基本没有变化，而可变成分会随着时间和地点的不同发生显著的变化，干大气中主要的气体成分如表 2-1 所示。

水汽在地球大气中的比例很小，却是大气中最活跃的成分。地球大气中，对光传输产生较大影响的大气成分只占不到整个大气质量的 1%，其中主要包括水蒸气、二氧化碳、臭氧以及其他一些含量更加稀少的甲烷等微量气体。虽然它们含量稀少，但是它们对激光的传输有着重要的影响。

表 2-1　常见地球大气成分的相对分子质量和体积百分比

气体		相对分子质量	体积百分比/%
不可变成分	N_2	28.013	78.0840
	O_2	31.998	20.9476
	Ar	39.948	0.934
	Ne	20.183	0.001818
	He	5.0026	0.000524
可变成分	CO_2	44.009	0.0322
	CH_4	16.043	1.5×10^{-4}
	H_2	2.0159	0.5×10^{-4}
	CO	28.010	0.19×10^{-4}
	O_3	47.012	0.04×10^{-4}

除了大气分子，大气中还悬浮着各种固态、液态以及固态液态混合的微粒，它们被统称为气溶胶粒子。气溶胶粒子的尺度通常在几纳米到几十微米，其组成成分为天然和人工的化学复合物，其中天然气溶胶主要由风扬尘、尘埃、火山灰以及微生物等构成，而云滴粒子则通常指云中半径小于 100 μm 的小水滴，主要由水构成，人造气溶胶主要来自燃料燃烧后的

废弃物以及工业活动排放等。这些气溶胶粒子在大气中的含量很低，但其散射作用对无线光通信具有十分重要的影响。气溶胶粒子成分复杂，尺寸和浓度差异悬殊，且寿命通常较短，因此其物理参数有着很大的可变性。

根据气溶胶粒子的直径大小，可将气溶胶分为：爱根核（半径 $r\leqslant 0.1\ \mu m$）、大粒子（$0.1\ \mu m< r\leqslant 1.0\ \mu m$）和巨粒子（$r>1.0\ \mu m$）。大气中常见粒子的典型半径如表 2－2 所示。理论上可以通过大气粒子的数密度函数、谱分布函数、复折射系数和粒子形状以及由上述参数决定的体散射系数、体消光系数、体吸收系数和散射相函数来描述大气光学传输特性。

表 2－2　大气中常见粒子的典型半径

粒子类型	半径 $r/\mu m$
气体分子	0.0001
霾粒子	0.01～1
雾滴	1
雪花	100～10000
冰雹	5000～50000

大部分气溶胶粒子组成复杂、形状各异。由于大气环境的温度、风速和风向经常发生变化等，其中的气体分子、气溶胶粒子总是做无休止的运动，从而造成大气的组成成分、含水量、气溶胶的分布、大气的密度等气象参数也在不断变化，这就形成了日常生活中常见的云、雨、雾、霾等大气现象。不同的天气对激光的传输有着不同的影响。克服不良天气带来的影响，实现全天候无线通信，至今仍然是提高自由空间光通信灵活性和可靠性的难题之一。

2.2　无线光通信的链路损耗

对于任何通信系统而言，损耗都是导致通信性能劣化的重要原因之一。与光纤通信相比，在无线光通信链路中，光发送机发送出的光信号功率要大得多，而光接收机只是接收到了其中很小的一部分。造成这种情况的原因就是无线光通信中的链路损耗，其产生因素较多，比如，大气信道的传输损耗、光束扩展损耗以及收发端机中光学器件引起的透射损耗等，其中，大气吸收和大气散射引起的信道传输损耗和光束扩展损耗是影响无线光通信系统中接收光功率的主要因素。

2.2.1　大气传输损耗

激光光束在大气中传输一定距离后的光功率可用下式表示：

$$P(L)=P(0)\exp(-\sigma L) \tag{2-1}$$

式中，$P(0)$ 为发送光功率；$P(L)$ 为传输 L 千米后的光功率；σ 为大气信道的消光系数，它由两部分组成，即 $\sigma=\beta_a+\beta_s$，其中 β_a 和 β_s 分别表示吸收系数和散射系数。从式（2－1）中不难看出，确定光信号在大气中传输时的功率变化的关键就是得到确切的吸收系数和散射系数。

1）大气吸收

当光在大气中传播时，由于光波电场的影响，大气分子会发生极化并做受迫振动。因此，光波在传输时要克服大气分子的阻力，这会造成光波能量的消耗，消耗的能量转化为热能等其他形式的能量，造成光波能量的衰减，大气中的 H_2O、CO_2、O_2 等气体的吸收作用比较明显。

大气的不同成分对不同波长的吸收是不同的，其综合影响就构成了光波在大气中的吸收谱。大气在不同的波长区域表现出不同的吸收能力，我们将吸收作用较弱的几个波长区域称作大气窗口，在这些窗口中辐射透射率较高，吸收较弱。无线光通信所选取的通信波长也应在大气窗口内，这样就可以最大限度地降低大气吸收效应对无线光通信产生的影响。

最重要的几个红外大气窗口包括近红外大气窗口（0.76～1.15 μm、1.4～2.5 μm）、中红外大气窗口（3～5 μm）以及远红外大气窗口（8～12 μm）。由于 N_2、O_2、O_3 等气体的吸收作用，波长小于 0.3 μm 的紫外光几乎被全部吸收；由于水分子的吸收作用，波长大于 20 μm 的红外光几乎被全部吸收。在 0.4～0.76 μm 的可见光波段内，分子的弱吸收作用使得光有较高的透射率。在 0.8～20 μm 的红外波段内的吸收相对较为复杂，形成了上述三个红外波段的大气窗口。现在无线光通信系统普遍使用的 0.85 μm、1.55 μm 工作波长的红外光都位于近红外大气窗口内。

能见度大于 31 km 的极晴朗天气条件下大气的透射谱如图 2-1 所示（波长为 0.3～5 μm，不同天顶角时穿过整个大气层的透射率）[1]。

2）大气散射

大气的散射是由大气中不同大小的颗粒的反射或折射造成的，这些颗粒包括组成大气的气体分子、灰尘和大的水滴。纯散射虽然没有造成光波能量的损失，但是改变了光波能量的传播方向，使部分能量偏离接收方向，形成光散射作用，从而也将造成接收光功率的下降。

大气中粒子种类繁多，其尺寸分布范围也十分广，不同波长的红外光穿过大气中不同尺寸的粒子时，发生的散射也各有特点。光波是一种电磁波，其传播时交变的电磁场会与介质分子相互作用，使分子中的电子成为往复运动的偶极振子。根据电磁理论，振动着的偶极子是个次波源，可以像天线一样向各个方向辐射电磁波，这就是光散射的起因。介质的光学不均匀性越显著，散射越强。散射不会造成光波能量的损失，但是改变了光波能量的传播方向，使部分能量偏离原本的传输方向，从而事实上造成接收光功率的下降，影响了通信系统的性能。

当光照射到大气中的分子和气溶胶粒子上时会产生散射，从而使能量重新分布，散射后的能量会因散射粒子的不同而随角度变化呈不同分布。光在大气中的散射主要有两类，即瑞利散射和米氏散射，通常用尺度因子参数作为判定标准，其定义为

$$\alpha = 2\pi r/\lambda \tag{2-2}$$

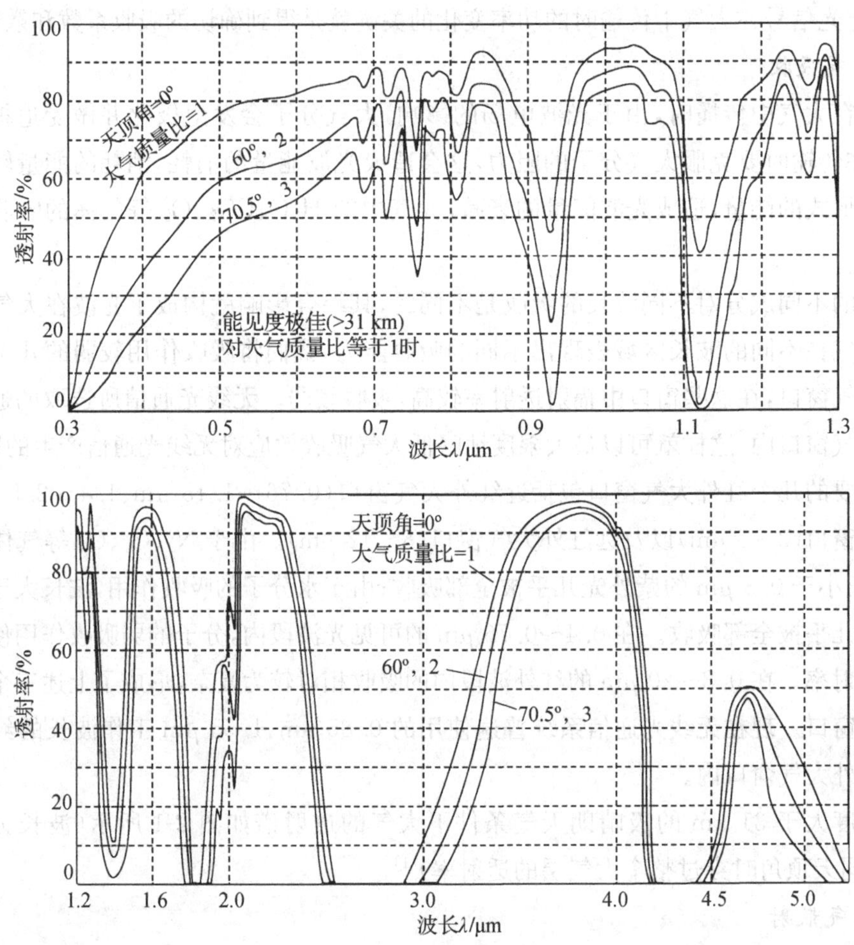

图 2-1　大气的透射谱特性[1]

式中：r —— 粒子半径；

λ —— 信号光波长。

当 $\alpha<0.1$ 时，为瑞利散射；当 $\alpha>0.1$ 时，为米氏散射。从式(2-2)可以看出，光子与微粒之间的散射方式是由信号光波长和粒子半径两个因素共同决定的，也就是说，同一粒子对不同波长的信号光而言其尺度因子参数也不同，需要应用不同的散射理论来处理。

瑞利散射是光与大气中各种原子和分子相互作用而散射的过程，它是一种弹性散射。瑞利散射将散射粒子视为一个振动的电偶极子，这只适用于空气分子等半径很小的粒子，对于尺度可以与波长比拟的大粒子，其散射过程会因为入射光波长、粒子的大小以及形状、折射率和散射角等的变化而极为复杂。瑞利散射具有以下特点：散射光的强度与波长的四次方成反比；散射光的强度与观察方向之间有着比较简单的关系；前向散射能量和后向散射能量近乎相同；90°方向的散射光几乎是偏振的等。瑞利散射的散射系数可表示为

$$\alpha_R(\lambda)=\frac{8\pi^3\ (n^2-1)^2}{3N\lambda^4}\cdot\frac{6+3\delta}{6-7\delta} \tag{2-3}$$

式中：n —— 分子折射率；

N —— 单位体积内的分子个数；

λ —— 入射光的波长；

δ ——散射的退偏振因子，通常为 0.035。

1908 年 G. Mie 给出了均匀球状粒子散射问题的精确解，即米氏散射（或米散射）理论。近地大气中的悬浮粒子主要由气溶胶颗粒组成，直径分布的范围很广，从 0.1 μm 到10 μm。由这些气溶胶粒子造成的散射可以用米氏散射来描述。米氏散射也是一种弹性散射。米氏散射的光强分布比较复杂，主要的散射能量集中在前向方向上。米氏散射有如下特点：散射光的强度比瑞利散射大得多，且散射光的强度变化不像瑞利散射那样对波长敏感，与波长的二次方成反比；散射光的强随角度变化出现许多极大值和极小值，当尺度因子参数增大时，极值个数会增加；前向散射能量与后向散射能量之比随着散射粒子尺寸的增大而增加，当粒子尺寸很小时，米氏散射简化为瑞利散射；当粒子尺寸很大时，可以用几何光学定律来计算散射光的角分布。总的来说，米氏散射的光强分布比较复杂，散射光能量主要集中在前向方向上。

当粒子间距大于粒子直径的三倍时各粒子间的散射作用可以忽略，可被视为满足单粒子散射的条件。通常对于直径在 0.1～10 μm 的粒子可以用单粒子散射来近似地分析大气光散射现象。

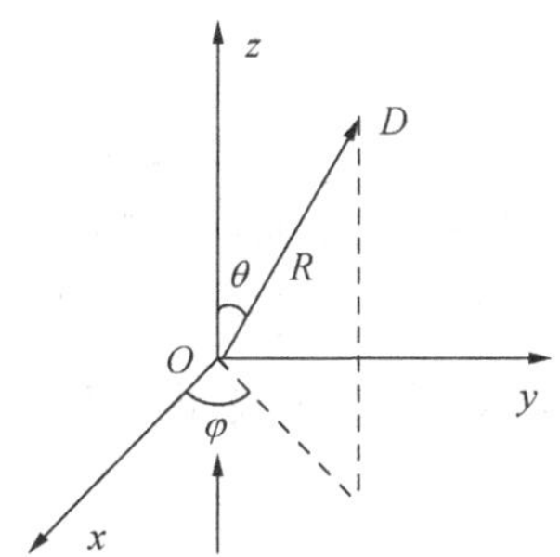

图 2-2 单粒子散射示意图

图 2-2 所示为单粒子散射示意图，散射粒子位于坐标原点 O，相对于周围的空气其复折射系数为 $m=m_1-\mathrm{i}\cdot m_2$，其中 m_1 为复折射系数的实部，表征粒子的散射作用的强度；m_2 为复折射系数的虚部，表征粒子的吸收作用的强弱。一束单色光沿着 z 轴的正方向入射，将一个探测器放置于空间坐标系的 D 点处来检测此处的光强。假设粒子的半径相比于 OD 可以忽略，此时将散射体看作一个点光源。图中 OD 与 xy 平面构成的散射面与 x 轴的夹角 φ 称作散射偏转角，其取值范围为 $0\sim2\pi$；OD 与 z 轴的夹角 θ 为散射方位角，取值范围为$0\sim\pi$。

对瑞利散射和米氏散射的分析是在单粒子散射的情况下进行的，大气中发生的散射主要是这两种散射作用的叠加，其中大气分子尺寸较小，发生的散射通常被认作瑞利散射；气溶胶粒子尺寸较大，发生的散射通常被认作米氏散射；对于更大的粒子，则通过几何散射来分析。在实际的大气中，散射粒子的尺寸和种类各不相同，当满足独立散射条件时，可以将所研究对象内所有粒子的散射相加来得到总的散射。

在近地面大气层中，分子散射的影响较小，造成光能量衰减的主要原因是悬浮粒子的散射。

3）大气传输损耗的估算

研究表明，大气分子吸收在大气衰减中处于次要地位。大气对不同波长的光束有着不同的透射率，且存在多个透射率较高的大气窗口，在进行大气激光通信的系统设计时，只要所选择的工作波长落在这些大气窗口之内，则可忽略大气吸收导致的功率衰减，即可认为 $\beta_a \approx 0$。此外，由于瑞利散射光强度和波长的四次方成反比，在近红外波段瑞利散射光强度很小，所以瑞利散射引起的功率损耗也可忽略。就水平链路传输而言，低层大气的主要衰减是米氏散射。这时，消光系数 σ 可以用与能见度有关的经验公式表示，其形式为

$$\sigma=\beta_a=\frac{3.91}{V}\left(\frac{\lambda}{550\ \text{nm}}\right)^{-q} \tag{2-4}$$

式中，V 为能见度，单位为 km；λ 为激光波长，单位为 nm；系数 q 与大气中粒子的尺寸和密度分布（即能见度）有关，较传统的观点认为它们之间的关系为

$$q=\begin{cases}1.6, & V>50\ \text{km}\\ 1.3, & 6\text{km}<V\leqslant 50\ \text{km}\\ 0.585V^{1/3}, & V\leqslant 6\ \text{km}\end{cases} \tag{2-5}$$

由式(2-5)，人们推断 1550 nm 波长的光在任何天气情况下的衰减系数都将比 785 nm 波长的光小，然而有实验研究表明情况并非如此：在阴霾天及更好的天气条件下大气中 1550 nm波长的光的衰减系数确实比 785 nm 波长的光小，但是在雾天，两者的衰减系数是一样的。当能见度小于 500 m 时，衰减系数与波长无关，即产生非选择性散射。因此有人将 q 值修正为

$$q=\begin{cases}1.6 & V>50\ \text{km}\\ 1.3 & 6\ \text{km}<V\leqslant 50\ \text{km}\\ 0.16V+0.34 & 1\ \text{km}<V\leqslant 6\ \text{km}\\ V-0.5 & 0.5\ \text{km}<V\leqslant 1\ \text{km}\\ 0 & V\leqslant 0.5\ \text{km}\end{cases} \tag{2-6}$$

技术上定义能见度为最初光功率衰减到 2% 的距离，或者在白日水平天空背景下，可分辨足够大的绝对黑体（目标物）的最远视程。很多城市都保存有能见度的数据，这些关于可视距离的数据可以在为无线光通信系统进行链路设计和功率预算时提供参考。

表 2-3 为不同天气条件下，工作波长为 850 nm 时不同天气条件下大气衰减系数和能见度的一些实验数据。

表 2-3　不同天气条件下的大气衰减系数和能见度(工作波长 850 nm)

天气条件	能见度	大气衰减系数/(dB/km)
非常晴朗	50～20 km	0.20～0.52
晴朗	20～10 km	0.52～1.0
轻霾	10～4 km	1.0～2.9
阴	4～2 km	2.9～5.8
薄雾	2～1 km	5.8～14.0
轻雾	1000～500 m	14.0～34.0
中雾	500～200 m	34.0～84.9
浓雾	200～50 m	84.9～339.6

实际上，在无线光通信系统中，功率损耗不仅仅是因为大气传输损耗。由于发射光束总是有一定的发散角，而接收端的光检测器的面积是一定的，因此功率损耗还应包括不能被检测器检测到的光功率损耗，它与光传播的距离 L 有关。

2.2.2　光束扩展损耗

光束扩展损耗，也称为几何损耗或几何衰减，是指激光束以一定的发散角出射，由于光束在接收端的光斑半径扩大，引起接收光强减弱。与上文提到的大气传输损耗不同，光束扩展损耗与大气信道的物理性质没有明显的关联，它是无线光通信系统的固有衰减，也是无法避免的链路损耗。一般情况下，光束扩展损耗的大小仅和无线光通信系统发射端发射的光信号的发散角度、接收端与发射端的距离以及接收端的接收面积大小有关。

光束扩展损耗的示意图如图 2-3 所示。

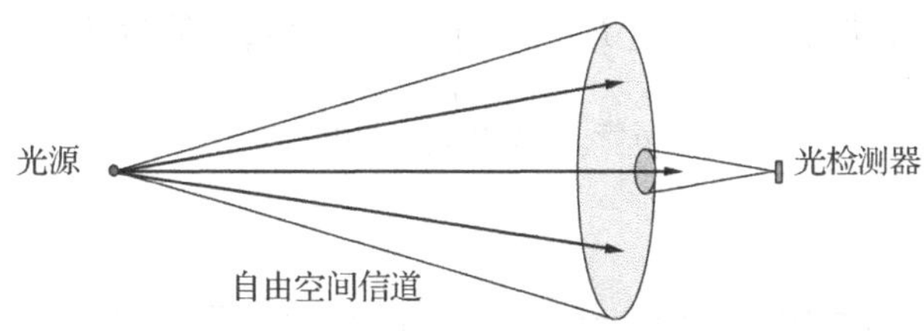

图 2-3　光束扩展损耗示意图

如果激光束的光强是平均分布的，那么光束扩展损耗就是到达接收端的激光光斑面积与光学接收天线面积之比。不过，实际应用中，经过光学发送天线整形后的激光束通常被认为是高斯光束。

设高斯光束的发射光功率为 P_s，截面上其光功率分布可描述为

$$P(r)=P_0\exp\left(-2\frac{r^2}{\omega_0^2}\right) \tag{2-7}$$

式中，ω_0 为高斯光束束腰半径(P_0/e^2 功率点)，P_0 为光功率分布峰值处单位面积内的光功率。

当波长为 λ 的高斯光束在自由空间传播距离 L 后，光束束腰半径 $\omega(L)$ 展宽为

$$\omega(L)=\omega_0\left[1+\left(\frac{\lambda L}{\pi\omega_0^2}\right)^2\right]^{\frac{1}{2}} \tag{2-8}$$

显然，随着距离的增加，激光束的光斑面积越来越大，单位面积内的光能量越来越小，对口径一定的接收端来讲，接收到的光功率也就减少了，这可以看作光束在自由空间中的传输损耗。从(2-8)式还可看出，在通信距离一定的情况下，工作波长增大，传输损耗也将增大；而原始光束束腰半径增大，则可减少传输损耗，因此在发射端往往需要通过光学天线系统对激光束进行扩束。

当高斯光束离开束腰半径很远的时候，其远场发散角可表示为

$$\theta=\frac{2\lambda}{\pi\omega_0} \tag{2-9}$$

当满足条件 $L\gg\frac{\pi\omega_0^2}{\lambda}$ 时，可得距离 L 处的光束束腰半径为

$$\omega(L)=L\cdot\theta/2 \tag{2-10}$$

在激光束传播距离 L 后，截面上其光功率分布为

$$P(L,r)=P_0(L)\exp\left[-2\frac{r^2}{\omega^2(L)}\right] \tag{2-11}$$

同样，$P_0(L)$ 与 P_s 的关系为

$$P_s=\int_0^{2\pi}\int_0^{+\infty}P_0(L)\exp\left(-2\frac{r^2}{\omega^2(L)}\right)r\mathrm{d}r\mathrm{d}\varphi=\frac{\pi\omega^2(L)}{2}P_0(L) \tag{2-12}$$

设接收天线的口径为 D，其垂直于激光束传播方向并位于接收光斑的中心，则接收到的光功率为

$$P_r(L)=\int_0^{2\pi}\int_0^{D/2}P(L,r)r\mathrm{d}r\mathrm{d}\varphi=\frac{\pi\omega^2(L)}{2}P_0(L)\left(1-\mathrm{e}^{-\frac{D^2}{2\omega^2(L)}}\right) \tag{2-13}$$

由此可推导出激光束在传播距离 L 后因角度发散引起的等效功率损耗为

$$\alpha=10\lg\frac{P_s}{P_r(L)}(\mathrm{dB}) \tag{2-14}$$

化简可得

$$\alpha=10\lg\frac{1}{1-\mathrm{e}^{-\frac{D^2}{2\omega^2(L)}}}=-10\lg\left(1-\mathrm{e}^{-\frac{D^2}{2\omega^2(L)}}\right)(\mathrm{dB}) \tag{2-15}$$

激光束发散角对损耗的影响很大，特别是对于传输距离远的卫星光通信，当光束发散角过大时会导致几何损耗急剧增大，甚至会导致链路中断，而较小的发散角也有利于增大传输距离。因此在确定系统发散角时，要综合考虑发射功率、信道特点、通信距离、接收系统视场等因素。

2.2.3　光学损耗

光线在不同介质的分界面处会产生反射和折射现象，光学损耗主要是光束在传输过程

中经过光学器件时产生反射或者折射所形成的能量损耗。当光线经过两种具有不同折射率的介质的分界面时，会产生菲涅尔反射现象，被反射的光可通过下式计算：

$$R=\frac{(n_1-n_2)^2}{(n_1+n_2)^2} \tag{2-16}$$

其中，n_1，n_2分别是分界面两侧不同介质的折射率；R 为反射系数。比如，对于空气和透镜而言，产生一次反射的光学损耗是 4%，如果光学器件中的透镜个数较多时，损耗将成为不可忽视的考虑因素。现有的解决方法是通过镀膜的方式将透镜每个面的损耗降低至约 0.1%，所以一个具有 q 个透镜的光学组合器件的光学损耗为

$$\psi=10\lg(0.999^{2q})(\mathrm{dB}) \tag{2-17}$$

此外，自由空间光通信系统中会使用窄带滤波器来降低背景光噪声，这也会产生额外的光学损耗。对无线光通信的光学系统而言，其光学损耗一般在 2～5 dB 之间。

2.3　大气湍流中的光传输理论

2.3.1　大气湍流的理论描述

1) 大气湍流的形成

大气湍流是大气中的一种重要运动形式。受太阳辐射、地表热辐射以及各种气象因素的影响，大气温度、风速及大气密度等会产生随机变化，于是大气中形成了流速、尺度、折射率各不相同的漩涡，这些漩涡随着大气运动而不断运动并随机叠加或分裂，我们将这一现象称为大气湍流运动[2]。漩涡变化的空间尺度可能小到几毫米，大到几十米，如图 2-4 所示，当光束在大气中传播时，受不同折射率的漩涡影响，可能会产生漂移、弯曲和扩展等大气湍流效应，从而造成接收光强的闪烁与抖动。

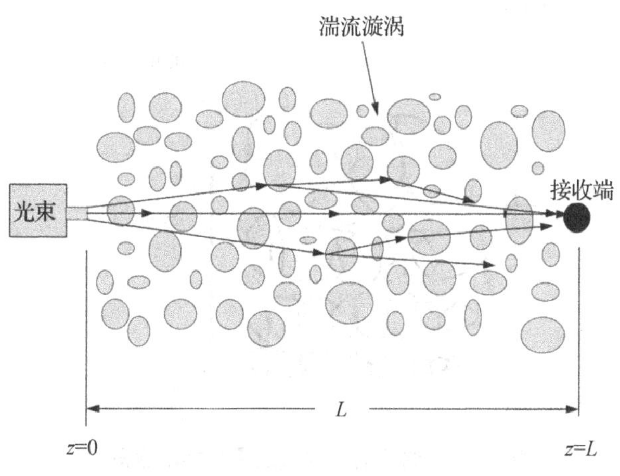

图 2-4　湍流漩涡对光传输的影响

在经典湍流理论中，大气被看作一种黏性流体，而流体运动分为层流和湍流两种状态。

层流状态下的流体运动相对稳定，其速度特征通常一致，规律性强。与层流相比，湍流状态下的流体运动随机性增强，速度场失去了均匀特性。在早期研究中，雷诺认为流体总是在相同的雷诺数下从层流转向湍流，相关实验也表明随机性湍流是有规律的层流在流体速度增大时形成的[3]。据此，雷诺提出了一个无量纲量来衡量层流与湍流的转换，称为雷诺数，定义式为

$$Re = vl/\nu \tag{2-18}$$

其中，v 表示流体的特征速度，单位为 m/s；l 是流体的特征尺度，单位为 m；ν 是流体的运动粘度，单位为 m^2/s。流体从层流到湍流的转变发生在临界雷诺数，当流体雷诺数超过临界值时，流体运动从层流状态转变为更混乱的状态，称为湍流运动。图 2-5 是层流与端流示意图。

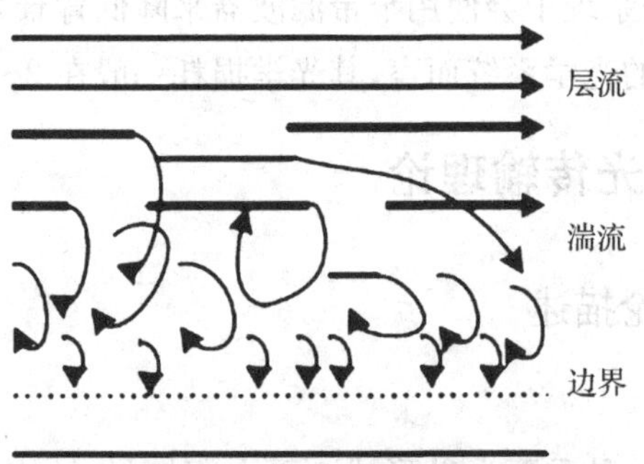

图 2-5　层流与湍流示意图[3]

第一级大漩涡最初的能量来源于外界对流运动，其尺度被称为湍流的外尺度 L_0，较大时可达数百米。由于漩涡本身的不稳定性，大漩涡会失稳而分裂成小尺度漩涡，大漩涡的能量也会随之传递给小漩涡。随着漩涡的不断分裂，漩涡尺度不断变小，当尺度小于某一阈值时，漩涡的散耗能量与动能相抵消，漩涡不再发生分裂，此时漩涡的尺度被称为内尺度 l_0。湍流的能量转换如图 2-6 所示。

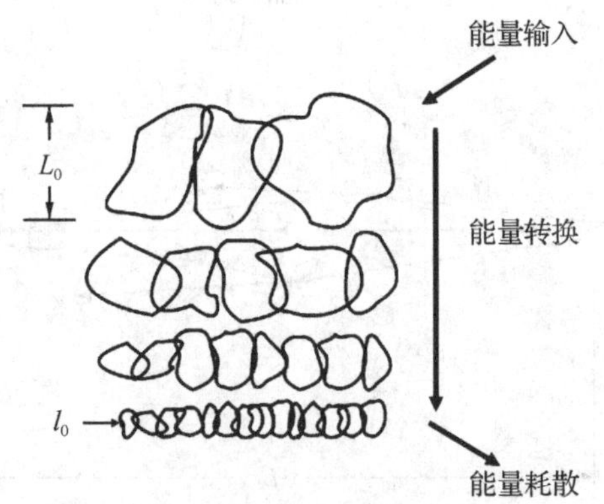

图 2-6　湍流的形成与能量转换示意图

当激光光束通过这些漩涡时，折射率的随机起伏使光信号的振幅、相位在传输中产生随机起伏，表现为光束截面内的强度闪烁、光束弯曲、漂移及扩展等[2]。

2）大气折射率结构常数 C_n^2

大气湍流的随机运动会导致大气折射率发生变化。所谓光学领域的大气湍流效应，实际上是指光在大气中传输，受折射率起伏场的影响会出现抖动、强度起伏和光束扩展等现象。

大气湍流中的折射率起伏场 $n(\boldsymbol{r},t)$ 可以看作位置和时间的随机函数，在随机场空间统计学中，一般用 $B_n(\boldsymbol{r},\boldsymbol{r}')=\langle n(\boldsymbol{r})n(\boldsymbol{r}')\rangle$ 或结构函数 $D_n(\boldsymbol{r},\boldsymbol{r}')=\langle[n(\boldsymbol{r})-n(\boldsymbol{r}')]^2\rangle$ 来描述。在统计均匀、各向同性的湍流下，大气折射率结构函数 $D_n(r)$ 的指数表现出渐进性质[3]。

在光学研究中，光学湍流主要可以用三个参数来表征，它们分别是：湍流内尺度 l_0、外尺度 L_0 以及大气折射率结构常数 C_n^2，其中，C_n^2 是代表大气折射率起伏的重要参量，通常被用来衡量湍流起伏的强弱程度。关于大气折射率结构常数 C_n^2 的推导方法有很多种，通常将其定义为大气折射率结构函数 $D_n(r)$ 中的比例常数，$D_n(r)$ 与大气折射率结构常数 C_n^2 间存在以下联系：

$$D_n(r)=\begin{cases} C_n^2 r^{2/3}, & l_0<r<L_0 \\ C_n^2 l_0^{-4/3} r^2, & r\leqslant l_0 \end{cases} \tag{2-19}$$

其中，r 为空间上两点间的标量距离。根据 Kolmogorov 湍流理论，在惯性子区间内，这两点间的 $D_n(r)$ 与两点的位置、方向均不相关，仅与 $r^{2/3}$ 有关，此现象被称为“2/3”定律[4]。

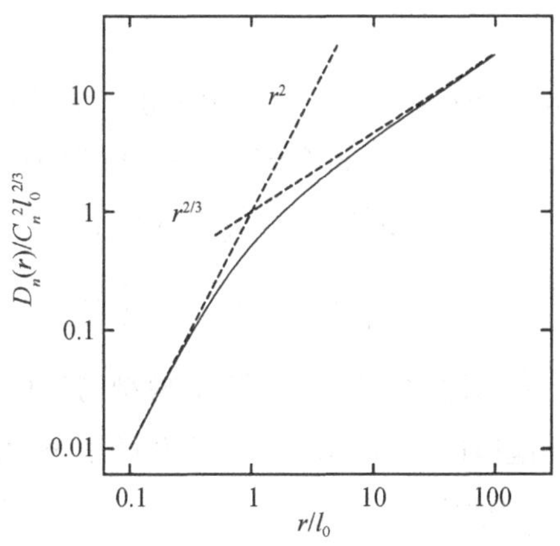

图 2-7　尺度折射率结构函数随 r/l_0 的变化曲线

结构函数(2-19)在这两个渐近区域的幂律相位由图 2-7 中的虚线作为内部尺度缩放的分离距离的函数来说明。图 2-7 中的实线更清楚地描述了渐近区域之间的过渡行为。

大气折射率结构常数 C_n^2 的取值与时间段、温度等外界条件息息相关。通常称海拔高度为 0 时的 C_n^2 为近地大气折射率结构常数 $C_n^2(0)$，白天受到太阳辐射的影响，地表温度上升高于气温，不断向上传递热能，湍流动能随之增大，白天的湍流强度比其他时间要高，近地折射率结构常数 $C_n^2(0)$ 相对较大，一般可取 $C_n^2(0)=1\times10^{-13}\,\mathrm{m}^{-2/3}$。相比其他时间，日出、日落前后地表温度与大气温度较为接近，此时的湍流运动是一天中最弱的，相应的 $C_n^2(0)$ 取值最小，约在 $1\times10^{-15}\,\mathrm{m}^{-2/3}$。夜间的湍流强度介于前两者之间，通常取 $C_n^2(0)=5\times10^{-14}\,\mathrm{m}^{-2/3}$[5]。

图 2-8 是某地区近地面两个不同高度下大气折射率结构常数在 24 小时内的日变化特征(海拔高度分别为 1.5 m 和 15 m)。

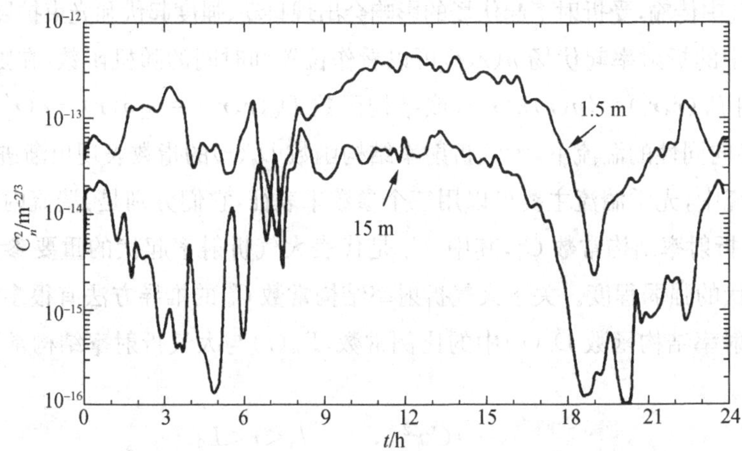

图 2-8　近地大气折射率结构常数的日变化特征[6]

随着海拔高度的增加,湍流强度会发生显著变化。为了描述斜程链路下,大气折射率结构常数的变化情况,研究人员提出了多种用于计算 C_n^2 的数学模型,目前,被广泛采用的是 H-V 模型[7],表示为

$$\begin{aligned}C_n^2(h)=&0.00594(v/27)^2(10^{-5}h)^{10}\exp(-h/1000)\\&+2.7\times10^{-16}\exp(-h/1500)+C_n^2(0)\exp(-h/100)\end{aligned}\tag{2-20}$$

式中,h 表示海拔高度,单位为 m;v 表示风速,计算方式如下

$$v=\left\{\frac{1}{15\times10^3}\int_{5\times10^3}^{20\times10^3}\left\{v_s h+v_g+30\exp\left[-\left(\frac{h-9400}{4800}\right)^2\right]\right\}^2\mathrm{d}h\right\}^{1/2}\tag{2-21}$$

式中,v_s 表示波束旋转率,v_g 表示地面风速。在 H-V 模型的计算中,通常可以选用风速 $v=21$ m/s。H-V 模型能够较好地描述 C_n^2 随海拔高度变化的情况,并且通过修改风速 v 的取值可以表征不同的大气环境,适用性广。

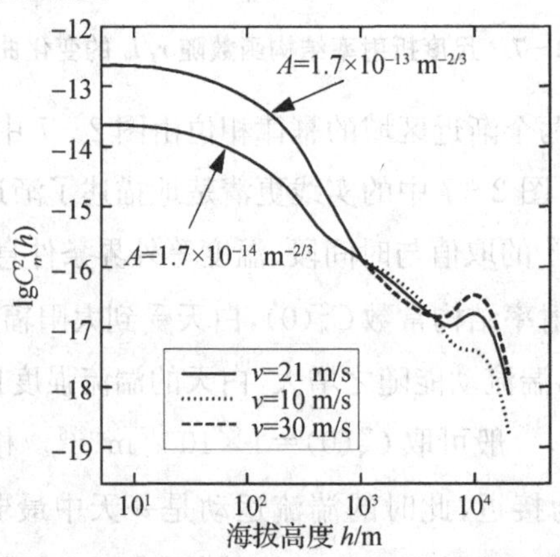

图 2-9　H-V 模型中大气折射率结构常数 C_n^2 的对数随海拔高度 h 变化的曲线

3）大气湍流功率谱模型

在湍流经典理论中，可以采用湍流功率谱模型来描述各尺度漩涡的影响，其中最著名的是 Kolmogorov 幂律谱模型，它被广泛应用于理论分析中。功率谱函数可以表示为

$$\Phi_n(\kappa)=0.033C_n^2\kappa^{-11/3},\quad 2\pi/L_0\leqslant\kappa<2\pi/l_0 \tag{2-22}$$

式中，$\kappa=2\pi/l$ 是空间波数，l 是湍流尺度；l_0 和 L_0 分别表示湍流内、外尺度，在 Kolmogorov 谱中，它们的典型值分别为 $l_0=0$ 和 $L_0=\infty$。

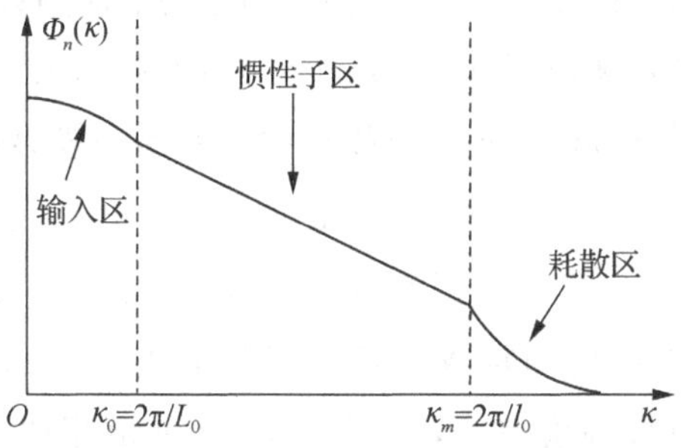

图 2-10　湍流功率谱示意图

图 2-10 为湍流功率谱的示意图，要注意的是，Kolmogorov 谱只在 $2\pi/L_0\leqslant\kappa<2\pi/l_0$ 的惯性子区内有效，如果波数 κ 超出惯性子区，会导致积分发散，Kolmogorov 谱的计算可能出现不合理结果[3]。

为了将 $\Phi_n(\kappa)$ 的计算扩展到耗散区（$\kappa\geqslant2\pi/l_0$），Tatarskii 将湍流内尺度考虑进去，提出了一种新的理论模型来描述耗散区的功率谱变化，称为 Tatarskii 谱模型，其表达式为[8]

$$\Phi_n(\kappa)=0.033C_n^2\kappa^{-11/3}\exp\left(-\frac{\kappa^2}{\kappa_m^2}\right),\quad \kappa\geqslant2\pi/l_0 \tag{2-23}$$

式中，$\kappa_m=2\pi/l_0$ 指内尺度湍流对应的波数。Tatarskii 谱模型虽然考虑到耗散区的功率谱变化，但并不适用于输入区，至今未得到实验结果的认证。

为了引入外尺度湍流的影响，Von Karmon 基于 Kolmogorov 谱提出了 Von Karmon 模型[9]

$$\Phi_n(\kappa)=0.033C_n^2(\kappa^2+\kappa_0^2)^{-11/6},\quad 0\leqslant\kappa<2\pi/L_0 \tag{2-24}$$

式中，$\kappa_0=2\pi/L_0$ 指外尺度湍流对应的波数。

后期，又有研究人员提出了修正 Von Karmon 谱模型。该模型引入了高度以及湍流内、外尺度的变化，其表达式为[6]

$$\Phi_n(\kappa,\eta)=0.033C_n^2(\eta)\frac{\exp(\kappa^2/\kappa_m^2)}{(\kappa^2+\kappa_0^2)^{11/6}},\quad 0\leqslant\kappa<\infty \tag{2-25}$$

式中，η 表示传输距离。修正 Von Karmon 谱模型同时考虑了大、小尺度湍流的影响，且对所有的波数都有效。值得注意的是，当 $\kappa_0=0$ 时，修正 Von Karmon 谱模型可以化简为传统的 Tatarskii 谱模型。在描述水平链路的功率谱变化时，通常采用 Kolmogorov 幂率谱模型。

修正 Von Karmon 谱模型和 Kolmogorov 谱模型是目前最常用的两种幂率谱模型，但这

两种模型只能较好地描述惯性子区内的功率谱变化。随后，Hill 提出 Hill 谱模型，但该模型中包含二阶微分，必须用数值方法才能求积，不适合解析研究。在此基础上，Andrews 提出了一个解析近似模型，其表达式[10-11]如式(2-6)所示，该模型称为 Andrews 模型：

$$\Phi_n(\kappa)=0.033C_n^2\left[1+1.802(\kappa/\kappa_l)-0.254(\kappa/\kappa_l)^{7/6}\right]\frac{\exp(-\kappa^2/\kappa_l^2)}{(\kappa^2+\kappa_0^2)^{11/6}},0\leqslant\kappa<\infty \tag{2-26}$$

Hill 谱与 Andrews 谱模型虽然普适性较好，但目前尚未得到广泛认可。随着研究的不断深入，大量实验数据显示基于 Kolmogorov 特性的相关谱模型只能描述随机大气湍流的一部分，部分湍流的实验数据表现出了非 Kolmogorov 特性。1995 年，Beland 等人提出了非 Kolmogorov 湍流的概念，非 Kolmogorov 谱模型的功率谱一般形式表示如下[11]：

$$\Phi_n(\kappa,z)=a(\alpha)\beta'(z)\kappa^{-\alpha} \tag{2-27}$$

式中，α 是幂率谱指数，$a(\alpha)=-2^{\alpha-4}\pi^{-3/2}\Gamma(\alpha/2)/\Gamma((3-\alpha)/2)$，$\Gamma(\cdot)$表示 Gamma 函数；$\beta'(z)$表示路径上的湍流折射率结构常数。当 $\alpha=11/3$ 时，非 Kolmogorov 谱不仅与幂率谱指数 α 有关，还与大气的海拔高度有关，与 Kolmogorov 谱相比更适用于斜程链路的湍流研究。

在前文中已经介绍，大气湍流对激光传输的影响会随着海拔的升高而发生变化。随着斜程无线光通信研究的深入，各种实验数据显示对流层和平流层的湍流变化情况与经典 Kolmogorov 谱存在较大偏差[12-13]。为了得到一个适合斜程大气的幂律谱模型来描述湍流的变化特性，有学者提出了一种以对流层和平流层为分界条件的两层高度谱模型，该模型认为湍流的变化在距地面 6 km 以下服从 Kolmogorov 特性，在距地面 6 km 以上服从幂律谱指数为 5 的非 Kolmogorov 谱[14]。后续研究发现，若以海拔高度为区分条件，可以将大气边界层(最高可达 2～3 km)、对流层(最高可达 8～10 km)以及之上的平流层分别视为斜程大气湍流运动的三个较稳定层次，于是 Arkadi 等人根据这一原理提出了三层高度谱模型来描述斜程湍流特性。他们在不同层采用了不同功率谱模型，如图 2-11 所示，边界层采用 Kolmogorov 谱，幂率谱指数服从 $\Phi(\kappa)\sim\kappa^{-11/3}$；对流层和平流层均采用 Non-Obukhov-Kolmogorov 谱，幂率谱指数分别服从 $\Phi(\kappa)\sim\kappa^{-10/3}$、$\Phi(\kappa)\sim\kappa^{-5}$[15-16]。

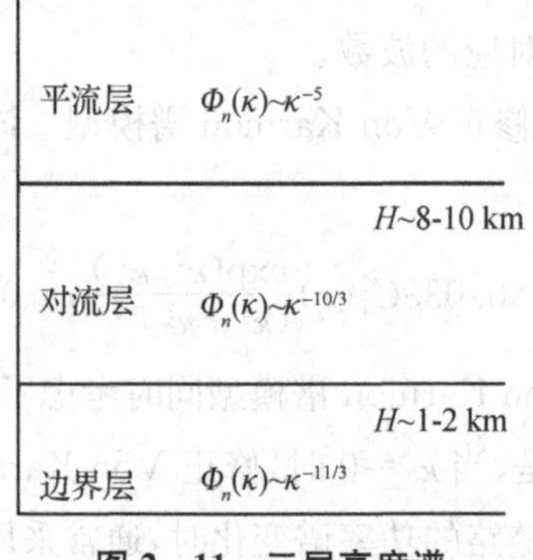

图 2-11　三层高度谱

结合非 Kolmogorov 湍流谱的一般形式，三层高度谱模型的三维功率谱的基本定义可以表示为

$$\Phi_n(\kappa,\alpha,h)=A(\alpha)\beta(h)\kappa^{-\alpha} \tag{2-28}$$

式中，h 是海拔高度；α 是幂率谱指数，与 h 的变化有关；$A(\alpha)$是随 α 变化的函数；$\beta(h)$表示随海拔高度 h 变化的折射率结构常数(类似于 Kolmogorov 谱中的 C_n^2)，单位为 $m^{3-\alpha}$。α、$A(\alpha)$的计算方式分别如下：

$$A(\alpha)=\frac{\Gamma(\alpha-1)}{(4\pi^2)}\cdot\cos(\alpha\pi/2) \tag{2-29}$$

$$\alpha(h)=\frac{\alpha_1}{1+(h/H_1)^{b_1}}+\frac{\alpha_2(h/H_1)^{b_1}}{1+(h/H_1)^{b_1}}\frac{1}{1+(h/H_2)^{b_2}}+\frac{\alpha_3(h/H_2)^{b_2}}{1+(h/H_2)^{b_2}} \tag{2-30}$$

式中，$\alpha_1=11/3$、$\alpha_2=10/3$ 和 $\alpha_3=5$ 分别为对应层的幂率谱指数；b_1 和 b_2 是描述层间平整过渡的数值系数，H_1 和 H_2 是边界层高度，它们的取值一般为 $H_1=2$ km，$H_2=8$ km，$b_1=8$，$b_2=10$[16]。折射率结构常数 $\beta(h)$的运算表达式如下：

$$\beta(h)=0.033\left(\frac{\kappa}{L}\right)^{\alpha/2-11/6}\frac{C_n^2(h)}{A(\alpha)} \tag{2-31}$$

式中，L 是光束的传输距离，$C_n^2(h)$是 Kolmogorov 谱的折射率结构常数。因此，三层高度谱的功率谱函数可以表示为

$$\Phi_n(\kappa,\alpha,h)=0.033\left(\frac{\kappa}{L}\right)^{\alpha/2-11/6}C_n^2(h)\kappa^{-\alpha} \tag{2-32}$$

2.3.2 大气湍流对光传输的影响

在大气光学领域，湍流是指大气中局部温度、压力的随机变化带来的折射率的随机变化。湍流产生许多因温度、密度有微小差异而折射率不同的漩涡元，这些漩涡元随风等快速地运动并不断地产生和消灭，变化的频率可达数百赫兹，变化的空间尺度可能小到几毫米，大到几十米。当光束通过这些折射率不同的漩涡元时会产生光束的弯曲、漂移和扩展畸变等大气湍流效应，致使接收光束的闪烁与抖动。

大气湍流对光束特性的影响程度和形式同光束直径 d 和湍流尺度 l 有很大关系，大致可分为三种情况：

(1) $d\ll l$，即当光束直径远远小于湍流尺度时，激光束从大气湍流内穿过，由于大气湍流内部每一点的折射率不同，激光束产生随机漂移，即光束漂移，结果可能导致激光光斑脱离接收机视场，造成通信链路的突发性中断，如图 2-12 所示。光束经过大气湍流后光斑偏离已对准位置，使得部分光斑未进入天线接收面，从而产生功率上的损耗。此现象在湍流强度过大时会引发进一步的性能恶化，即接收端光斑无法进入天线接收面，造成通信的中断。

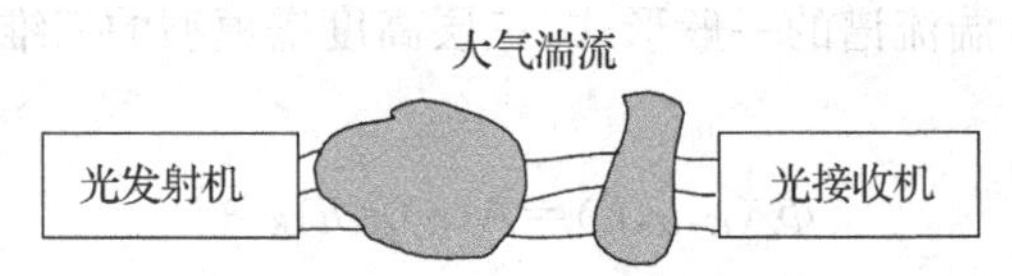

图 2-12　尺度远大于光束直径的湍流造成的光束漂移

(2) $d \approx l$，即当湍流尺度约等于光束直径时，湍流主要使光束截面发生随机偏转。激光在均匀介质中传播时具有均匀波前，而在湍流大气中传播时，由于光束截面内不同部分的大气折射率的起伏，光束波前不同位置的相位变化难以预测，这些相移导致随机起伏形状的等相位面，而这种相位形变又导致光束波前到达角的起伏，如图 2-13 所示。这两种现象会导致在接收端检测面上光斑的扩展和像点的抖动，从而使得接收光信号变得困难，进而影响通信的稳定性和可靠性。

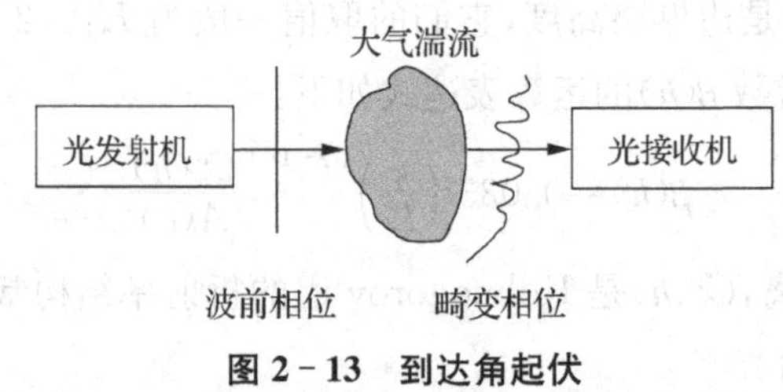

图 2-13　到达角起伏

(3) $d \gg l$，即光束直径远大于湍流尺度，这是一种更常见的情况，此时光束截面内包含许多小湍流漩涡，各自对照射的那一小部分光束起衍射作用，使光束的强度和相位在空间和时间上出现随机分布，相干性退化，光束面积也会扩大，从而引起接收端的光强起伏，同时衰减总体接收光强，如图 2-14 所示。如果在湍流大气中与光源相距一定距离处测量光的强度，会出现光强 I 随时间围绕平均值 $\langle I \rangle$ 随机起伏的现象。光强起伏是影响工作于大气环境中的无线光通信系统性能的一个重要参量，其理论和实验研究一般集中在闪烁指数和概率密度分布上。

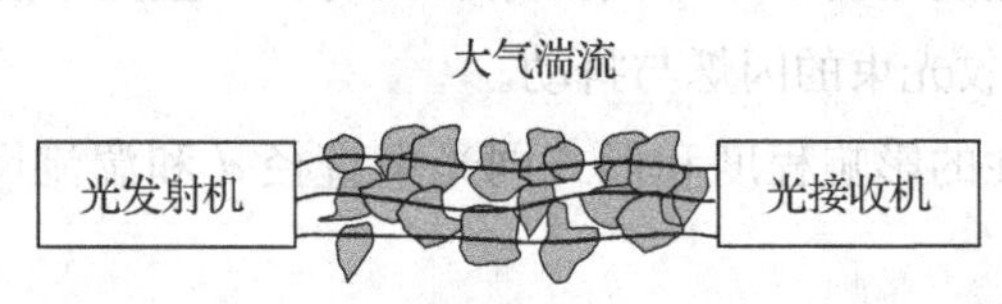

图 2-14　尺度远小于光束直径的湍流造成的光束漂移

在实际情况中，温差的扰动会使大气不断地混合，产生许多无法预料的各种尺度的湍流元，这些湍流元共同作用，加强了接收端的光强起伏，此外，相同时间内的光强起伏还与风速及当时的气象条件有关。因此对大气湍流的探测和观察是比较困难的，大气湍流使信号探测变得不容易把握，对大气激光通信系统的稳定性造成很大的障碍。

2.3.3　湍流影响下的光强起伏效应

当激光在大气中传输一定距离后光束直径远大于湍流尺度，此时光束截面内包含多种尺度的湍流漩涡，这些湍流漩涡对其内部的光束进行独立的散射和衍射，光束振幅和相位会随时间和空间发生随机改变。这使得光强出现忽大忽小的变化，即出现光强闪烁。为了更好地说明大气湍流对光强闪烁的影响，定义归一化的光强闪烁指数 σ_I^2 来描述这种影响的强度，其表达式如下[17]：

$$\sigma_I^2=\frac{\langle I^2\rangle-\langle I\rangle^2}{\langle I\rangle^2}=\frac{\langle I^2\rangle}{\langle I\rangle^2}-1 \tag{2-33}$$

式中，I 为激光光强，$\langle I^2\rangle$为激光光强的平方平均值，$\langle I\rangle^2$ 为激光光强的平均平方值。

上述公式的计算结果只在 $\sigma_I^2<0.3$ 范围内有效，通常将此范围称为弱湍流区。考虑到大气湍流对光强闪烁的影响同时包含大尺度和小尺度湍流的作用，可以用下式来表示湍流强度从弱到强变化时统一的闪烁指数公式[3]：

$$\sigma_I^2=(1+\sigma_x^2)(1+\sigma_y^2)-1 \tag{2-34}$$

式中，σ_x^2 和 σ_y^2 分别为大尺度光强起伏方差和小尺度光强起伏方差，σ_x^2 主要源于大尺度涡旋的散射效应，σ_y^2 主要源于小尺度涡旋的衍射效应。

σ_I^2 与 Rytov 方差 δ^2 成正比，δ^2 的计算方式为

$$\delta^2=1.23C_n^2\kappa^{7/6}L^{11/6} \tag{2-35}$$

式中，$\kappa=2\pi/\lambda$ 是光波数，L 是激光传输的实际距离。

1）光强起伏的概率密度分布模型

为了评估无线光通信受大气湍流影响后的性能，科研人员从理论层面出发，提出了多种能够描述信号光强起伏的统计学模型。

（1）对数正态分布模型

对数正态(Logarithmic Normal，LN)分布是使用最广泛的衰落分布模型之一，但 LN 分布一般仅适用于描述弱湍流条件下无线光通信的大气信道衰落。LN 分布的概率密度函数为[18]

$$f_{\mathrm{LN}}(I)=\frac{1}{I(2\pi\sigma_{\ln I}^2)^{1/2}}\exp\left[-\frac{(\ln I+\sigma_{\ln I}^2/2)^2}{2\sigma_{\ln I}^2}\right] \tag{2-36}$$

式中，$\sigma_{\ln I}^2$是对数光强方差，闪烁指数 σ_I^2 与 $\sigma_{\ln I}^2$间的转换关系式是 $\sigma_{\ln I}^2=\ln(\sigma_I^2+1)$。

对数正态分布的累积分布函数表达式为

$$F_{\mathrm{LN}}(I)=\frac{1}{2}+\frac{1}{2}\mathrm{erf}\left(\frac{\ln I+0.5\sigma_{\ln I}^2}{\sqrt{2\sigma_{\ln I}^2}}\right) \tag{2-37}$$

式中，erf(·)表示误差函数。

（2）K 分布模型

随着湍流强度的增加，需要考虑多次散射效应，实验数据显示对数正态分布与实际结果偏差较大。Jackman 等人通过数值仿真和实验验证，提出了能够描述强湍流条件下光强起

伏的 K 分布模型。K 分布模型可以看作指数分布和 Gamma 分布的乘积，它的概率密度分布函数可以表示如下[17]：

$$f_K(I)=\frac{2}{\Gamma(\alpha_K)}\alpha_K^{(\alpha_K+1)/2}I^{(\alpha_K-1)/2}K_{\alpha_K-1}(2\sqrt{\alpha_K I}) \tag{2-38}$$

式中，$K_n(\cdot)$是阶数为 n 的第二类修正贝塞尔函数；$\alpha_K=2/(\sigma_I^2-1)$是 K 分布的信道参数，它与湍流强度成反比。

(3) Gamma-Gamma 分布模型

扩展 Rytov 理论认为接收到的光强起伏是由小尺度光强起伏（衍射效应）受大尺度光强起伏（折射效应）再调制的结果，Andrews 等人基于这个假设，提出了 Gamma-Gamma 分布。如式(2-19)和式(2-20)所示，使用 Gamma 分布来描述大、小尺度光强起伏[19]：

$$f_X(X)=\frac{\alpha(\alpha X)^{\alpha-1}}{\Gamma(\alpha)}\exp(-\alpha X) \tag{2-39}$$

$$f_Y(Y)=\frac{\beta(\beta Y)^{\beta-1}}{\Gamma(\beta)}\exp(-\beta Y) \tag{2-40}$$

式中，$\Gamma(\cdot)$是 Gamma 函数，X 和 Y 分别代表大尺度光强起伏和小尺度光强起伏，归一化光强 $I=X\cdot Y$，α 和 β 分别表示大尺度散射系数和小尺度散射系数。假设 X 和 Y 均为独立随机过程，根据 $I=X\cdot Y$，可以得出条件分布函数为

$$f_Y(I|X)=\frac{\beta(\beta I/X)^{\beta-1}}{X\Gamma(\beta)}\exp(-\beta I/X) \tag{2-41}$$

对式(2-41)积分，得到 Gamma-Gamma 分布下归一化光强 I 的概率密度分布函数为

$$\begin{aligned} f(I) &= \int_0^\infty f_Y(I|X)f_X(X)\mathrm{d}X \\ &= \frac{2(\alpha\beta)^{(\alpha+\beta)/2}}{\Gamma(\alpha)\Gamma(\beta)}I^{(\alpha+\beta)/2-1}K_{\alpha-\beta}(2\sqrt{\alpha\beta I}) \end{aligned} \tag{2-42}$$

在 Gamma-Gamma 分布中，闪烁指数与参数 α、β 间的关系为

$$\sigma_I^2=\frac{1}{\alpha}+\frac{1}{\beta}+\frac{1}{\alpha\beta} \tag{2-43}$$

对平面波，水平链路下参数 α、β 的取值如下：

$$\alpha=\left\{\exp\left[\frac{0.49\delta^2}{(1+0.65d^2+1.11\delta^{12/5})^{7/6}}\right]-1\right\}^{-1} \tag{2-44}$$

$$\beta=\left\{\exp\left[\frac{0.51\sigma_I^2(1+0.69\delta^{12/5})^{-5/6}}{1+0.90d^2+0.62d^2\delta^{12/5}}\right]-1\right\}^{-1} \tag{2-45}$$

当小尺度散射系数 $\beta=1$ 时，可以将 K 分布近似为 Gamma-Gamma 分布。Gamma-Gamma 分布模型可以较好拟合中、强湍流下的光强衰落，相较于对数正态分布模型和 K 分布模型，它的适用范围更广泛。

(4) 指数韦伯分布模型

指数韦伯(Exponentiated Weibull，EW)分布模型是 R. Barrios 等人在 2012 年提出的一

种新的湍流信道模型，他们在韦伯分布的基础上，额外增加了一个形状参数[20]。该模型可以描述任意湍流条件下接收平面所接收到的光强闪烁情况，其概率密度分布函数表达式为

$$f_{EW}(I;\alpha_{EW},\beta_{EW},\eta_{EW})=\frac{\alpha_{EW}\beta_{EW}}{\eta_{EW}}\left(\frac{I}{\eta_{EW}}\right)^{\beta_{EW}-1}\exp\left[-\left(\frac{I}{\eta_{EW}}\right)^{\beta_{EW}}\right] \times\left\{1-\exp\left[-\left(\frac{I}{\eta_{EW}}\right)^{\beta_{EW}}\right]\right\}^{\alpha_{EW}-1} \tag{2-46}$$

EW 分布的累积分布函数表达式为

$$F_{EW}(I;\alpha_{EW},\beta_{EW},\eta_{EW})=\left\{1-\exp\left[-\left(\frac{I}{\eta_{EW}}\right)^{\beta_{EW}}\right]\right\}^{\alpha_{EW}} \tag{2-47}$$

式中，α_{EW}、β_{EW}是 EW 分布的形状参数，η_{EW}是比例参数。α_{EW}、β_{EW}、η_{EW}的表达式为

$$\alpha_{EW}\cong\frac{7.220\sigma_{I_{EW}}^{2/3}}{\Gamma\left(2.487\sigma_{I_{EW}}^{2/6}-0.104\right)} \tag{2-48}$$

$$\beta_{EW}\cong1.012(\alpha_{EW}\sigma_I^2)^{-13/25}+0.142 \tag{2-49}$$

$$\eta_{EW}=\frac{1}{\alpha_{EW}\Gamma(1+1/\beta_{EW})g_1(\alpha_{EW},\beta_{EW})} \tag{2-50}$$

式(2-50)中的函数 $g_n(\alpha,\beta)$是为了简化符号而引入的，其计算方式如下：

$$g_n(\alpha_{EW},\beta_{EW})=\sum_{j=0}^{\infty}\frac{(-1)^j\Gamma(\alpha_{EW})}{\Gamma(\alpha_{EW}-j)j!(j+1)^{1+(n/\beta_{EW})}} \tag{2-51}$$

孔径平均技术因为方法简便、成本低、湍流抑制效果好等优势，成为目前应用最为广泛的湍流抑制技术之一。随着对孔径平均后接收平面光强起伏的深入研究，研究人员发现 Gamma-Gamma 分布仅适合描述小孔径下的光强分布情况，而对数正态分布虽然能够较好描述孔径平均后的光强分布，但仅适用于弱湍流场景。2012 年，R. Barrios 等人将仿真数据与实验结果进行对比，结果显示 EW 分布能够更好地描述所有大气湍流强度下孔径平均后接收平面的光强起伏情况[19]。

2) 孔径平均效应

在无线光通信中，若接收孔径小于光强起伏的相关长度，此时可以将接收机视作点接收，但当接收机孔径大于相关长度时，接收机将接收到的波形在孔径区域上的波动平均，从而减小信号波动。

孔径平均效应的实质就是通过同时接收来自不同光路的光强将光信号闪烁中的快速扰动部分滤除，从而大大降低接收光信号的闪烁指数。对于直径为 D 的圆形孔径，其接收光信号的闪烁指数的一般模型为[21]

$$\sigma_I^2(D)=\frac{\langle I^2\rangle}{\langle I\rangle^2}-1=\frac{16}{\pi D^2}\int_0^D\rho B_I(R_1,R_2,L)\left[\arccos\left(\frac{\rho}{D}\right)-\frac{\rho}{D}\sqrt{1-\frac{\rho^2}{D^2}}\right]\mathrm{d}\rho \tag{2-52}$$

式中，D 为孔径直径；$\rho=|R_1-R_2|$；积分函数的中括号部分为圆形孔径的调制传递函数(Modulation Transfer Function，MTF)；$B_I(R_1,R_2,L)$为光强的协方差函数，由下式给出：

$$B_l(R_1,R_2,L)=\exp\{4\mathrm{Re}[E_2(R_1,R_2)+E_3(R_1,R_2)]\}-1 \tag{2-53}$$

孔径平均因子则可以通过其通量方差与点孔径通量方差的比值计算，表达式为[21]

$$A=\frac{16}{\pi D^2}\int_0^D \rho b_l(R_1,R_2,L)\left[\arccos\left(\frac{\rho}{D}\right)-\frac{\rho}{D}\sqrt{1-\frac{\rho^2}{D^2}}\right]\mathrm{d}\rho \tag{2-54}$$

其中，$b_l(R_1,R_2,L)=B_l(R_1,R_2,L)/B_l(0,0,L)$为归一化协方差函数。结合孔径平均因子的定义，孔径平均后的闪烁指数也可以表示为$\sigma_I^2(D)=A\cdot\sigma_I^2(0)$。

当考虑平面波模型时，光强的协方差函数可以化简为

$$\begin{aligned}&B_{I,\mathrm{pl}}(R_1,R_2,L)\equiv B_{I,\mathrm{pl}}(\rho,L)=\\&3.86\sigma_R^2\mathrm{Im}\left[i^{1/6}\mathrm{F}_1\left(-\frac{11}{6};1;-\frac{i\kappa\rho^2}{4L}\right)\right]-7.52\sigma_R^2\left(\frac{\kappa\rho^2}{4L}\right)^{5/6}\end{aligned} \tag{2-55}$$

代入孔径平均因子定义式(2-54)，最终可化简为

$$A_{\mathrm{pl}}=\left[1+1.06\left(\frac{\kappa D^2}{4L}\right)\right]^{-7/6} \tag{2-56}$$

因此，平面波最终的闪烁指数可表示为$\sigma_{I,\mathrm{pl}}^2(D)=A_{\mathrm{pl}}\cdot\sigma_I^2(0)$，其中，$\sigma_I^2(0)$为点接收闪烁指数，$L$为传输距离。

同理，在考虑球面波模型时，光强的协方差函数可以化简为

$$\begin{aligned}&B_{I,\mathrm{sp}}(R_1,R_2,L)\equiv B_{I,\mathrm{sp}}(\rho,L)=\\&3.86\beta_0^2\mathrm{Re}\left[i^{5/6}\mathrm{F}_1\left(\frac{11}{6};1;-\frac{i\kappa\rho^2}{4L}\right)-1.81\left(\frac{\kappa\rho^2}{4L}\right)^{\frac{5}{6}}\right]-5.54\beta_0^2\left(\frac{\kappa\rho^2}{4L}\right)^{\frac{11}{6}}\cdot\\&\mathrm{Im}\left[\mathrm{F}_2\left(\frac{11}{3},1;\frac{17}{6},\frac{17}{6};-\frac{i\kappa\rho^2}{4L}\right)-1\right]\end{aligned} \tag{2-57}$$

代入孔径平均因子定义式(2-54)，最终可化简为

$$A_{\mathrm{sp}}=\left[1+0.33\left(\frac{\kappa D^2}{4L}\right)\right]^{-7/6} \tag{2-58}$$

因此，球面波最终的闪烁指数可表示为$\sigma_{I,\mathrm{sp}}^2(D)=A_{\mathrm{sp}}\cdot\sigma_I^2(0)$。

2.3.4 大气湍流影响下的无线光通信性能分析

对无线光通信系统而言，系统受到的影响主要来自背景光噪声和接收机噪声以及大气湍流引起的大气闪烁。其中，大气湍流引起的光信号衰落是一个缓变过程，大气信道可看作无记忆静态各态历经的时变信道。无线光通信系统接收信号的等效数学模型可以表示为[22-23]

$$y=\eta Ix+n \tag{2-59}$$

式中，η为接收机光电转换系数；x是发送电信号，取值为$x\in\{0,1\}$；n是零均值、σ_n^2方差的加性高斯白噪声；I是归一化光强。

通信系统的性能指标是衡量一个通信系统质量的标准，主要应从信息传输的有效性和可靠性两个方面来考虑，其中，系统的中断概率、平均误码率及平均信道容量是目前无线光通信系统中最常用的三项性能评估指标。

1）中断概率

系统中断概率是衡量通信系统可靠性的一项重要指标。在无线通信中，由于信道是时变的，所以信道容量也是时变的，当信道容量小于信息速率时，会导致通信中断。中断概率可表示为接收机瞬时信噪比低于某一信噪比阈值时($\gamma \leqslant \gamma_{\text{th}}$)的概率，其定义式为

$$P_{\text{out}} = P(\gamma \leqslant \gamma_{\text{th}}) = F_{\gamma}(\gamma_{\text{th}}) \tag{2-60}$$

结合文献[18]，接收机的瞬时信噪比 γ 和平均信噪比$\bar{\gamma}$分别为 $\gamma = (\eta I)^2/2\sigma_n^2$ 和$\bar{\gamma} = (\eta E(I))^2/2\sigma_n^2$，由于 I 表示归一化光强，$E(I)=1$，由此可得 $\gamma = \bar{\gamma} I^2$。

在弱湍流环境下，光强起伏较好地服从对数正态分布。结合之前的内容可知，接收机瞬时信噪比 γ 的概率密度函数以及累积分布函数的计算方式分别为

$$f_{\text{LN}}(\gamma) = \frac{1}{2\gamma\sigma_I\sqrt{2\pi}} \exp\left\{-\frac{[\ln(\gamma/\bar{\gamma}) + \sigma_I^2]^2}{8\sigma_I^2}\right\} \tag{2-61}$$

$$F_{\text{LN}}(\gamma) = \frac{1}{2}\operatorname{erfc}\left[\frac{\ln(\bar{\gamma}/\gamma) - \sigma_I^2}{2\sqrt{2}\sigma_I}\right] \tag{2-62}$$

因此，弱湍流环境下，系统的中断概率表达式为

$$P_{\text{out}} = F_{\text{LN}}(\gamma_{\text{th}}) = \frac{1}{2}\operatorname{erfc}\left[\frac{\ln(\bar{\gamma}/\gamma_{\text{th}}) - \sigma_I^2}{2\sqrt{2}\sigma_I}\right] \tag{2-63}$$

在中强湍流环境下，相对于对数正态分布模型，Gamma-Gamma 分布模型适用范围更广，在概率分布的尾端部分与数值模拟及实验结果更为吻合。结合之前的内容，此时基于 Gamma-Gamma 分布模型所得的接收机瞬时信噪比 γ 的概率密度函数以及累积分布函数的计算方式分别为

$$f_{\text{gg}}(\gamma) = \frac{(\alpha\beta)^{\alpha+\beta/2}}{\Gamma(\alpha)\Gamma(\beta)} \frac{\gamma^{[(\alpha+\beta)/4]-1}}{\bar{\gamma}^{(\alpha+\beta)/4}} \mathrm{K}_{\alpha-\beta}\left(2\sqrt{\alpha\beta\sqrt{\frac{\gamma}{\bar{\gamma}}}}\right) \tag{2-64}$$

$$F_{\text{gg}}(\gamma) = \frac{(\alpha\beta)^{(\alpha+\beta)/2}}{\Gamma(\alpha)\Gamma(\beta)} \left(\frac{\gamma}{\bar{\gamma}}\right)^{(\alpha+\beta)/4} G_{1,3}^{2,1}\left(\alpha\beta\sqrt{\bar{\gamma}} \,\middle|\, \begin{matrix} 1-\frac{\alpha+\beta}{2} \\ \frac{\alpha-\beta}{2}, \frac{\beta-\alpha}{2}, -\frac{\alpha+\beta}{2} \end{matrix}\right) \tag{2-65}$$

式中，$G_{p,q}^{m,n}$表示 Meijer'G 函数[24]。

因此，在中强湍流环境下，系统的中断概率表达式为

$$P_{\text{out}} = F_{\text{gg}}(\gamma_{\text{th}}) = \frac{(\alpha\beta)^{(\alpha+\beta)/2}}{\Gamma(\alpha)\Gamma(\beta)} \left(\frac{\gamma_{\text{th}}}{\bar{\gamma}}\right)^{(\alpha+\beta)/4} G_{1,3}^{2,1}\left(\alpha\beta\sqrt{\frac{\gamma_{\text{th}}}{\bar{\gamma}}} \,\middle|\, \begin{matrix} 1-\frac{\alpha+\beta}{2} \\ \frac{\alpha-\beta}{2}, \frac{\beta-\alpha}{2}, -\frac{\alpha+\beta}{2} \end{matrix}\right) \tag{2-66}$$

2）平均误码率

平均误码率是衡量某段时间内数据传输质量的标准，结合平均误码率可以评估大气湍流中的激光通信质量。通常衰落信道下的平均误码率可以通过将信道的瞬时误码率与接收信号瞬时信噪比的概率密度函数相乘并求和得到[25]，平均误码率计算方式如下：

$$\bar{P}_{\text{e}} = \int_0^{\infty} f_{\gamma}(\gamma) P_{\text{e}} \mathrm{d}\gamma \tag{2-67}$$

其中，瞬时误码率 $P_e=\frac{1}{2}\mathrm{erfc}\left(\frac{\sqrt{\gamma}}{2}\right)$。

在弱湍流环境下，将 $f_{LN}(\gamma)$ 代入上式中，系统的平均误码率可表示为

$$\overline{P}_e=\int_0^{\infty}\frac{1}{4\gamma\sigma_I\sqrt{2\pi}}\exp\left\{-\frac{[\ln(\gamma/\overline{\gamma})+\sigma_I^2]^2}{8\sigma_I^2}\right\}\mathrm{erfc}\left(\frac{\sqrt{\gamma}}{2}\right)\mathrm{d}\gamma \tag{2-68}$$

结合高斯-埃尔米特积分公式[26]，进一步化简式(2-68)，可得到平均误码率表达式为

$$\overline{P}_e=\frac{1}{2\sqrt{\pi}}\sum_{i=1}^{n}w_i\exp\left(\frac{mx_i}{\sqrt{2}\sigma_I}\right)\mathrm{erfc}\left[\frac{\exp(\sqrt{2}\sigma_I x_i)}{2}\right] \tag{2-69}$$

其中，$m=\ln\overline{\mu}-\sigma_I^2$；$\{w_i\}$ 和 $\{x_i\}(i=1,\cdots,n)$ 分别是式(2-69)所对应的高斯-埃尔米特多项式的权重和零点，$\{w_i\}$ 的计算方式为[24]

$$w_i=\frac{2^{n-1}n!\sqrt{\pi}}{n^2[R_{n-1}(x_i)]^2} \tag{2-70}$$

同理，在中强湍流环境下，系统的平均误码率表达式最终可化简为

$$\overline{P}_e=\frac{1}{4}\overline{\gamma}^{-(\alpha+\beta)/2}\left[\frac{(\alpha+\beta)^{\alpha}\,\overline{\gamma}^{\beta/2}\,\Gamma(\alpha-\beta)}{\Gamma(\beta)}{}_1\mathrm{F}_1\left(\alpha,\alpha-\beta+1,\frac{\alpha\beta}{\sqrt{\overline{\gamma}}}\right)+\frac{(\alpha\beta)^{\beta}(\overline{\gamma})^{\alpha/2}\,\Gamma(\alpha-\beta)}{\Gamma(\alpha)}{}_1\mathrm{F}_1\left(\beta,\beta-\alpha+1,\frac{\alpha\beta}{\sqrt{\overline{\gamma}}}\right)\right] \tag{2-71}$$

式中，${}_1\mathrm{F}_1[\cdots,\cdots,\cdots]$ 为一种汇合型超几何函数[24]。

3) 平均信道容量

无线光通信以大气作为传输介质，激光束在大气中传输时，大气衰减和大气湍流的变化是无法精确预知的，大气扰动对无线光通信系统的影响是实时变化的，因此大气信道可看作不稳定随机时变系统。平均容量(遍历容量)也是估计通信链路性能的重要指标，通常被用来描述能够通过通信信道传输的最大信息速率，记为 $\overline{C}$，单位为 b/s，其计算方式如下：

$$\overline{C}=\int_0^{\infty}B\log_2(1+\gamma)f(\gamma)\mathrm{d}\gamma \tag{2-72}$$

其中，B 是信道带宽，单位为 Hz。

在弱湍流环境下，将概率密度函数 $f_{LN}(\gamma)$ 代入上式中，最终得到系统的平均信道容量表达式为[18]

$$\overline{C}=BC_0\left\{\sum_{k=1}^{8}a_k\left[\mathrm{erfcx}\left(\sqrt{2}\sigma_I k+\frac{A}{2\sqrt{2}\sigma_I}\right)+\mathrm{erfcx}\left(\sqrt{2}\sigma_I k-\frac{A}{2\sqrt{2}\sigma_I}\right)\right]+\frac{4\sigma_I}{\sqrt{2\pi}}+A\exp\left(\frac{A^2}{8\sigma_I^2}\right)\mathrm{erfc}\left(-\frac{A}{2\sqrt{2}\sigma_I}\right)\right\} \tag{2-73}$$

式中，A 和 C_0 的计算方式分别为 $A=\ln(\overline{\gamma})-\sigma_I^2$ 和 $C_0=\exp(-A^2/8\sigma_I^2)/2\ln 2$。

同理，在中强湍流环境下，系统的平均信道容量表达式最终可化简为

$$\bar{C}=\frac{BA_0}{\bar{\gamma}^{(\alpha+\beta)/4}}\times G_{2,6}^{6,1}\left[\frac{(\alpha\beta)^2}{16\,\bar{\gamma}}\left|\begin{matrix}-\frac{\alpha+\beta}{4},-\frac{\alpha+\beta}{4}+1\\ \frac{\alpha-\beta}{4},\frac{\alpha-\beta+2}{4},\frac{\beta-\alpha}{4},\frac{\beta-\alpha+2}{4}\\ -\frac{\alpha+\beta}{4},-\frac{\alpha+\beta}{4}\end{matrix}\right.\right] \tag{2-74}$$

式中，A_0 的计算方式为

$$A_0=\frac{(\alpha\beta)^{(\alpha+\beta)/2}}{4\pi\Gamma(\alpha)\Gamma(\beta)\ln 2} \tag{2-75}$$

4）性能分析

以弱湍流条件下的无线光通信传输性能为例，取大气折射率结构常数为 $C_n^2=8.5\times 10^{-15}\,\mathrm{m}^{-2/3}$，利用 MATLAB 仿真，结合式(2-63)与式(2-69)，可以得到弱湍流条件下系统的中断概率、平均误码率随系统平均信噪比变化的曲线，数值分析曲线如图 2-15 所示。结合式

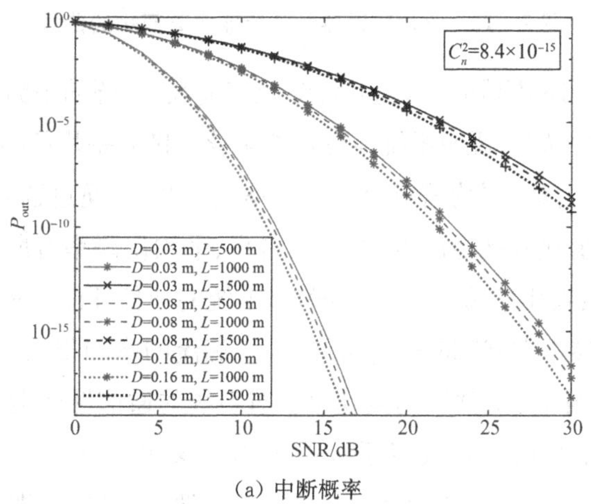

(a) 中断概率

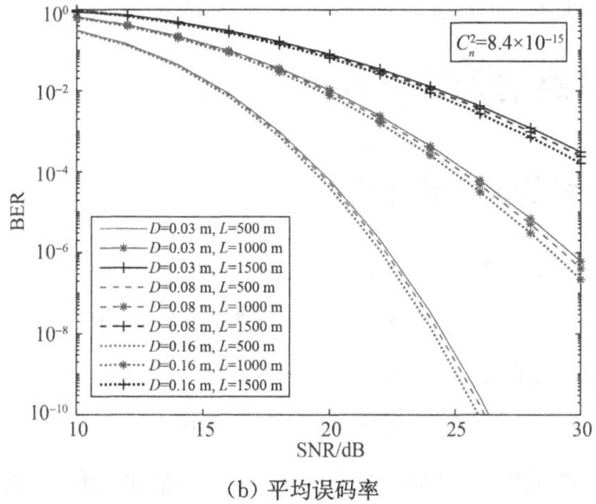

(b) 平均误码率

图 2-15　可靠性性能指标随平均信噪比变化的曲线

(2-73),得到了平均信道容量与信道带宽的比值随传输距离变化的曲线,数值分析曲线如图 2-16 所示。在接下来的仿真分析中,均用 SNR 表示系统平均信噪比,P_{out} 表示系统中断概率,BER 表示系统平均误码率,$\langle C\rangle/B$ 表示系统平均信道容量与信道带宽之比。

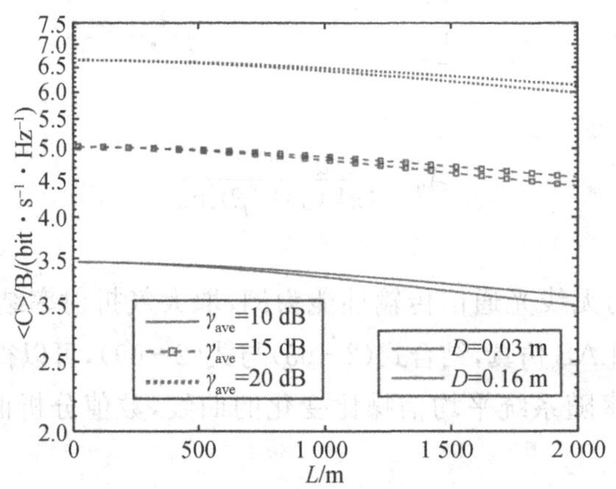

图 2-16　平均信道容量随传输距离变化的曲线

由图 2-15 与图 2-16 不难看出,随着传输距离增大,系统的中断概率、平均误码率不断增大,平均信道容量不断降低,说明系统通信性能劣化。随着平均信噪比的提高,系统的中断概率、平均误码率均明显降低,平均信道容量明显增大。此外,通过选取三组不同的接收孔径进行对比,可以发现,随着接收孔径的增大,中断概率、平均误码率有所降低,平均信道容量有所增大,说明通过增大接收孔径,提高平均信噪比,系统的通信性能在一定程度上有所改善。

结合上述分析,并参考文献[26-27]可知,大气湍流的影响很大程度上取决于传输链路的长度。对于较短的链路,湍流强度的波动也会对系统的通信性能造成一定影响,在这种情况下,通过增大接收端的接收孔径或者系统的平均信噪比,系统的通信性能会得到一定改善。对于较长的链路,大气湍流的影响更为主要,在强湍流环境下,即使是大接收孔径,系统的中断概率、平均误码率仍会超出通信临界值,系统无法正常运行。

2.4　空-地斜程链路的无线光传输

2.4.1　空-地斜程链路的大气传输损耗

在距地面 800 m 高度以上的区域,由于混合扩散作用,大气中气溶胶粒子浓度分布的地区性差别几乎消失。而在 800 m 以下区域,气溶胶粒子在空间中的分布是不均匀的,气溶胶粒子浓度随着高度增加一般有如下的指数关系[28]:

$$N_H(H)=N_G(0)e^{-\frac{H}{H_0}} \tag{2-76}$$

其中,$N_H(H)$是高度 H 处的气溶胶粒子密度,$N_G(0)$是地面处的气溶胶粒子密度,H_0 是气溶胶粒子的标高。

在一定体积内，气溶胶粒子产生的散射衰减远远超过该体积内的其他气体分子。所以，在讨论散射衰减时，主要考虑大气中气溶胶粒子的散射衰减作用。假设气溶胶粒子尺寸的分布不随高度变化，记地-空水平链路的消光系数为 $\beta_s(H)$，则消光系数随高度的变化服从如下指数关系[28]：

$$\beta_s(H)=\beta_{s0}(\lambda)\exp\left(-\frac{H}{H_0}\right) \tag{2-77}$$

式中，H 是高度；H_0 是气溶胶粒子的标高，它的数值与地面能见度有关，如表 2-4 所示；$\beta_s(\lambda)$是地-地水平链路的消光系数。

表 2-4　不同能见度下的气溶胶粒子标高[28]

能见度/km	2	3	4	5	6	8	10	13
H_0/km	0.84	0.90	0.95	0.99	1.03	1.10	1.15	1.23

2.4.2　空-地斜程链路的大气湍流信道模型

1) 斜程链路下无线光通信的光强闪烁

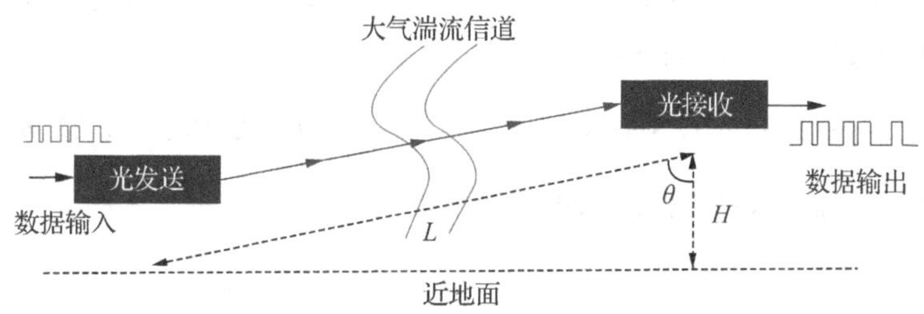

图 2-17　地-空斜程无线光通信传输模型

地-空斜程无线光通信传输模型如图 2-17 所示，对于斜程链路而言，光束的传输距离为 $L=H\times\sec\theta$，其中，H 是高空接收机的海拔高度，θ 是天顶角。因此，在分析斜程无线光通信系统的传输特性时可采用三层高度谱描述链路大气湍流的功率谱，其表达式如下：

$$\Phi_n(\kappa,\alpha,h)=0.033\left(\frac{\kappa}{L}\right)^{\frac{\alpha}{2}-\frac{11}{6}}C_n^2(h)\kappa^{-\alpha} \tag{2-78}$$

在弱湍流条件下，光强闪烁定义式为[2]

$$\sigma_I^2(r,L)=2\mathrm{Re}[E_2(\boldsymbol{r}_1,\boldsymbol{r}_2)+E_3(\boldsymbol{r}_1,\boldsymbol{r}_2)] \tag{2-79}$$

其中，$\sigma_I^2(r,L)$为光强闪烁；r 为接收端观察点；$E_2(\boldsymbol{r}_1,\boldsymbol{r}_2)$和 $E_3(\boldsymbol{r}_1,\boldsymbol{r}_2)$为用来计算相位扰动的定积分，$\boldsymbol{r}_1$ 和 $\boldsymbol{r}_2$ 是接收平面上不同观察点的位置矢量；$\boldsymbol{r}=(\boldsymbol{r}_1+\boldsymbol{r}_2)/2$；$\boldsymbol{p}=\boldsymbol{r}_1-\boldsymbol{r}_2$；$\rho=|\boldsymbol{p}|$；$r=|\boldsymbol{r}|$，在斜程链路中，它们的计算方式如下：

$$\begin{aligned}E_2(\boldsymbol{r}_1,\boldsymbol{r}_2)=&4\pi^2\kappa^2\sec\theta\int_{h_0}^{H}\int_0^{\infty}\kappa\Phi_n(k,h)J_0[\kappa\,|\,(1-\bar{\Theta}\xi)\boldsymbol{p}-2\mathrm{i}\Lambda\xi\boldsymbol{r}\,|\,]\times\\&\exp\left(-\frac{\Lambda L\kappa^2\xi^2}{\kappa}\right)\mathrm{d}\kappa\mathrm{d}h\end{aligned} \tag{2-80}$$

$$E_3(\boldsymbol{r}_1,\boldsymbol{r}_2) = -4\pi^2\kappa^2\sec\theta\int_{h_0}^{H}\int_0^{\infty}\kappa\Phi_n(\kappa,h)J_0[(1-\bar{\Theta}\xi-\mathrm{i}\Lambda\xi)\kappa\rho]\times \exp\left(-\frac{\Lambda L\kappa^2\xi^2}{\kappa}\right)\exp\left[-\frac{\mathrm{i}L\kappa^2}{\kappa}\xi(1-\bar{\Theta}\xi)\right]\mathrm{d}\kappa\mathrm{d}h \tag{2-81}$$

式中，θ 表示天顶角；ξ 表示归一化距离变量；Θ 和 Λ 表示接收平面光束参数，平面波的光束参数为 $\Theta=1$、$\Lambda=0$，球面波的光束参数为 $\Theta=0$、$\Lambda=0$，$\bar{\Theta}=1-\Theta$；$J_0(\cdot)$ 表示 0 阶第一类 Bessel 函数。

在地-空斜程链路中，询问端发出的激光首先经过湍流较强的近地层发射至高空移动平台，较强的湍流会引起激光波阵面的变化，经过长距离的传输，又因此时激光的光斑尺寸要大于逆向调制端的接收孔径，故可以将链路的接收光束看作球面波。其归一化距离变量 $\xi=1-h/H_0$，光束参数 $\Theta=0$，$\Lambda=0$，将参数代入式(2-80)和式(2-81)中进行化简，再通过式(2-79)计算可以得到

$$\sigma_I^2(r,L) = 8\pi^2\kappa^2\mathrm{Re}\left\{\sec\theta\int_{h_0}^{H}\int_0^{\infty}\kappa\Phi_n(\kappa,h)\left[1-\exp\left(-\frac{\mathrm{i}L\kappa^2}{\kappa}\xi(1-\xi)\right)\right]\mathrm{d}\kappa\mathrm{d}h\right\} \tag{2-82}$$

结合前文中介绍的三层高度谱的功率谱密度，将式(2-77)代入并进行简化，得到地-空上行斜程链路的光强闪烁指数如下：

$$\sigma_{I,\mathrm{up}}^2 = -1.30k^{\frac{7}{6}}L^{\frac{5}{6}}\sec\theta\mathrm{Re}\left[\int_{h_0}^{H}\mathrm{i}^{-(1-\alpha/2)}\xi^{-(1-\alpha/2)}C_n^2(h)\Gamma(1-\alpha/2)\mathrm{d}h\right] \tag{2-83}$$

考虑到孔径平均因子，最终的闪烁指数如下：

$$\begin{aligned}\sigma_{I,\mathrm{up}}^2(r,L,D) &= A_{\mathrm{sp}}\times\sigma_I^2(r,L)\\ &= \left[1+0.33\left(\frac{\kappa D^2}{4L}\right)\right]\times\\ &\quad\left\{-1.30\kappa^{\frac{7}{6}}L^{\frac{5}{6}}\sec\theta\mathrm{Re}\left[\int_{h0}^{H}\mathrm{i}^{-\left(1-\frac{\alpha}{2}\right)}\xi^{-\left(1-\frac{\alpha}{2}\right)}(1-\xi)^{-\left(1-\frac{\alpha}{2}\right)}C_n^2(h)\Gamma\left(1-\frac{\alpha}{2}\right)\mathrm{d}h\right]\right\}\end{aligned} \tag{2-84}$$

类似地，可以分析得到空-地下行斜程链路的光强闪烁指数如下：

$$\sigma_{I,\mathrm{down}}^2 = -1.30\kappa^{\frac{7}{6}}L^{\frac{5}{6}}\sec\theta\mathrm{Re}\left[\int_{h_0}^{H}\mathrm{i}^{-(1-\alpha/2)}\xi^{-(1-\alpha/2)}(1-\theta)^{-(1-\alpha/2)}C_n^2(h)\Gamma(1-\alpha/2)\mathrm{d}h\right] \tag{2-85}$$

考虑到孔径平均因子，最终的闪烁指数如下：

$$\begin{aligned}\sigma_{I,\mathrm{down}}^2(r,L,D) &= \left[1+1.06\left(\frac{\kappa D^2}{4L}\right)\right]^{-7/6}\times\\ &\quad\left\{-1.30\kappa^{\frac{7}{6}}L^{\frac{5}{6}}\sec\theta\mathrm{Re}\left[\int_{h_0}^{H}\mathrm{i}^{-(1-\alpha/2)}\xi^{-(1-\alpha/2)}(1-\theta)^{-(1-\alpha/2)}C_n^2(h)\Gamma(1-\alpha/2)\mathrm{d}h\right]\right\}\end{aligned} \tag{2-86}$$

2）斜程链路下无线光通信的性能分析

由于在 2.3.4 节中已经针对无线光通信的中断概率、平均误码率以及平均信道容量等性能指标的计算方式展开了相关介绍，因此在本节介绍斜程链路下的无线光通信性能时不再赘述。

首先以地-空斜程无线光通信系统为例，此时可以将地-空上行链路的接收光束近似为球面波，则接收端的光强闪烁如式（2-84）所示。分别将式（2-84）与中断概率表达式（2-66）、平均误码率表达式（2-71）以及平均信道容量表达式（2-73）相结合，并进行数值分析，最终得到的结果如图 2-18 至图 2-20 所示。

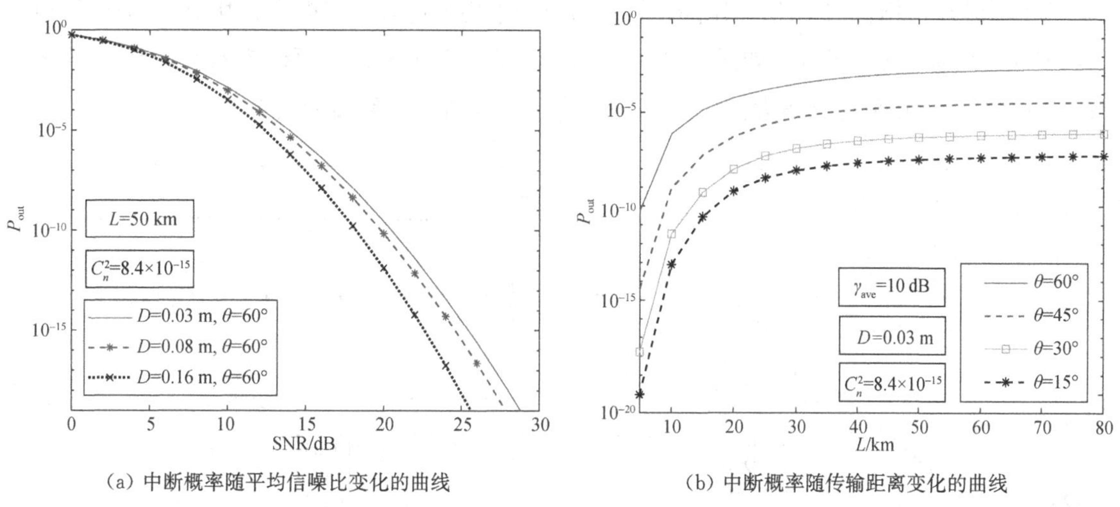

（a）中断概率随平均信噪比变化的曲线　　（b）中断概率随传输距离变化的曲线

图 2-18　地-空斜程无线光通信系统的中断概率

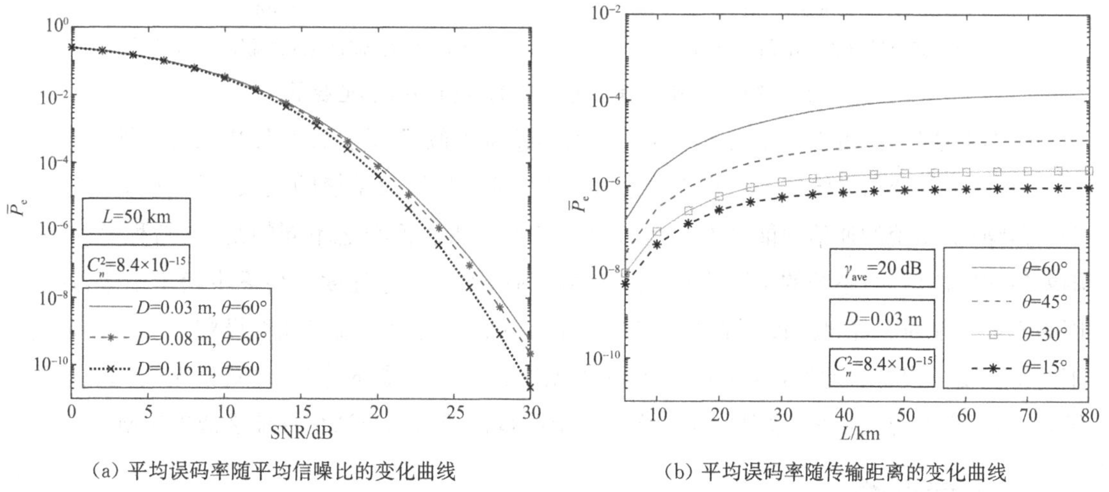

（a）平均误码率随平均信噪比的变化曲线　　（b）平均误码率随传输距离的变化曲线

图 2-19　地-空斜程无线光通信系统的平均误码率

图 2-18 和图 2-19 分别给出了中断概率 P_{out}、平均误码率 $\bar{P}_e$ 随平均信噪比 SNR、传输距离 L 等参数变化的曲线。由图可知，在平均信噪比固定时，随着传输距离的增大，系统的

中断概率、平均误码率不断增大，通信性能逐步劣化。此时将接收端孔径从 $D=0.03$ m 增大至 $D=0.16$ m，P_{out} 和 $\bar{P}_e$ 均有了一定程度的降低。从图 2-18(b)、图 2-19(b)中可以观察到，最初，随着传输距离的增大，中断概率、误码率迅速增加，当传输距离 L 达到 20 km 左右时，中断概率、误码率增加的速度逐步变缓，且当传输距离达到较远距离时（例如 $L \geqslant$ 40 km），中断概率、误码率已逐步趋于稳定。此外，在斜程链路中，随着天顶角 θ 的减小，系统的中断概率及误码率也得到明显改善。

图 2-20 给出了平均信道容量 $\bar{C}$ 随平均信噪比$\bar{\gamma}$、传输距离 L 变化的曲线。随着传输距离 L、天顶角 θ 的增大，平均信道容量仅有小幅度下降，接收孔径的增大也仅使信道的平均容量有小幅提升，而随着平均信噪比$\bar{\gamma}$的增大，信道的平均容量有一定提升。其中，当平均信噪比$\bar{\gamma}$从 10 dB 增大到 30 dB 时，如图 2-20(a)所示，$\bar{C}/B$ 从 3 bit·s^{-1}·Hz^{-1}左右提升至 10 bit·s^{-1}·Hz^{-1}左右，说明适当增大$\bar{\gamma}$对系统的平均信道容量性能有明显的改善。

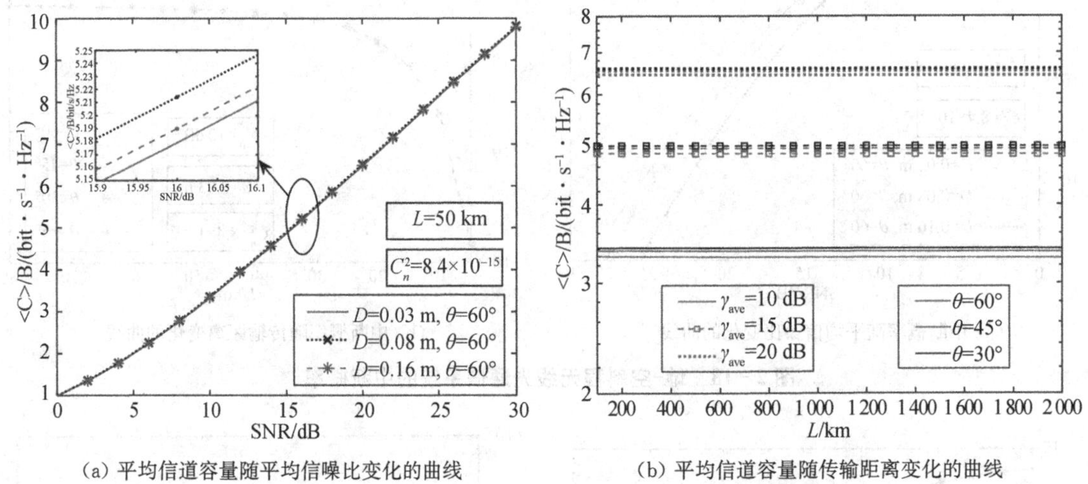

(a) 平均信道容量随平均信噪比变化的曲线　　(b) 平均信道容量随传输距离变化的曲线

图 2-20　地-空斜程无线光通信系统的平均信道容量

根据上述研究，可以发现与水平无线光通信系统类似，随着湍流强度以及传输距离的增大，斜程无线光通信系统的通信性能会发生劣化，且通过增大系统的接收孔径、提高系统的平均信噪比，系统的通信性能会在一定程度上有所改善。但与之不同的是，在斜程链路中，随着传输距离增大，系统的中断概率、平均误码率增大到一定程度时会逐步趋于稳定，这是因为光束传输时会经过海拔更高的大气信道，高空部分的大气湍流强度极弱，此时，湍流光束的影响变得很弱。此外，不论是地-空斜程无线光通信系统还是空-地斜程无线光通信系统，适当减小系统天顶角，也可以在一定程度上降低湍流对系统通信性能造成的影响。

2.5　本章小结

本章介绍了无线光通信的信道及其对通信性能的影响。鉴于目前的无线光通信应用大都无法回避地球大气的影响，因此分析大气信道对激光传输的影响至关重要。对于大气信道而言，其对激光传输的影响主要体现在大气衰减效应和大气湍流效应，本章对大气信道的理论描述进行了相应的介绍。在传输过程中，功率的减小以及光强起伏等因素与无线光通信系统的性能息息相关，其对通信系统性能的影响在本章也有仔细分析，这对无线光通信系统设计非常重要。除此之外，无线光通信系统还有可能工作于水下等信道，其信道传输特性也有所不同，不过分析方法大同小异。

参考文献

[1] 朱勇，王江平，卢麟．光通信原理与技术[M]．2 版．北京：科学出版社，2011.

[2] 张文涛，朱保华．大气湍流对激光信号传输影响的研究[J]．电子科技大学学报，2007，36(4)：784－787.

[3] Andrews L C，Phillips R L．Laser beam propagation through random media[M]．Bellingham：SPIE Press，2005：230－255.

[4] 孙刚，翁宁泉，肖黎明，等．大气温度分布特性及对折射率结构常数的影响[J]．光学学报，2004，24(5)：592－596.

[5] 李玉权，朱勇，王江平．光通信原理与技术[M]．北京：科学出版社，2006.

[6] 饶瑞中．光在湍流大气中的传播[M]．合肥：安徽科学技术出版社，2005.

[7] Majumdar A K．Free-space laser communication performance in the atmospheric channel[J]．Journal of Optical and Fiber Communications Reports，2005，2(4)：345－396.

[8] Tatarskii V I．The effects of the turbulent atmosphere on wave propagation[M]．Jerusalem：Israel Program for Scientific Translations，1971.

[9] von Kármán T．Progress in the statistical theory of turbulence[J]．Proceedings of the National Academy of Sciences of the United States of America，1948，34(11)：530－539.

[10] Andrews L C，Al-Habash M A，Hopen C Y，et al．Theory of optical scintillation：Gaussian-beam wave model[J]．Waves in Random Media，2001，11(3)：271－291.

[11] Beland R R．Some aspects of propagation through weak isotropic nonKolmogorov turbulence[C]// Proceedings of SPIE．Beam Control，Diagnostics，Standards，and Propagation．Bellingham，WA：SPIE，1995，2375：6－16.

[12] Rao C H，Jiang W H，Ling N．Spatial and temporal characterization of phase fluctuations in non-Kolmogorov atmospheric turbulence[J]．Journal of Modern Optics，2000，47(6)：1111－1126.

[13] Zilberman A，Golbraikh E，Kopeika N S，et al．Lidar study of aerosol turbu-

lence characteristics in the troposphere: Kolmogorov and non-Kolmogorov turbulence[J]. Atmospheric Research, 2008, 88(1): 66 - 77.

[14] Du W H, Yao Z M, Liu D S, et al. Influence of non-Kolmogorov turbulence on intensity fluctuations in laser satellite communication[J]. Journal of Russian Laser Research, 2012, 33(1): 90 - 97.

[15] Zilberman A, Golbraikh E, Kopeika N S. Propagation of electromagnetic waves in Kolmogorov and non-Kolmogorov atmospheric turbulence: Three-layer altitude model[J]. Applied Optics, 2008, 47(34): 6385 - 6391.

[16] Yi X, Liu Z J, Yue P. Uplink laser satellite-communication system performance for a Gaussian beam propagating through three-layer altitude spectrum of weak-turbulence[J]. Optik - International Journal for Light and Electron Optics, 2013, 124(17): 2916 - 2919.

[17] Al-Habash A, Andrews L C, Phillips R L. Mathematical model for the irradiance probability density function of a laser beam propagating through turbulent media[J]. Optical Engineering, 2001, 40(8):1554 - 1562.

[18] Nistazakis H E, Tsiftsis T A, Tombras G S. Performance analysis of free-space optical communication systems over atmospheric turbulence channels[J]. IET Communications, 2009, 3(8): 1402 - 1409.

[19] Barrios R, Dios F. Exponentiated Weibull model for the irradiance probability density function of a laser beam propagating through atmospheric turbulence[J]. Optics & Laser Technology, 2013, 45: 13 - 20.

[20] Barrios R, Dios F. Probability of fade and BER performance of FSO links over the exponentiated Weibull fading channel under aperture averaging[C]// Proceedings of SPIE. Unmanned/Unattended Sensors and Sensor Networks IX. Bellingham, WA: SPIE, 2012, 8540: 79 - 87.

[21] 易湘. 大气激光通信中光强闪烁及其抑制技术的研究[D]. 西安：西安电子科技大学，2013.

[22] Nistazakis H E, Tombras G S, Tsigopoulos A D, et al. Average capacity of wireless optical communication systems over gamma gamma atmospheric turbulence channels[C]//2008 IEEE MTT-S International Microwave Symposium Digest. Atlanta:IEEE, 2008: 1561 - 1564.

[23] Hata M, Morinaga N, Namekawa T. Receiver Performance of Optical Analog Communication Systems Through the Atmosphere[J]. The Transactions of the IEICE, 1983, 66(1): 79.

[24] Gradshteyn I S, Ryzhik I M, Jeffrey A. Table of integrals, series, and products [M]. 6th ed. San Diego: Academic Press, 2000.

[25] 陈泉润，虞翔，崔文楠，等. 基于中短距离星间链路的可见光通信及性能分析[J]. 光学学报，2019，39(10)：94 - 104.

[26] Tsiftsis T A. Performance of heterodyne wireless optical communication systems over gamma-gamma atmospheric turbulence channels[J]. Electronics Letters, 2008, 44(5): 373 - 375.

[27] Zhu X M, Kahn J M. Free-space optical communication through atmospheric turbulence channels[J]. IEEE Transactions on Communications, 2002, 50(8): 1293 - 1300.

[28] 宋正方. 应用大气光学基础：光波在大气中的传输与遥感应用[M]. 北京：气象出版社，1990.

第3章 无线光通信系统

3.1 无线光通信系统组成

随着科学的发展和技术的进步，目前的无线光通信系统已发展较为成熟，并且国内外众多厂家都推出了实用化的设备，应用于不同的领域。本节将介绍数字无线光通信系统的基本组成及应用。

3.1.1 系统组成及功能

无线光通信系统由电端机、线路编/解码、光调制/解调、自动功率控制、光学接收/发送天线等若干基础单元构成，在有些应用中还须考虑激光束的自动跟瞄，所以系统总体框图如图3-1所示。

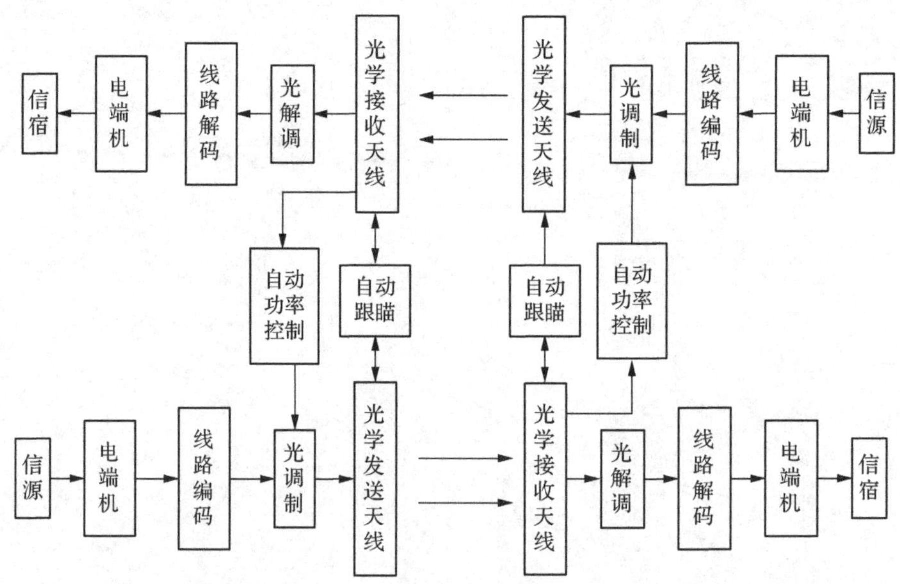

图3-1 无线光通信系统组成框图

1）电端机

电端机实现对信息的编码和还原。目前大多无线光通信系统没有设计这一功能单元，主要原因是多数情况下无线光通信系统担任的角色是提供一条无线宽带链路，换言之，进入系统的已经是经过电编码的比特流。在这种情况下，无线光通信系统只需要提供输入/输出接口，以完成比特流线路码型与数据之间的转换。

无线光通信秉承了光通信的优点，通信容量大，数据传输速率高，较多的系统码率在100 Mb/s～2.5 Gb/s 之间。因为系统的发送/接收端机通常架设在楼、塔等距机房较远处，所以数据源到端机之间的信号传输通常需要使用光纤来实现。在这种情况下，大部分无线光通信系统在设计时都考虑了提供光纤接口。

2) 线路编/解码

由于大气信道的不稳定性，特别是大气湍流对激光传输的影响，无线光通信链路的误码问题较为严重，因此有必要使用线路编码进行前向纠错。与长距离光纤通信（越洋通信）不同的是，无线光通信中的误码主要表现为突发误码，即在一段时间内激光束传播受大气湍流影响或被移动物体短时遮挡，导致接收机误码率突然上升，因此在长距离光纤通信中使用的 R-S(Reed-Solomon，里德-所罗门)线路编码并不十分适用于无线光通信系统。针对突发误码的前向纠错编码技术是无线光通信系统中的一项关键技术。

3) 光调制/解调

光调制/解调单元实现信号的电-光/光-电变换。早期的无线光通信系统主要使用大功率气体激光器担任光源，部分系统还使用光电倍增管担任光电检测器。随着光电子技术和器件的不断成熟，有源半导体光器件的寿命、功率和调制特性得到了很大的提升，因此目前大多系统使用半导体激光器作光源，使用 PIN 或 APD 作光检测器。

从降低应用成本的角度出发，目前无线光通信系统多采用 IM/DD(Intensity Modulation/Direct Detection，强度调制/直接检测)方式，采用的编码方式多为开关键控(On-Off Keying，OOK)、曼彻斯特编码和脉冲位置调制(Plus Position Modulation，PPM)等方式。此外，无线光通信发送机中的激光器驱动和保护电路、接收机中的前置放大器、主放大器和自动增益控制(AGC)电路以及后续的时钟恢复、抽样判决等电路与光纤通信中的光端机电路大致相同。

4) 自动功率控制

激光束在大气中传播时，天气情况及大气中悬浮微粒的多少对光束传播损耗的影响很大。当大气能见度从 2 km 变化到 500 m 时，将 1550 nm 工作波长的激光束传输 1 km 距离，大气传输损耗可能相差 20～30 dB，变化范围很大。如果这样的接收光功率变化全部需要由接收机的主放 AGC 来吸收，则 AGC 需要有 60 dB 的动态范围。事实上，较好的 AGC 电路动态范围也很难超过 40 dB，完全由 AGC 电路来吸收因大气状况不同而造成的接收光功率变化是不现实的。因此，在无线光通信端机中，通常应设置自动功率控制电路，在不同的大气衰减条件下，自动调整发送光功率，降低对接收机 AGC 电路的动态范围要求，使系统能够正常工作。

为防止自动功率控制电路频繁起作用，通常应采取滞后调整的方式，即接收光功率变化时不立即调整，而是在变化超过一定的容限且保持一段时间（如秒量级）不回调时才执行调整。这主要是为了防止由非大气条件变化因素引起的接收光功率突降，如大气湍流影响造成的光束偏离、移动物造成的光束短时遮挡等。

5）光学接收/发送天线

在无线光通信中，光学天线的作用主要表现在以下两个方面：

在发送端，对激光束实现扩束，增大激光束的束腰半径。当激光器发出的经准直后的光束进行发射时，由于光束束腰半径小，光束在传播数千米后的扩散大，往往光束扩展损耗就达到 10dB 以上，而使用光学发送天线对激光束进行扩束后，则可以有效地压缩光束发散角，减少光束扩展损耗，从而降低无线光通信系统对光源的发送光功率要求。

在接收端，增大接收面积，压缩接收视野，减少背景光干扰。通常半导体光电检测器的光敏面直径在毫米数量级，能够接收的光信号非常有限，而使用一定口径大小的光学接收天线可增大光信号的接收面积数十至数百倍，大大提高了所接收到的信号光功率。同时，由于光学天线对接收视场的压缩作用，落到半导体光电检测器光敏面上的背景光噪声也要小得多。这两种作用都可充分提高无线光通信光接收机的信噪比，延伸系统的通信距离。

实际上光学天线相当于一个物镜系统，通常有以下三种结构形式：折射式天线、反射式天线和折反射组合式天线。在无线光通信系统中，主要出于成本方面的考虑，通常选择折射式光学天线。

3.1.2 通信子系统

1）强度调制/直接检测系统

强度调制/直接检测（Intensity Modulation/Direct Detection，IM/DD）系统是指在发送端直接调制光载波的强度，在接收端用光检测器直接检测光信号强弱的光通信系统。对调制信号而言，其具体实施方式有两种——外（间接）调制和内（直接）调制。

内调制是光通信中最简单、经济、容易实现的调制方式，适用于半导体激光器（Laser Diode，LD）和发光二极管（Light Emitting Diode，LED）。这种方式把要传送的信息转变为电流信号注入 LD 或 LED，由于它们的输出功率与注入电流成正比（注入 LD 的电流要在阈值电流以上），因此可以获得相应的光信号。通过改变注入电流就可实现光强度调制。光源在发光过程中完成光的参数调制，激光的产生和调制同时进行，因此称为内调制。

光源的数字调制工作原理如图 3-2 所示。

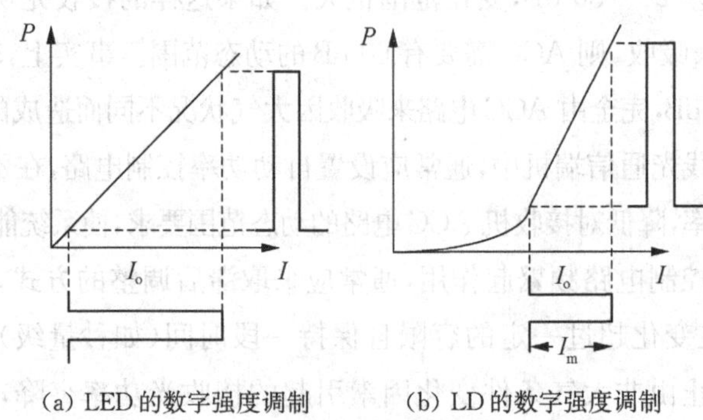

(a) LED 的数字强度调制　　(b) LD 的数字强度调制

图 3-2　LED 和 LD 的数字调制

内调制具有体积小、效率高、实现方便、功耗低等优点，但通常只能实现强度调制，适用于中、低速率无线光通信系统。

对于高速通信系统，特别是在传输速率超过 2.5 Gb/s 时，由于直接调制激光器的电光延迟等问题限制了调制性能，因此当无线光通信向大容量、高速率方向发展时，内调制难以满足要求，必须采用外调制方式。外调制不直接调制光源，而是利用晶体的电光、磁光和声光特性对 LD 所发出的光载波进行调制，因此又称为间接调制。外调制时，光源在发光过程中不受电调制信号的影响。外调制的具体实施方法是：在激光器输出的光路上放置光调制器，并对调制器施以调制电压，使经过调制器的光载波得到调制。根据电调制信号以“允许”或者“禁止”通过的方式进行调制的过程中，对光波的频谱特性不会产生任何影响，从而保证了光谱的质量，提高了系统通信容量。由于外调制是对光载波进行调制，不仅可对光强度，还可对相位、偏振和波长进行调制，但外调制系统比较复杂，损耗大，而且造价也高，因此通常应用于 2.5 Gb/s 以上的高速率、大容量传输系统之中。

2）相干光通信系统

在光通信领域，更大的带宽、更长的传输距离、更高的接收灵敏度，永远都是科学家的追求目标。尽管波分复用(Wavelength Division Multiplexing，WDM)技术和掺铒光纤放大器(Erbium-doped Optical Fiber Amplifer，EDFA)的应用已经极大地提高了光通信系统的带宽和传输距离，但是伴随着视频会议等通信技术的应用和互联网的普及而产生的信息爆炸式增长，对作为整个通信系统基础的物理层提出了更高的传输性能要求。

在相干光通信中主要利用了相干调制和相干检测技术。所谓相干调制，就是利用要传输的信号来改变光载波的频率、相位和振幅，而不像强度调制那样只是改变光的强度，这就要求光信号有确定的频率和相位(而不像自然光那样没有确定的频率和相位)，即光源发出的是相干光，激光就是一种相干光。所谓相干检测，就是在接收端利用一束本地产生的本振激光与输入的信号光在光混频器中进行混频并输出检测。相干光检测可以提高光通信系统的接收灵敏度，改善系统的性能。在光通信方面，相干光通信是发展多种调制方式(调幅、调频、调相)，进一步拓展通信容量，提高通信质量的潜在技术。在一些非通信技术领域，如光纤传感、信号分析及测量等领域，光相干探测技术也有广阔的应用空间。

相干光通信的理论和实验始于 20 世纪 80 年代。由于相干光通信系统被公认为具有灵敏度高的优势，各国在相干光传输技术上做了大量研究工作。经过多年的研究，相干光通信已经进入实用阶段，各国相继进行了一系列相干光通信实验。相干光通信的一大热点是应用于卫星光通信链路。理论上，与 RF(Radio Frequency，射频)载波相比，光载波在卫星通信中具有极强的优势，包括传送带宽大、质量小、体积小、功耗小等，通信光极窄的波束宽度也带来了很好的抗干扰和抗截获性能，可以极大地提高通信系统的信息安全性。因此，相干光通信技术对卫星光通信技术的发展而言极具潜力。

相干光通信的实质是采用了光频段的外差检测。与直接检测系统相比，相干光通信系统的接收端多了一个本振激光器。发送机部分采用外调制方式将原信号以调幅、调相或调频的方式调制到光载波上，再经滤波器和光放大器传输出去。传输到达接收机时，接收光信号首先与本振光信号进行相干混频，然后由检测器进行探测。光检测器将接收光信号和本振光信号的差频分量响应输出为光电流信号，从光信号的高频域（～10^5 GHz）转换到电信号的中频域（～GHz）。其采用单一频率的相干光光源作为载波，沿用无线电技术中早已实现的相干通信方式，再配合幅移键控（Amplitude Shift Keying，ASK）、频移键控（Frequency Shift Keying，FSK）、相移键控（Phase Shift Keying，PSK）等调制方式，这就是外差检测相干光通信系统的工作原理。

相干光通信系统的工作原理如图 3-3 所示，图中的光载波经调制器内调制或外调制后，产生信号光波（频率为 ω_S），调制方式包括调幅、调频或调相等。当该信号传输到接收端时，首先与接收端频率为 ω_L 的本振光信号进行相干混合，然后由光检测器进行检测，这样就获得了中频频率为 $\omega_{IF}=\omega_S-\omega_L$ 的输出电信号。因为 $\omega_{IF}\neq 0$，故称该检测为外差检测；而当 $\omega_{IF}=0$（即 $\omega_S=\omega_L$）时，则称之为零差检测，此时在接收端可以直接产生基带信号。

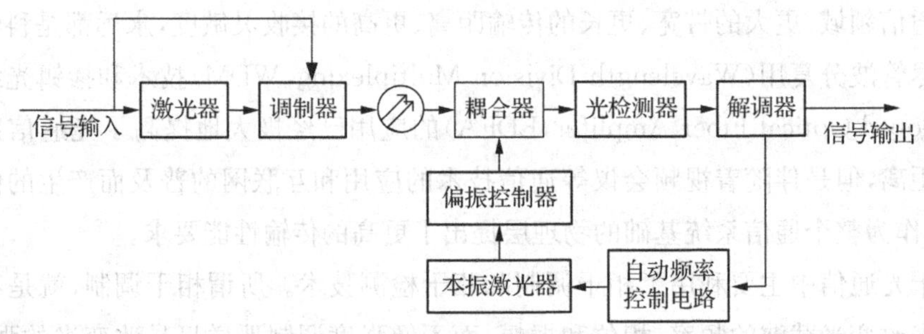

图 3-3　相干光通信系统工作原理

设接收光信号和本振光信号的电场分别为

$$E_S=A_S\exp[-i(\omega_S t+\varphi_S)] \tag{3-1}$$

$$E_L=A_L\exp[-i(\omega_L t+\varphi_L)] \tag{3-2}$$

式中，ω_S 和 ω_L、A_S 和 A_L、φ_S 和 φ_L 分别为接收光信号和本振光信号的频率、振幅和相位。假定接收光信号和本振光信号的偏振方向相同，则投射至光检测器的光强度为 $|E_S+E_L|^2$，检测到的功率为 $P=K|E_S+E_L|^2$，其中 K 为比例常数。利用式(3-1)和(3-2)，则 $P(t)$ 可写成

$$P(t)=P_S+P_L+2\sqrt{P_S P_L}\cos(\omega_{IF}t+\varphi_S-\varphi_L) \tag{3-3}$$

式中，$P_S=KA_S^2$，$P_L=KA_L^2$，$\omega_{IF}=\omega_S-\omega_L$。

当 $\omega_S\neq\omega_L$ 时，要想恢复基带信号，首先必须把接收光信号的载波频率转变为中频，然后把该中频信号转变成基带信号，这就是外差检测。当 $\omega_S=\omega_L$ 时，可以把接收到的光信号直接转变成基带信号，这就是零差检测。

3）零差检测

零差检测时，本振光信号的频率 ω_L 与接收光信号的载波频率 ω_S 相同，所以 $\omega_{IF}=0$，使

用式(3-3),光检测器产生的光电流是

$$I(t)=RP=R(P_S+P_L)+2R\sqrt{P_SP_L}\cos(\varphi_S-\varphi_L) \tag{3-4}$$

式中,R是检测器的响应度。通常,$P_L \gg P_S$,所以$P_S+P_L \approx P_L$为常数。式(3-4)最后一项包含要传送的信息。考虑到本振光信号的相位被锁定在接收光信号的相位上,因此$\varphi_S=\varphi_L$。此时,零差检测产生的信号电流为

$$I_S(t)=2R\sqrt{P_S(t)P_L} \tag{3-5}$$

本地振荡器等效于信号放大器,因此这种接收方式的接收灵敏度要显著高于直接检测。可以看出,零差检测将检测频率直接降低到基带频率,因此不需要复杂的电信号解调。零差接收是最灵敏的相干通信系统。然而,因为本地振荡器必须由光锁相环控制,所以零差接收机也是最难实现的。另外,接收光信号和本振光信号的频率需要相同也对两个光源提出了严格要求,其中包括极窄的线宽和较强的波长调谐能力。

4) 外差检测

在外差检测情况下,本振光信号的频率ω_L与接收光信号的载波频率ω_S不同,使其差频ω_{IF}落在微波范围内。因为$I=RP$,所以光检测器产生的光电流的表达式为

$$I(t)=R(P_S+P_L)+2R\sqrt{P_SP_L}\cos(\omega_{IF}t+\varphi_S-\varphi_L) \tag{3-6}$$

通常,$P_L \gg P_S$,所以第一项可认为是直流常数,很容易被滤除,此时含有信息的外差信号电流为

$$I_S(t)=2R\sqrt{P_S(t)P_L}\cos(\omega_{IF}t+\varphi_S-\varphi_L) \tag{3-7}$$

从式(3-5)和式(3-7)可以清楚地看到:

(1) 即使接收光信号的功率很小,但由于输出电流与$\sqrt{P_L}$成正比,所以能够通过增大本振光信号的功率P_L来获得足够大的输出电流。本振光信号在相干检测中起到了光放大的作用,系统获得了混频增益,从而提高了信号的接收灵敏度。

(2) 由于在相干检测中,要求$\omega_S-\omega_L$随时保持常数(ω_{IF}或0),因而要求系统中所使用的光源具备非常高的频率稳定性、非常窄的光谱宽度以及一定的频率调谐范围。

(3) 无论外差检测还是零差检测,其检测根据都来源于接收光信号与本振光信号之间的干涉,因而在系统中,必须保持它们之间的相位锁定和偏振方向匹配。

由于相干光检测方法对被接收信号以及本地振荡器信号的偏振状态都很敏感,需要利用保偏光纤或普通单模光纤加偏振控制器。在外差或零差接收机中都要用到自动频率控制电路,以保证本地振荡器的频率相对于接收光信号具有确定的关系。

3.1.3 PAT子系统

在一些无线光通信应用中,比如移动光通信和卫星光通信等,由于光束发散角极小,瞄准精度要求很高,特别是在卫星激光通信中,仅仅依靠卫星的相对位置计算,采用开环方式

实现通信双方光束的相互瞄准是不可能达到精度要求的，必须采用更精确、更有效的方式和算法实现通信光束的相互瞄准；此外，在光束对准进入通信状态后，各种干扰因素可能导致通信光束的指向偏离最佳方向，造成通信质量下降甚至完全阻断通信，因此在通信状态下，无线光通信系统还需要有效地实现通信光束的自适应对准，即跟踪。

上述功能由瞄准、捕获、跟踪（Pointing Acquisition and Tracking，PAT）子系统实现。简而言之，PAT 子系统的任务就是完成通信双方的光学天线的精确对准以达成通信，并通过跟踪的方法来克服各方面的扰动以维持正常的通信质量。在对准的过程中，主要考虑保证足够小的捕获时间以快速建立通信；在跟踪过程中，主要考虑跟踪精度以保证通信的有效性。

如图 3－4 所示，为实现上述功能，PAT 子系统一般应具有以下 5 个功能单元：

• 信标光源。该功能单元用于提供捕获功能单元所需的光信标。由于通信光源调制速率很高，通常功率不会很大，因此需要很高的天线增益，造成了光束发散角很小的问题，使得实现信号光的捕获较为困难，故 PAT 子系统通常需要使用专门的信标光源，该光源功率大，同时采用散焦方式实现大发散角，其光束发散角通常较信号光束大得多。

• 开环瞄准。该功能单元计算通信双方的相对位置以实现大致的光束瞄准方向，实现光束的初步对准。

• 捕获。在完成开环瞄准的基础上，该功能单元通过通信终端间相互交换信息以进行闭环方式的精确对准。

• 跟踪。在完成精确对准后，该功能单元用于克服各种因素干扰以保持对准状态，维持正常通信。

• 光束方向驱动。该功能单元实现光学天线方向的任意变化，是光束对准的最终实施者。

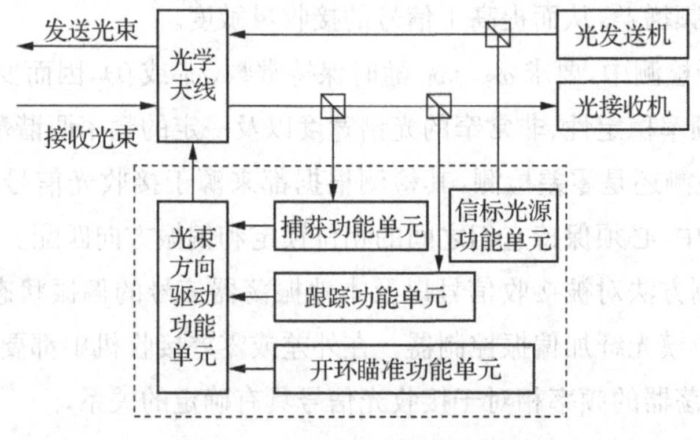

图 3－4　PAT 子系统功能框图

图 3－4 中的虚线方框内为 PAT 子系统。PAT 子系统是无线光通信中重要的子系统，受到各研究单位的重视，其工作过程包括：瞄准、捕获和跟踪。下面以卫星光通信为例，来介绍其工作过程。

1）瞄准

当两个卫星光通信终端需要进行通信时，由地面控制中心发出指令或由星载程序自动计算出两颗卫星的即时相对位置，再根据当时卫星的姿态计算出通信光束的发送方向，以此作为依据驱动光学天线指向另一颗卫星所在位置，完成初步对准。当处于不同轨道的卫星之间进行通信时，比如在高轨道卫星（GEO）与低轨道卫星（LEO）之间进行通信时，通信卫星双方就存在着相对运动，这种情况下，在正常通信的同时还需要继续开环瞄准工作，以保证双方通信光束的大体对准，避免偏差超过跟踪功能单元的调整范围。

2）捕获

由于光束发散角小，而开环瞄准精确度有限，其角度对准误差较大，因此在执行完开环瞄准动作后，通常发射光束还不能精确指向接收端，必须使用捕获功能单元通过闭环方式进一步精确调整。捕获功能单元是星间激光通信中 PAT 子系统最有特色也是最重要的一个构成部分。

星间激光通信中，通信光束的捕获可通过多种方式实现。

（1）直接捕获

直接捕获方式又被称为凝视-凝视（Stare - Stare）方式，采用这种方式需要具备以下两个条件：

① 发送方的光束应确保覆盖接收方所在的任何可能位置；

② 接收方必须具有足够大的接收视野（Field of View，FOV）以确保对方光束能够被接收。

当上述条件具备时，由开环瞄准功能单元执行的初步对准完成后，对方发送光束即出现在本方接收 FOV 中。因此，本方根据光点在接收 FOV 中偏离中心点的距离和方位，即可得出本方光学天线的对准误差，进而计算出纠正数据以驱动光学天线进行精确对准。通信双方均按此动作，即可完成双方通信光束的精确对准。

（2）单方扫描

单方扫描方式又被称为凝视-扫描（Stare - Scan）方式，可分为发送光束扫描和接收 FOV 扫描这两种方案。

当接收方满足接收 FOV 足够大条件而发送方不满足发送光束覆盖条件时，应采用发送光束扫描方式进行通信光束的捕获。为了达成通信双方的协调工作，需要确定由一颗卫星执行发送光束扫描（下文称之为主动方），而由另一颗卫星等待接收对方的扫描（下文称之为被动方）。显然，发送光束扫描就是主动方通过扫描的方式实现本方发送光束对被动方可能出现区域的完全覆盖，扫描过程如下所述：

① 主动方按完善的扫描策略计算出若干扫描点，确保在某扫描点上发送光束一定可以覆盖被动方；

② 主动方驱动天线逐一瞄准各个扫描点，并在每个扫描点作一定时间的驻留；

③ 在某扫描点上主动方发送光束出现在被动方的接收 FOV 中(因为被动方有足够大的接收 FOV,因此在其未实现天线精确对准的情况下,也能在接收 FOV 中捕获到主动方投射来的发送光束);

④ 在主动方于该扫描点上驻留的时间内,被动方根据接收 FOV 中主动方出现的位置计算出对准误差,并进一步计算出纠正数据,驱动本方天线实现精确接收对准,同时也实现了本方发送光束到主动方的对准;

⑤ 被动方出现在主动方的接收 FOV 中,主动方计算出对准误差和纠正数据并驱动天线实现精确对准,停止扫描。扫描过程完成。

通过以上 5 个步骤即可实现双方通信光束的捕获,使双方卫星进入通信状态。这就是发送光束扫描方式的工作过程。

另一种情况是发送方满足发送光束覆盖条件而接收方不满足接收 FOV 足够大条件,此时应采用接收 FOV 扫描方式。其扫描捕获过程与发送光束扫描非常类似,不同的是主动方执行接收 FOV 的扫描,在此不再赘述。

(3) 双方扫描

当发送方不满足发送光束覆盖条件且接收方也不满足接收 FOV 足够大条件时,捕获功能单元必须采用双方扫描方式,即发送方和接收方均执行扫描动作,因此双方扫描也被称为扫描-扫描(Scan - Scan)方式。

由于发送光束和接收 FOV 均不能覆盖不确定区域,都需要进行扫描,而在扫描过程中双方是无法确知对方目前扫描点出现的位置,因此双方应有更协调的扫描方式才能保证精确对准。一种可以使用的方法是嵌套扫描方式,即在一方扫描到某点时,停留一段时间,而在这段时间内另一方负责将整个不确定区域扫描一遍。需要注意的是,由于需要进行嵌套扫描,双方在时间上必须保持一致,如果考虑到双方时间不一致的误差问题,还需要在一方的停留时间段和另一方的扫描范围上留出富余量,以确保捕获成功。当发送方光束出现在接收方的 FOV 中时,采用与前述一样的调整方法即可完成通信双方的精确对准。

以上 3 类 4 种捕获方式各有一定的优缺点,对它们的评价如表 3 - 1 所示,其中综合评价主要是从可实现性方面考虑的。

表 3 - 1　4 种捕获方式的比较[1]

捕获方式		捕获时间	光功率要求	FOV 要求	综合评价
直接捕获		最短	高	高	较差
单方扫描	发送光束扫描	较长	低	高	最好
	接收 FOV 扫描	较长	高	低	差
双方扫描		长	低	低	一般

从捕获时间方面考虑,很明显,完成精确对准所花费时间最短的是直接捕获方式,事实上采用该方式时,当初步对准完成后,捕获功能单元已经实现了捕获,可以直接获得调整数

据实现精确对准，而其他方式均需要进行扫描，有额外的时间消耗；花费时间最长的则是双方扫描方式，嵌套扫描花费的时间将成倍地增加，效率很低。实际上，以目前的技术水平而言，只要采用像素点足够多的 CCD 作为接收感光器件，同时合理设计光学天线，即可方便地实现足够大的接收 FOV。以每个像素点实现 5 μrad FOV 计算，只要使用 800×800 像素的 CCD 即可实现 4×4 mrad 的 FOV，基本可以满足要求，而目前即使用于家用数码相机的 CCD 的像素也都超过了 2000×1500，因此双方扫描是不必要的，同时由于存在捕获时间长的问题，它也不宜在星间激光通信中被采用。

但是，直接捕获方式也存在致命弱点，即发送光束的覆盖问题。设星间通信距离为 4000 km、工作波长为 1550 nm，如果发送光束需要覆盖 1 mrad 区域，则光学天线口径必须小于1.6 mm，仅能提供约 70 dB 的增益，此时收发天线增益共 140 dB，而空间传播损耗达到了 270 dB，星间光链路的功率预算为 130 dB，如果接收机灵敏度为 −60 dBm，则发送机需要拥有 70 dBm 即 10000 W的功率，这是几乎不可能实现的。所以，直接捕获方式并不适用于长距离的星间激光通信。接收方执行扫描的单方扫描方式也面临着同样的问题，所以也是不可取的。

由发送方执行扫描的单方扫描方式没有功率预算问题，也拥有相对较小的捕获时间，因而是星际和星地激光通信中被普遍选用的捕获方式。

另外，在不确定区域一定的情况下，增大发送光束的发散角可增大在目标处的光斑面积，减少扫描点的数量，从而减少捕获时间，这对在运动的卫星间快速建立通信有重要意义。为了达到这个目标，有必要使用大功率的激光器，但大功率的激光器往往存在高频调制特性不好的缺点，不能满足大容量通信的要求，因此较多系统使用了专门的信标光源。信标光束与信号光束严格同向，且其发散角较信号光束大。

常用的扫描方式有两种：矩形扫描(Square Scan)和螺旋扫描(Spiral Scan)。

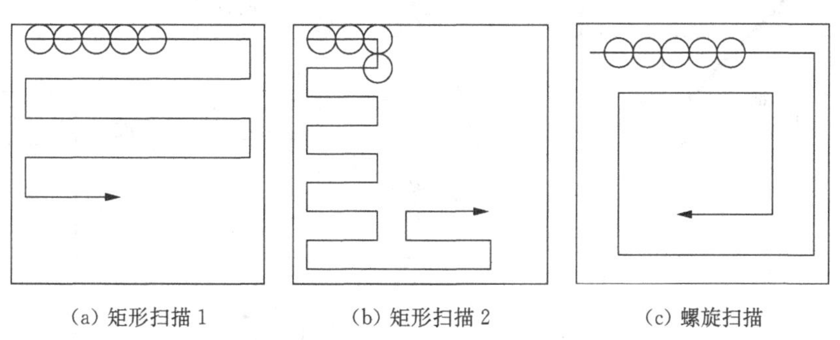

(a) 矩形扫描 1　　(b) 矩形扫描 2　　(c) 螺旋扫描

图 3－5　三种扫描方式[1]

矩形扫描又可分为两种，如图 3－5(a)和(b)所示。如果接收 FOV 无行程限制，能够在整个搜索范围内进行扫描，则采用第一种方式。如果探测器存在行程限制，只能在一个很小的范围内进行扫描，这样就需要一个能够覆盖整个搜索范围的慢扫描器来带动它。这个慢扫描器的功能可以由光学天线或者跟踪架来实现。图 3－5(c)所示为螺旋扫描方式，该方式比矩形扫描所需的捕获时间要少，但扫描驱动电流比较复杂。

3) 跟踪

开环瞄准功能单元和捕获功能单元共同完成光束的精确对准后，PAT 子系统即进入跟踪状态，此时由跟踪功能单元接替工作，负责吸收掉由卫星星体机械振动、天线部件产生的微小形变等因素引入的光束方向的微小变化。按此任务划分，显然，通信过程中由卫星间视运动产生的光束方向调整应由开环瞄准功能单元负责，以避免跟踪功能单元过调。

跟踪功能单元的工作情况与捕获功能单元在实现捕获后的情形十分类似，即进行对准误差检测并计算出调整数据，进而向天线方向驱动子系统发出指令，执行调整。由于跟踪是在精确对准后进行的，因此跟踪功能单元的误差检测范围要小得多，与捕获功能单元相比，其光检测器需要的接收 FOV 要小得多，甚至可以用四象限检测器(Four-Quadrant Detector，4QD)来实现。4QD 是一个常用于激光瞄准的器件，它有四个象限的光电检测区，当系统处于精确对准状态时，发送光束被聚集至 4QD 的中心位置，4 个光电检测区上所接收到的光强基本相等；而当对准出现误差时，光斑位置将偏离中心位置，此时 4QD 各检测区接收到的光强出现差异，经计算即可得出偏离方向，进而产生天线方向驱动指令。

3.1.4 典型的 PAT 子系统结构

图 3-6 是一种典型的 PAT 子系统结构示意图。

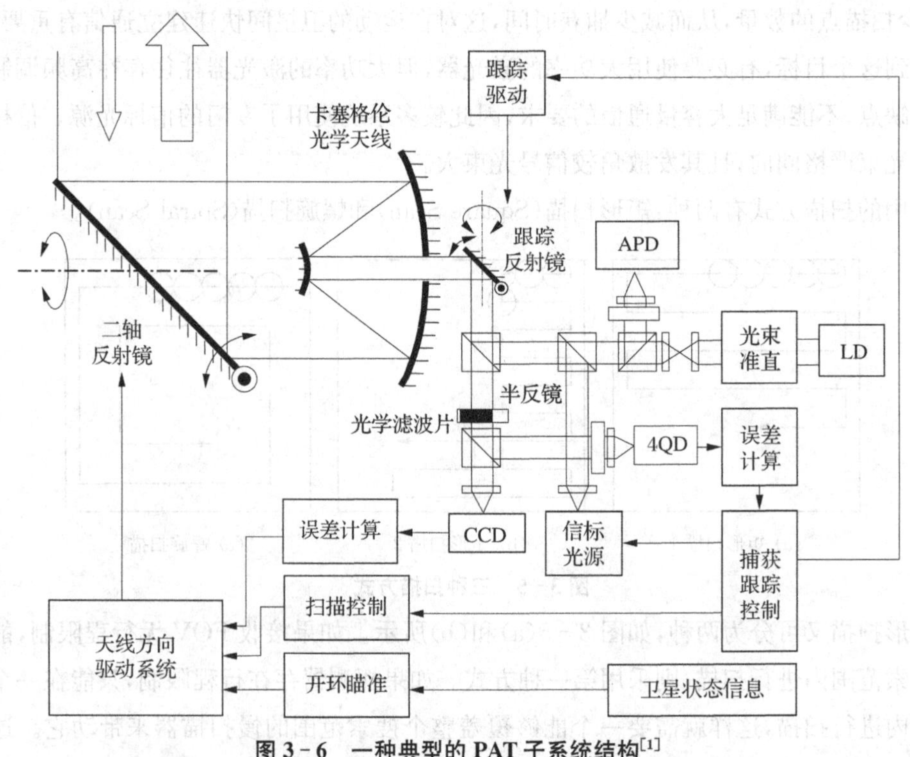

图 3-6 一种典型的 PAT 子系统结构[1]

该 PAT 子系统的设计采用了独立的信标光源，信标光束与通信光束的接收和发送均共用同一光学天线，精密调整各半反镜以保证它们严格同向，如此，当对信标光束的捕获完成后，即可实现收发双方的通信光束对准。

发送光路中，信号光束与信标光束均通过半反镜进入光学天线向外发射；接收光路中，接收光束通过两个半反镜分成三束，一束到达 APD，通过光学滤波片滤出信号光，用于通信；一束到达 CCD，通过光学滤波片滤出信标光，用于捕获；一束到达 4QD，通过光学滤波片滤出信号光，用于信号光束的精确对准和跟踪。

通信光束和信标光束方向的改变通过卫星姿态的调整和图 3－6 中左边所示的二轴反射镜完成，该反射镜可以调整俯仰角，还可绕天线轴旋转，在天线方向驱动系统的驱动下，配合卫星姿态的调整可使光束指向任意方向。天线方向驱动系统接收开环瞄准、扫描控制、误差计算三个部分送来的指令，按 3.1.3 节中所述的扫描方式实现捕获，在此不再赘述。与整体调整光学天线指向相比，使用反射镜调整光束方向具有反射镜质量小、调整速度快、精确度高的优点，可以在一定程度上进一步减少捕获时间。

在光路中还有一块跟踪反射镜也用于光束方向的快速微调。为跟踪由卫星平台振动引起的光束扰动，该反射镜应具有很高的响应速度，通常要求其频率响应在 1 kHz 以上，通过一般的电机驱动是难以获得这样的频率响应的，因此跟踪反射镜通常使用小惯量反射镜，并由压电陶瓷或音圈电机驱动，这种跟踪反射镜被称为快速倾斜镜（Fast Steering Mirror，FSM）。

由于光路复杂，光学元件众多，因此光学天线宜使用卡塞格伦天线。需要注意的是，应合理地安排副反射面的位置和大小，一方面尽量不要因其遮挡而降低天线的效率，另一方面要保证足够大的接收 FOV 以确保捕获的正常进行。

光学滤波片在 PAT 子系统中有着重要的作用。为减少捕获时间，通常信标光束需要较大的光束发散角，通常需要较信号光束的发散角大几十到 100 倍。发散角增大后，光束在接收处形成的光斑非常大，因此接收端光学天线接收到的信标光信号是非常弱的，非常容易被淹没在背景光噪声之中。为克服这种影响，在 CCD 之前有必要设置一块窄带光学滤波器。由于信标光为低速调制，因此在使用窄谱光源的情况下，其总体频谱是很窄的，因此光学滤波器的通带带宽只需要考虑光源的谱宽即可。

3.1.5　无线光通信端设备实例

本节介绍某型无线光通信端设备。该设备采用光电分离方式，分为光学天线和光端机两个主要部分，均可安装在室内或室外。光学天线不含任何电子元件，可以工作在较恶劣的室外，两部分之间采用光纤连接。设备示意图如图 3－7 所示。

该设备利用四束小功率的红外激光束为信号载体，两只 120 mm 口径的光学接收天线构成的接收组件并联接收对端的光信号，并经光功率合成器合并成一路信号，提供了更高的信号冗余度，保障了高性能和高可靠性。光端机内部由发送组件、接收组件、管理和控制接口组件构成。发送组件和接收组件与光学天线之间用光纤连接，连接关系如图 3-8 所示。

该设备使用折射式光学天线，天线组件面板如图 3-9 所示，安装于图 3-10 所示的平台上。

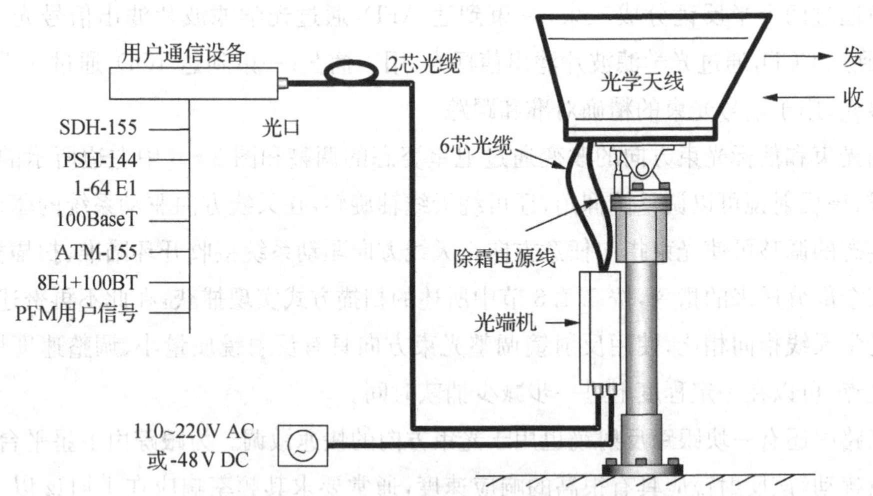

图 3-7 某型无线光通信端设备示意图[1]

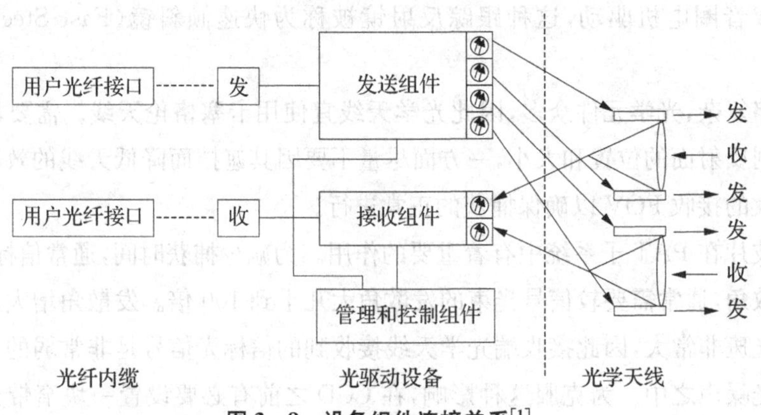

图 3-8 设备组件连接关系[1]

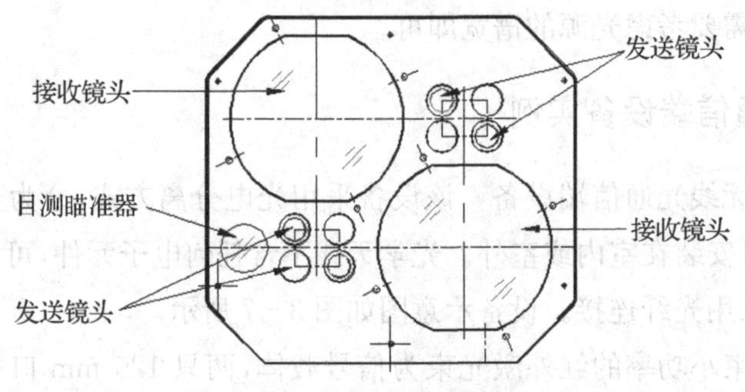

图 3-9 设备前面板[1]

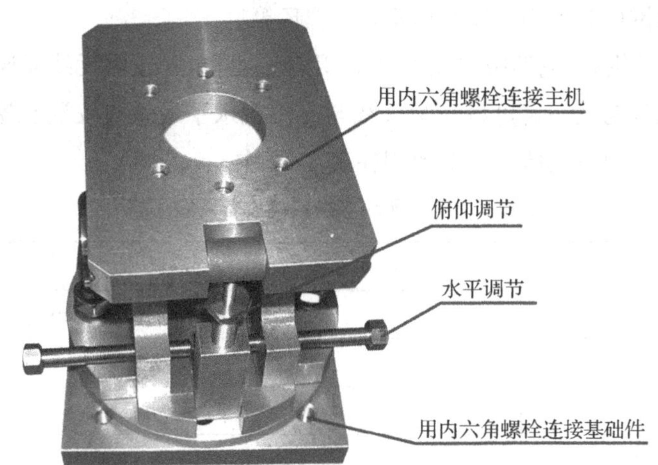

图 3-10 光学天线安装平台

1) 光学天线的构成

(1) 整体结构。

(2) 由光纤连接的四路发射光学天线和两路接收光学天线。

(3) 用于系统粗略校准的光学望远镜。

(4) 用于俯仰和旋转调节的经纬台。

(5) 整机固定装置。

(6) 具备除霜功能的保护玻璃。

(7) 除霜控制器件。

(8) 用于光电连接的后面板。

2) 光端机组件的构成

(1) 二合一型光接收器。

(2) 多路发射用激光器。

(3) 用户端光接口。

(4) 电源。

(5) 网管接口。

(6) 实现系统状态和光学信号强度指示的面板。

3) 设备的系统性能和业务特性

(1) 带宽范围:1 Mb/s～155 Mb/s。

(2) 距离范围:几百米～3 km。

(3) 灵活的组网能力:设备能提供多种组网方式,支持多种网络拓扑,包括点对点、链形、环形、环带链、相交环、相切环、网孔形等。

(4) 物理层传输,与协议无关:可以支持多种业务,包括 SDH(同步数字体系)、ATM(异步传输模式)、以太网(10 M、100 M)、FDDI、令牌环等。

(5) 完善的保护机制:电信级多光束系统,用于高性能、长距离无线光通信网络。

设备通过基础件与经纬台可将光学天线与光端机水平或垂直安装在室内外的墙壁、地面或其他附属物上。设备具体性能参数列在表 3-2 中。

表 3-2 某型无线光通信端设备系统规格

产品规格	155/4000	622/1000	GE/1000
尺寸	30 cm×30 cm×64 cm		
重量	13.5 kg		
连接头输入电压	12～16 VDC		
电源工作电压	90～240 VAC(50/60 Hz)		
最大电功率消耗	20 V		
工作温度	−25 ℃～+60 ℃		
相对湿度	高达 95%(非冷凝)		
带宽	1.5～155 Mb/s	622 Mb/s	1.25 Gb/s
建议距离	650 m～4000 m	500 m～3300 m	500 m～2000 m
光源	VCSEL		
输出光波长	850 nm		
光束发散度	2 mrad		
激光输出功率	每光束 6.0 mW	每光束 5 mW	每光束 5 mW
接收器灵敏度	−45 dB	−38 dB	−30 dB
接收动态范围	34 dB	27 dB	19 dB
协议	透明		
光接口类型	SC		
光检测器	Si APD		
数据输入光纤	SMF/MMF 1270～1350 nm		
接收光功率	−31～−8 dBm	−31～−8 dBm	−20～−3 dBm
发送光功率	−15～−8 dBm	−15～−8 dBm	−9.5～−3 dBm

3.2 无线光通信调制技术

目前的数字光通信系统大多设计为强度调制/直接检测(IM/DD)系统。应用于强度调制/直接检测光通信系统中的调制方式有很多种,其中最一般的形式是开关键控(OOK)和曼彻斯特编码。在 OOK 系统中,通过在每一比特间隔内使光源脉冲开或关来对每个比特进行发送。这是调制光信号最基本的形式,只需使光源开/关即可实现编码。采用曼彻斯特编码时，序列中的每一比特由两个开关脉冲组成。通常，光源由编码脉冲波形进行强度调制，直接检测接收机对经过强度调制后的信号进行解码。

为了进一步提高传输通道的抗干扰能力，应用于大气信道的光通信系统有很多采用了脉冲位置调制(PPM)。PPM 是一种正交调制方式，相比于开关键控(OOK)调制方式，它的平均功率降低了，但是为此付出的代价是增加了对带宽的需求。

3.2.1　单脉冲脉冲位置调制

单脉冲脉冲位置调制(L-PPM)将一个二进制的 n 位数据组映射为由 2^n 个时隙组成的时间段上的某一个时隙处的单个脉冲信号。可见，一个 L 位的 PPM 调制信号传送的信息比特为 $\log_2 L$。如果将 n 位数据组写成 $M=(m_1, m_2, \cdots, m_n)$，而将时隙位置记为 l，则单脉冲 PPM 的映射编码关系可以写成

$$\Phi: l=m_1+2m_2+\cdots+2^{n-1}m_n \in \{0,1,\cdots,n-1\} \tag{3-8}$$

例如，对于 4-PPM，若 $M=(0,0)$，则 $l=0$；若 $M=(1,0)$，则 $l=1$；若 $M=(0,1)$，则 $l=2$；若 $M=(1,1)$，则 $l=3$。

0、1、2、3 分别对应时隙位置，如图 3-11 所示。

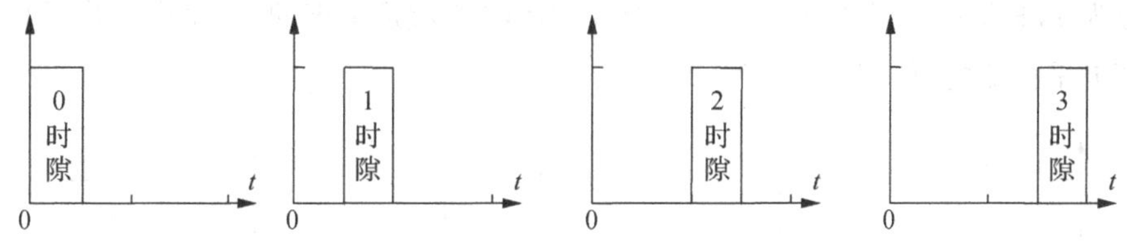

图 3-11　单脉冲脉冲位置调制示意图

可以看出，式(3-8)决定的映射 Φ 是一一映射，满足调制唯一性的要求。

对于一个码元速率为 $R_b=1/T_b$ 的数字基带信号，它对理想低通信道带宽的需求是 $B=R_b/2$。假设 OOK 信号的码元速率为 $R_b=1/T_b$，L-PPM 信号的码元速率为 $R'_b=1/T'_b$，在要求传信率相同的情况下，有 $T'_b L=T_b\log_2 L$，所以 $B/B'=\dfrac{\log_2 L}{L}$。一般有 $L=2^n$，n 为整数。可见，L-PPM 对带宽的需求比 OOK 要大。

对于一个应用 L-PPM 的光通信系统，它的平均发送光功率为 P_1/L，其中 P_1 是码元为 1 时的发送光功率。而应用 OOK 的光系统(不归零码)，在 1 和 0 的出现概率相同的情况下，平均发送光功率为 $P_1/2$。这一点对于一些用光作为通信载体的手持设备、便携式终端特别有利。

用于比较不同调制方式的一个参数是单位传信率，即每秒每赫兹传输比特数 γ：

$$\gamma=\frac{R}{B}(\text{bit}\cdot\text{s}^{-1}\cdot\text{Hz}^{-1}) \tag{3-9}$$

其中，R 是传输速率(单位为 $\text{bit}\cdot\text{s}^{-1}$)，$B$ 是信号带宽(单位为 Hz)。在光通信中，激光器通

常工作于脉冲状态，脉冲持续时间为τ，相应的信号带宽定义为

$$B(\mathrm{Hz})=\frac{1}{\tau}(\mathrm{s}) \tag{3-10}$$

对于占空比为r_p的OOK码元，它的单位传信率为

$$\gamma_{ook}=(1/T)/(1/\tau)=r_p \tag{3-11}$$

对于L-PPM码元，若时隙数为$L=2^n$，占空比同样为r_p，则2^n个时隙的宽度为$T_{ppm}=2^n\cdot\frac{\tau}{r_p}$。因此，相应的单位传信率为

$$\gamma_{ppm}=\left(\frac{n}{T_{ppm}}\right)\Big/\left(\frac{1}{\tau}\right)=\frac{n\cdot r_p}{2^n} \tag{3-12}$$

从式(3-10)和式(3-12)可以看出，传信率相同时，单脉冲PPM要求的传输码率比OOK高，相应的带宽需求也大。

3.2.2 差分脉冲位置调制

差分脉冲位置调制(Differential Pulse Position Modulation, DPPM)是一种在单脉冲PPM基础上改进的调制方式。前面提到，对于一个L-PPM码组，它的位数是固定的L位，其中一位为1，其他的位都为0。而L-DPPM的码组位数是不定的，它是由一串低电平后跟着一位高电平构成的，如图3-12所示。

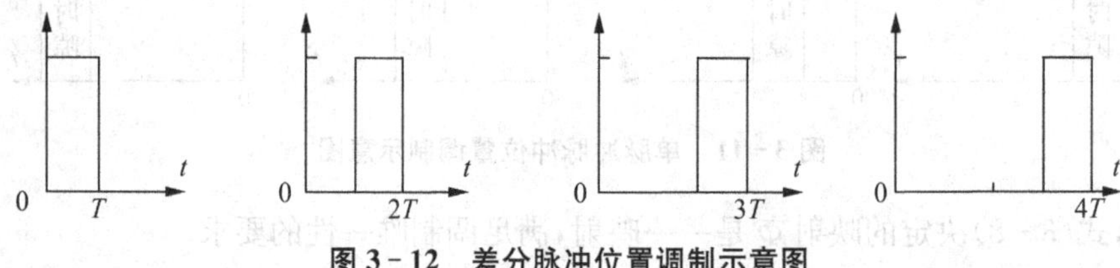

图3-12 差分脉冲位置调制示意图

从图中可知，DPPM信号将PPM信号的一个码组中高电平以后的信号全部去掉。可见，对于L-DPPM信号与L-PPM信号仍然有相同的分析。一个L-DPPM码组传输的信息比特和一个L-PPM码组相同，都为$\log_2 L$比特。但是在传信率相同的情况下，DPPM比L-PPM占用的信道带宽小，而与OOK相比，它的平均发送光功率要小。

显而易见，DPPM调制后的信号数据量是不确定的，这限制了DPPM在某些系统中的应用。在下面对DPPM单位传信率的分析中，我们假定送来调制的信息码元中1出现的概率$P(1)$和0出现的概率$P(0)$是相等的，并且在一个L-DPPM码组的任一位时隙上出现1的机会都相同。那么对于占空比为r_p的DPPM信号，它的码元速率为$R=1/T=r_p/\tau$，信号带宽为$B=1/\tau$。因为一个码组包含的码元位数是不定的，所以这里只能得出L-DPPM中一个码组的平均码元位数。这样，平均一个码组的时隙宽度为

$$T_{DPPM}=T\cdot\frac{1+2+3+\cdots+2^n}{2^n}=\frac{2^n+1}{2}T \tag{3-13}$$

所以，DPPM 的单位传信率为

$$r_{\mathrm{DPPM}}=(n/T_{\mathrm{DPPM}})/(1/\tau)=\frac{2nr_{\mathrm{p}}}{2^n+1} \tag{3-14}$$

需要说明的是，这个单位传信率只是统计意义上的单位传信率。在具体某一段时间内，1 和 0 出现的次数可能是不同的，经 DPPM 调制后输出信号码流量可能是时变的。

3.2.3 多脉冲脉冲位置调制

多脉冲脉冲位置调制将 n 个二进制的信息元映射为由 M 个时隙组成的时段上的多个脉冲。比如，双脉冲脉冲位置调制如图 3-13 所示。

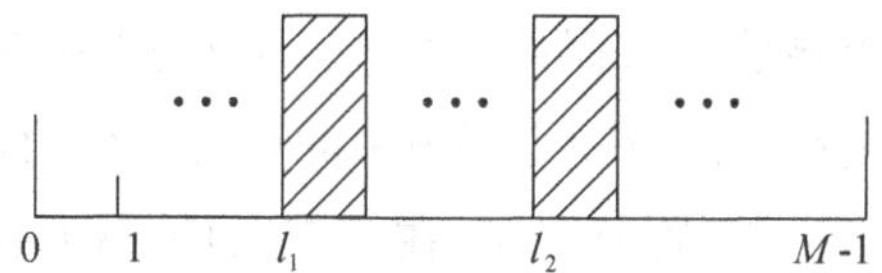

图 3-13 双脉冲脉冲位置调制示意图

若记两个脉冲位置分别是 l_1,l_2，则可描述为

$$\begin{cases}(l_1,l_2)=\Phi(u_1,\cdots,u_n)\\ l_1,l_2\in\{0,1,\cdots,M-1\},u_i\in\{0,1\}\end{cases} \tag{3-15}$$

由于 PPM 信号是时间序列，脉冲位置也就是时间的先后，因此多脉冲 PPM 可以按多个脉冲的组合或排列方式分为多脉冲组合 PPM 和多脉冲排列 PPM，这种排列或组合的种类表征了它们各自的传信能力。对于多脉冲排列 PPM，各个脉冲应有不同的特征，如选取不同的电平值或有不同的脉宽等。由于这种调制方式在实现上较为复杂，所以一般很少用到。

对于多脉冲组合 PPM，记 $I=2^m$个时隙上 k 脉冲 PPM 的组合种类为 $NC_k(m)$，则有

$$NC_k(m)=\mathrm{C}_I^k=\frac{2^m!}{k!\ (2^m-k)!} \tag{3-16}$$

多脉冲 PPM 的传信能力随着 k 的增加而不断增强。它的单位传信率可以写为

$$\gamma_{k\mathrm{PPM}}=\frac{r_{\mathrm{p}}\log_2[NC_k(m)]}{2^m} \tag{3-17}$$

其中，$[NC_k(m)]$是指取值最接近 $NC_k(m)$但比 $NC_k(m)$要小的数，并且$[NC_k(m)]=2^n$（n 是大于等于 m 的一个整数）。

3.2.4 解调及比较

由上面的分析可以看出，L-PPM 和 L-DPPM 与一般的 OOK 相比，都有不同程度的带宽扩张。多脉冲 PPM 和前两种 PPM 不同，选择合适的脉冲数 k 可以减少带宽扩张甚至没有带宽扩张，并且可以在传输速率相同的情况下，比 OOK 有更高的单位传信率。它们的平均发送光功率都有所降低。此外，L-PPM 和多脉冲 PPM 的解码需要码组同步时钟来确定

一个码组的开始和结束，而 DPPM 则不需要。

在接收端，要对接收到的信号进行解码，最重要的就是对信号进行判决。对于无线光通信，不论是应用于室内的光通信还是应用于室外的光通信或是空间光通信，由于各种原因，光脉冲总会有色散延时，脉冲波形会展宽，不仅会导致一个码组内码元的串扰，还会引起码组间信号的相互干扰。这对在接收端的判决解码会产生很严重的影响，需要想办法克服或尽量减小其影响。

对于 L-PPM 信号，判决可以分为软判决和硬判决。硬判决解码就是对每一个抽样先根据判决阈值直接进行判决，高电平为 1，低电平为 0。然后将已经判决的一个 L 位的码组的解码交给解码器，由解码器来决定解码输出，包括在所有抽样都为 0 或有不止一位抽样为 1 的情况下的解码输出（这时候显然会有误码产生）。通常，这种判决解码较容易实现。软判决解码对每一个抽样值进行量化，比较一个码组中的所有 L 位值，由解码器选择 L 位中值最大的位作为脉冲位置进行解码。有研究表明，在一定条件下硬判决解码比软判决解码要多 1.5 dB的功率损伤。很明显，DPPM 和多脉冲 PPM 无法应用软判决解码。

3.3 无线光通信中的关键器件

实现无线光通信需要一系列器件和技术的支持。本节重点介绍其中的光源、光检测器、光学滤波器和光学天线等关键器件和技术。

3.3.1 光源

根据激光产生的基本原理，我们知道，与无线电波相比，光波的频率更高，波长更短，除了具有与无线电波一样的应用外，光波还有着自己特殊的应用，有着自己的特点。同时，作为光源，激光器和普通光源有着本质差别，普通光源主要用作照明工具，而激光器则是信息领域中的重要器件，是无线光通信系统中最合适的光源。

激光的特性可以从五个方面来概括，即单色性、方向性、相干性、瞬时性和亮度。

1）单色性

单色性指的是光源发出的光强按频率（或波长）分布的曲线狭窄的程度，通常用频谱分布的宽度即线宽描述。一个光源发出的光波所包含的波长范围越窄，它的颜色就越单纯，光源的单色性越好，这是激光获得广泛应用的物理基础之一。激光的单色性远好于普通光源，最普通的氦氖激光器的谱线宽度要比曾经作为长度基准器的氪灯高 6 个数量级。

例如，在普通光源中，单色性最好的是同位素氪(86)灯，它发出的 605.7 nm 波长的谱线的线宽也有0.00047 nm（相当于 400 MHz），而一台稳频氦氖激光器发出的 632.8 nm 波长的谱线的激光输出线宽为 10^{-8} nm（相当于 9 MHz）。可见，激光相对于普通光源，其单色性提高了几个数量级。可以说，激光是发光颜色最单纯的光源。

利用激光单色性好的特点，在无线光通信中可以极大地去除背景光噪声的影响。

2）方向性

方向性即光束的指向性，常以激光束的发散角 θ 来评估。光束发散角 θ 越小，光束的方向性越好。通过光学系统进行光束整形，激光束的发散角可以被压缩到微弧度（10^{-6} rad）量级，接近真正的平行光束。

光束的发散角小，这对激光的应用具有重要意义。例如，用激光携带数据信息进行通信，保密性特别好，不易被敌方截获和干扰，而使用光束发散角非常小的激光，就可以把激光束投射到很远的接收端，实现长距离的激光通信。

3）相干性

相干性意味着各子波之间有确定的相位关系。对于普通光源而言，其发光机制是自发辐射，不同发光中心发出的波列或者同一发光中心在不同时刻发出的波列的相位都是随机的，因此光的相干性很差，这就是非相干光。激光的发光机制是受激辐射，辐射出的光子与激励光子是全同光子，因而是最好的相干光源。也正是因为激光具有良好的相干性，在无线光通信系统中可以利用相干检测的方法接收弱光信号。

4）瞬时性

瞬时性是指光脉冲宽度的可压缩性。在现代数字光通信和脉冲雷达技术中，信号都是以脉冲方式发出的，脉冲越窄，数字光通信的传输速率就越快，脉冲雷达的测距精度就越高，所以压缩脉冲宽度一直是研究人员追求的目标之一。在无线电波段，把电脉冲压缩到纳秒量级就算很好了。

如果说激光的高度单色性和方向性是光能量在频率和空间上的高度集中，那么激光的高度瞬时性则是光能量在时间上的高度集中，即短时间里发射足够大光能量的特性，或者说高峰值功率特性。研究表明，频率越低，脉冲压缩越困难；频率越高，脉冲压缩越容易。事实也正是这样，激光脉冲很容易做到纳秒量级。随着激光脉冲压缩技术的发展，激光脉冲越来越窄，目前已经实现了皮秒（10^{-12} s）和飞秒（10^{-15} s）级的超短激光脉冲。

5）亮度

亮度是表征光源在一定范围内辐射功率强弱的物理量。

在激光发明前，人工光源中高压脉冲氙灯的亮度最高，与太阳的亮度不相上下，而相对于激光，无论是太阳还是高压脉冲氙灯，它们的亮度都要逊色得多。红宝石激光器的激光亮度能超过氙灯的几百亿倍。激光亮度极高的主要原因是它是定向发光的，大量光子被压缩在一个极小的发散角内射出，能量密度自然极高。因为激光的亮度极高，并且方向性好，所以能够照亮远距离的物体。红宝石激光器发射的光束在月球上产生的照度约为 0.02 lx（光照度的单位），若用功率最强的探照灯照射月球，产生的照度只有约一万亿分之一勒克斯。激光的高亮度在无线光通信系统中有着直接的应用意义。激光束的这种在很窄的频率范围内、很短的时间间隔内，向空间很小的区域内辐射能量的能力，正是无线光通信中信息传输的物理基础。

同光纤通信系统一样，对于无线光通信中所使用的光源，人们的考察目标仍然是调制速率、发光功率、功耗、体积、寿命等几个方面。由于激光器所具备的优良特性，半导体激光器成了无线光通信系统中首选的光源。

光纤通信中，激光器的工作波长选择取决于光纤这种传输媒质的低损耗窗口，在无线光通信中，大气的通信窗口仍然是工作波长选择的重要根据。所不同的是，光纤是一个相对封闭的信道，通常不会有杂散光侵入，但无线光通信系统就不一样了，大气信道中存在背景光，因此在选择光源的工作波长时，不仅要考虑低损耗窗口，还要注意避开背景光的高辐射谱段。

最重要的几个红外大气窗口主要包括近红外大气窗口（0.76～1.15 μm、1.4～2.5 μm）、中红外大气窗口（3～5 μm）以及远红外大气窗口（8～12 μm）。现在无线光通信系统工作波长普遍使用的 0.85 μm、1.55 μm 的红外光都处在近红外大气窗口内。在这些波段，无线光通信系统可用光电器件的选择余地大、制造水平高，成本较低。

需要注意的是，在实际应用中，由于激光器是能量高度集中的器件，所以激光对人体，尤其是人眼会造成严重伤害，使用时需特别小心，切记不能人眼直视。国际上对激光有统一的分类和安全警示标志，将其分为四类（Class 1～Class 4），其中 Class 1 对人体是安全的，Class 2 对人体有较轻的伤害，Class 3 以上的激光对人体有严重的伤害，使用时应特别注意，避免直视。

3.3.2 光检测器

1）信号光检测器

光检测器是把光信号变换为电信号的关键器件。由于从光发送机传输过来的光信号一般是非常微弱且产生了畸变的信号，光电检测器的性能特别是响应度和噪声，将直接影响光接收机的灵敏度，因此无线光通信系统对光检测器提出了非常高的要求。在光通信系统中，光发送机输出的光信号经光纤传输后，通常利用 PIN 型光电二极管和雪崩光电二极管（Avalanche Photo Diode，APD）两类光检测器将其还原成电信号后完成放大再生。这些光纤通信中所使用的半导体光电检测器都是基于半导体光电效应工作的。所谓半导体光电效应是指一定波长的光照射到半导体 PN 结上，且光子能量大于半导体材料的禁带宽度（$hf>Eg$）时，因为受激吸收，价带电子吸收光子能量跃迁到导带，使导带中有电子，价带中有空穴，从而使 PN 结中产生光生载流子的一种现象。

最简单的半导体光电检测器为光电二极管（Photo Diode，PD），它是基于 PN 结的光电效应把光信号转换为电信号的器件。PD 通过外电路对 PN 结施加反向偏压（反向偏压是指 P 端接负极，N 端接正极），当 PN 结两端外加反向偏压时，外加电场与内部电场方向一致，因而在 PN 结界面附近形成耗尽层。耗尽层是光检测器的工作区，在这里，入射光子被吸收转换成电子空穴对，因此入射光只有在耗尽层内被吸收才是有效吸收。当光束入射到 PN 结时，耗尽区内产生的光生载流子立即被高电场（内部电场和外加电场）加速，以很高的速度向两端运动，从而在外电路中形成光生电流。当入射光功率变化时，光生电流也随之线性变化，从而把光信号转换成电流信号。这种 PN 结型光电二极管的耗尽层非常薄，只有约 0.1 μm，因此光电转换效率低，而且耗尽层内电场低，载流子运动慢，而在两边 P 层、N 层很宽的距离内，扩散运动前进的时间太长，所以它的响应速度低。

为了提高 PN 结型光电二极管的量子效率和响应速度，人们在制造工艺方面做了一些改进。以一块厚度为 70～100 μm 的本征硅材料作本体，在本体的两边使用外延或扩散工艺分别形成很薄的 P 层和 N 层，厚度约几微米。这种本征硅材料做成的本体称为 I 层，它夹在 PN 结的中间，这种结构的光电二极管称为 PIN 光电二极管。在 PIN 管结构中重掺杂的 P^+ 和 N^+ 区非常薄，而低掺杂的 I 区很厚，经扩散作用后可形成一个很宽的耗尽区，这样在外加反向偏压的作用下，可大大提高 PIN 型光电二极管的光电转换效率。

如果将光电二极管的反向偏压不断增加，PN 结内的电场增高，光生载流子的漂移速度加快，当电场增高到一定值时，高速漂移的载流子从晶格中碰撞出二次电子，从而激发出新的电子-空穴对，这种现象称为碰撞电离。二次电子与原电子又加速碰撞出更多的电子，即碰撞电离，这是一种链锁式反应，导致载流子雪崩式猛增，这种现象就是雪崩效应。利用雪崩效应制成的这种光电二极管称为雪崩光电二极管（APD）。

此外，由于光在大气中的强散射特性和吸收特性，到达接收端的光强较一般光纤通信系统而言更加微弱，故为了获得更好的传输性能，系统有时还需要更高灵敏度的光检测器。除了在光纤通信中常用的 PIN 型光电二极管和雪崩光电二极管外，在大气光通信中还常常使用光电倍增管（Photo Multiplier Tube，PMT）作为光检测器。光电倍增管是将光电发射和次级发射相结合，把微弱的光信号转变并放大为电信号的真空器件。它主要由光电阴极和打拿极构成。当光电阴极接收光子并产生外光电效应后发射光电子，光电子在外加电场的作用下被加速后发射到打拿极并产生二次电子发射，二次电子又在电场的作用下被加速发射到下一级打拿极并产生更多的二次电子，随着打拿极的增加，二次电子的数目也得到倍增，最后由光电阳极接收并产生电流或者电压输出信号。光电倍增管具有灵敏度高、暗电流小、光电转化能力强、动态响应速度快、信号检测能力强、稳定性和可靠性好的特点。光电倍增管的倍增增益可达 10^5～10^7；响应度可达 62 A/W；暗电流极低，约为 0.1 nA/cm^2；响应时间较快，约为 20 ns；检测面积也较大，可达数平方厘米以上。PMT 各方面的技术性能优于 APD，但是其体积大、易破碎、功耗高，而且小型化较困难。

2）光束空间位置探测器

要提高 PAT 子系统的精确性和可靠性，首要条件是选择一个准确可靠的光斑位置探测器。

（1）电荷耦合器件

电荷耦合器件（Charge Coupled Device，CCD）是 20 世纪 70 年代初发展起来的新型半导体器件。它由美国贝尔实验室的研究人员于 1970 年首先提出，在经历了一段时间的研究之后建立了以一维势阱的模型为基础的非稳态 CCD 基本理论。自问世以来,CCD 的研究取得了巨大的进展,并在图像跟踪、图像制导、卫星侦察等领域得到了广泛的应用。

CCD 是一种优良的感光器件,其优点主要有:

① CCD 是一种固体化器件,体积小、重量轻、电压及功耗低、可靠性高、寿命长;

② 具有理想的扫描线性,可以进行像素寻址,可以变化扫描速度,畸变小、尺寸重现性好,特别适用于定位、尺寸测量和成像传感等方面;

③ 有很高的空间分辨率,线阵 CCD 现今已有 7000 像元器件、分辨能力可达 7 μm。

④ 具有数字扫描能力,像元的位置可以由数字代码确定,便于和计算机结合;

⑤ 光敏元间距的几何尺寸精确,可以获得很高的定位精度和测量精度,如东芝的 2048 位 CCD 可达 14 μm,5000 位 CCD 可达 7 μm;

⑥ 具有很高的光电灵敏度和大的动态范围,目前较好的 CCD 的灵敏度可达 0.01 lx,动态范围可达 60 dB。

CCD 有两大类型:线阵 CCD 和面阵 CCD。在卫星光通信中 PAT 子系统需要使用面阵 CCD,利用面阵 CCD 可获得图像信号和视频信号。目前硅基 CCD 已非常成熟并被广泛应用在数码相机、摄像机上,其响应波长范围与硅 PIN 一样,在 0.4～1.1 μm 之间,光敏元尺寸可做到 10 μm 左右,像素可达上千万,响应时间约在微秒量级,灵敏度可低至 0.01 lx。在星间激光通信中,使用具有较多像素的 CCD 可提供较大的视野,从而大大缩短捕获时间。

(2) 四象限探测器件

四象限探测器件(4QD)是一种光电检测器件,与 PD 不同的是,它将圆形的光敏面分作四个象限,每个象限均有电极引出光电流,如图 3-14 所示。

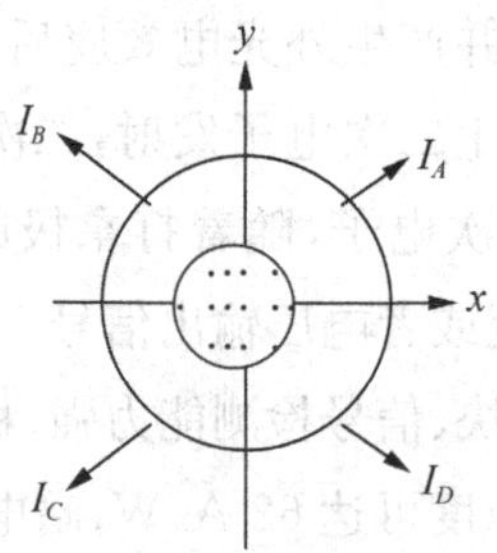

图 3-14　4QD 示意图

如图 3-14 所示,当光束被会聚并落在 4QD 上时,如果光斑位置不在 4QD 的中心,则落在 4QD 各象限的光能量会出现差异,相应地,各象限的输出光电流也会产生差异。对这些光电流进行处理即可获得光斑偏离中心点的误差信号。

建立如图 3-14 所示的坐标系(坐标原点与几何中心重合),用 σ_x、σ_y 表示 x、y 轴上提取的误差信号,用 I 表示相应象限的输出电流,用 E 表示相应的光能量,则

$$\sigma_x=\frac{I_A+I_D-(I_B+I_C)}{I_A+I_B+I_C+I_D}=\frac{E_A+E_D-(E_B+E_C)}{E_A+E_B+E_C+E_D} \tag{3-18}$$

$$\sigma_x=\frac{I_A+I_B-(I_C+I_D)}{I_A+I_B+I_C+I_D}=\frac{E_A+E_B-(E_C+E_D)}{E_A+E_B+E_C+E_D} \tag{3-19}$$

严格来讲，落在 4QD 上的光斑能量不是均匀分布的，通常是高斯分布的，要计算每个象限的光能量必须采用积分的方法。在要求不太高的情况下可以近似地把光斑看成均匀分布的。由式(3-18)和式(3-19)可看出，σ_x、σ_y 的取值范围反映了光斑位置的变化，如表 3-3 所示。

表 3-3　σ_x、σ_y 与光斑中心位置的关系

σ_x	σ_y	光斑中心位置
0	0	与坐标原点重合
>0	>0	第一象限
<0	>0	第二象限
<0	<0	第三象限
>0	<0	第四象限

3.3.3　窄带光学滤波器

大气信道中存在众多背景光噪声，如太阳光、云和建筑物反射光、人工光源等。分析工作波长时，一方面应考虑大气窗口问题，另一方面还要注意避开背景光的高辐射谱段，以期减少背景光对通信的干扰。但是，由于光电检测器具有较大波长范围的响应能力，仅仅靠选择工作波长根本不能解决问题。

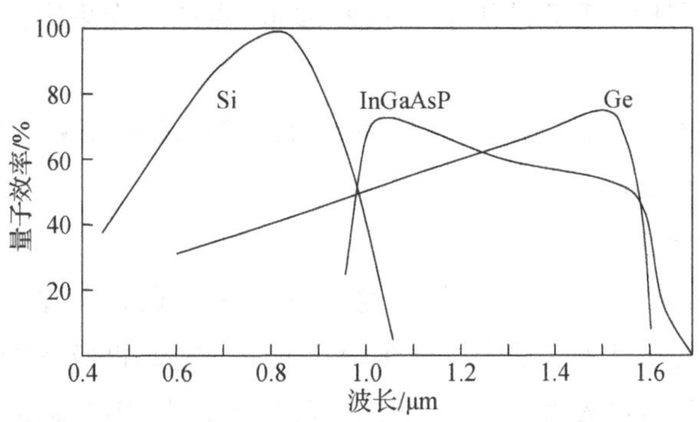

图 3-15　几种材料的光检测器的光谱响应曲线

如图 3-15 所示，用于光信号检测的几种材料制作的光检测器件均存在较大波长范围的响应区，因此落在这些波长范围内的背景光不可避免地也要形成光电流，使系统信噪比下降。要提高系统的工作性能，必须采取措施对这些背景光进行抑制。

一种措施是采用不同的焦点成像或加长天线套筒对背景光进行有效的遮挡，总体上看这种方法属于空间滤光法，有一定的效果，但解决问题很不彻底；另一种更为彻底的解决方法就是采用光学滤波技术对背景光进行抑制。

在众多的背景光中，太阳光功率最大、影响最为严重，而且有多种途径进入接收光路，如大气的散射、云或地面物体的反射等，因此需要重点对待。太阳光辐射波长约从 300 nm 延伸到 2500 nm 以上，其中大部分能量处于光检测器的响应波长范围内，如不采取措施，则背景光可形成很大的噪声光电流。为抑制这种干扰，需要在光电检测器前设置光学滤波器，使信号光能够很好地透过，同时滤除其他波长的背景光。光学滤波器是一个放置在光束通道上用来控制各种不同波长光的透过率的材料或元件，其作用与在通信系统中使用的任何类型的前置滤波器完全一样。

在通信系统中，我们通常使用带通滤波器作为前置滤波器。同样，在无线光通信系统中，我们也需要带通型的光学滤波器。目前 DFB-LD（分布式反馈激光器）的谱宽已降到 0.1 nm以内，而调制2.5 Gb/s的信号后其波长展宽也不过 0.04 nm，加上 LD 工作时可能发生的波长漂移，信号光需要的通带范围不过在 0.2～0.5 nm。相对光波而言，我们需要一个窄带光学滤波器。

可用于无线光通信的光学滤波器的基本类型有吸收滤波器、干涉滤波器和原子共振滤波器。出于成本考虑，通常在无线光通信中可以使用价格相对较低的 DFT 干涉型光学滤波器。另外，使用光纤布拉格光栅（Fiber Bragg Grating，FBG）型光学滤波器也是一种可行的方案。

3.3.4 光学天线

接收光学天线的任务是将一定面积内的信号光汇聚到光检测器上，目的是增大光信号接收功率；发送光学天线的任务是压缩光束发散角，降低激光束在大气中传播时的发散损耗。

出于成本和维护考虑，无线光通信系统多采用折射式光学天线。构成光学天线的主要方式为收发分离式和收发合一式。

1）收发分离式光学天线

在无线光通信中，通常传输距离不是很远，此时如果发送光束过窄，则不利于在存在大气湍流和建筑物晃动的条件下实现光束对准，很可能造成通信断续问题。因此，一般光发送天线口径不宜过大。但对接收端，光学天线的接收口径越大，则接收到的光能量越多，且越不易受大气湍流、建筑物晃动及移动物遮挡的影响。因此，在没有自动跟踪、瞄准系统的情况下，无线光通信系统宜采用收发分离式光学天线，通常发送天线口径在毫米量级，对应的光束发散角约在毫弧度（mrad）量级，在 1 km 处形成的光斑直径约在米量级；而对于接收天线，则要求口径尽可能大一些。收发分离式光学天线还有一个优点是很容易实现多光束发送和接收，成本较低，实际应用效果较好。收发分离式光学天线主要存在的问题是发送天线和接收天线可能存在指向不一致的问题，因此对光学天线的装配、收发方向的匹配要求较高。图 3 - 16 是一种典型的收发分离式光学天线示意图。

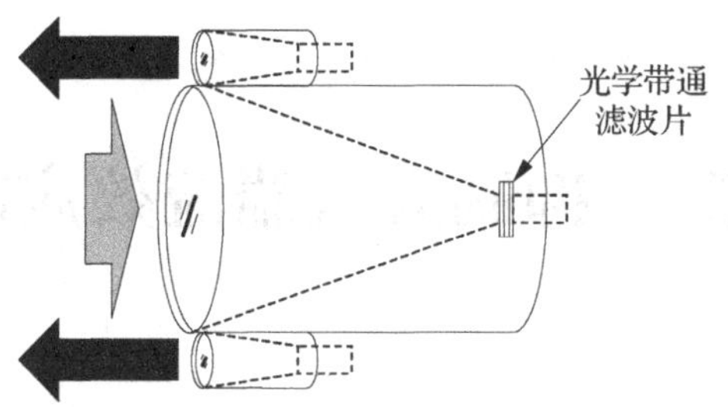

图 3-16　一种收发分离式光学天线示意图

2）收发合一式光学天线

要完成系统的双向互逆跟踪，无线光通信系统需要采用收发合一式天线。天线由主镜、副镜、合束/分束半反镜、光学滤波片等光学元件构成，如图 3-17 所示，图中虽未画出 PAT 子系统，但实际上收发合一式光学天线通常需要有 PAT 子系统。收发合一式光学天线收发同向一般没有问题，国际上现有系统的天线口径一般为 5～25 cm，发送光束的发散角在数微弧度（μrad）到数十微弧度之间，传输 1 km 时光斑直径仅略大于天线口径，而在没有 PAT 子系统时，光束的瞄准/保持很困难，通信易受外界影响而中断。PAT 子系统需要额外的光学元件和控制电路，成本较高。由于以上原因，收发合一式天线很少被无线光通信系统采用。

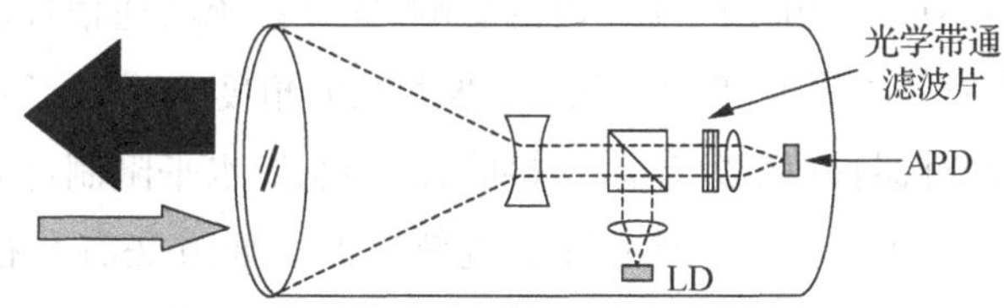

图 3-17　一种收发合一式光学天线示意图

光学天线应安装在稳固的平台上，且在平台上有高低、水平两个方向的旋转调整能力。

3.4　本章小结

本章主要介绍无线光通信系统的功能及组成。无线光通信系统可分为通信子系统和 PAT 子系统。一般的无线光通信系统常为强度调制/直接检测系统，而在性能要求更高的卫星光通信中，相干光通信已经成为研究的热点。本章还分析介绍了无线光通信系统中的关键器件和关键技术。

参考文献

[1] 朱勇，王江平，卢麟. 光通信原理与技术[M]. 2 版. 北京：科学出版社，2011.

第4章 抑制大气湍流效应的技术

激光束在大气信道中传播时，大气分子、气溶胶以及各种固态和液态微粒会对激光信号产生吸收、散射作用，引起光功率的衰减，导致接收机探测信噪比的降低，且大气对激光信号的多次散射会引起激光传输的多径效应，导致激光脉冲信号在空间和时间上发生展宽，在接收机中则表现为码间串扰。此外，大气湍流引起的光学折射率起伏，会导致光波的相位和强度随机变化，产生如光强闪烁、光束漂移、光束扩展、到达角起伏等效应。其中，光束漂移主要是由大尺度波动引起的光束质心偏移，可能导致光束完全失去目标；光束扩展是指小尺度波动导致光束发散角增加，将光束功率分布在更大的区域，从而降低强度、传输功率和效率；光强闪烁，即光束强度的波动，则会导致光通信系统中的信噪比降低和误码率增加。这些不利因素对自由空间光通信系统的性能产生了严重的影响[1]。

为抑制大气湍流效应对自由空间光通信的影响，提升系统的通信性能，国内外学者提出了许多解决思路，其中有一些最直接的方法，如增大发射角度或增大接收机的动态范围，不过这些方法都会受到现有器件(如激光器、光接收机)的制造水平限制，同时会使空间光通信系统的设计难度增大。当前，用于抑制大气湍流效应的主要方法有孔径平均技术、分集技术、自适应光学技术、部分相干光技术、修正发射光束等。到目前为止，如何减轻大气湍流效应的影响仍然是自由空间光通信领域中的一个技术难点和研究热点。

4.1 孔径平均

4.1.1 孔径平均技术的描述

孔径平均(Aperture Averaging)技术抑制湍流效应的效果显著，在大气激光通信中应用较为广泛。这种技术的基本理念是，如果接收孔径大于产生光强起伏的空间尺度，光强起伏将在接收机孔径内得到平均。这种情况下的光强起伏或闪烁值比点接收器下的闪烁值要小。因此，在大气激光通信中，通过增加有效接收孔径，在一定程度上可以减轻光强闪烁对通信系统的影响。孔径平均技术提高大气湍流条件下FSO通信系统性能的方式如下[2]：

(1) 增加接收器的孔径D，降低光强闪烁；

(2) 光强闪烁降低，增加接收端平均光功率信噪比；

(3) 增加接收端平均光功率信噪比，将误码率降低到可接受的水平。

孔径平均技术能显著地抑制光强闪烁对通信链路的影响，接收器的孔径尺寸越大，效果越明显。但是，当接收器的孔径尺寸增加到一定程度后，光功率起伏将不会随孔径尺寸的继续增加而显著减小。另外，由于大孔径接收器会增加接收端机的重量和体积，在很多便携性要求高的应用中会受到限制，所以在实际设计接收器时，如何选择孔径大小是一个非常重要的问题。

4.1.2　孔径平均因子的计算

受大气湍流影响，点接收器探测到的光强起伏（在弱湍流、平面波情况下）为

$$\sigma_I^2 = 1.23 C_n^2 \kappa^{7/6} L^{11/6} \tag{4-1}$$

式(4-1)给出的光强起伏是在假定接收孔径无限小的情况下得到的。然而在实际应用中，考虑到有限的接收孔径，测得的光强起伏并不是 σ_I^2，而是在整个接收孔径内的一个平均值。通常，我们用孔径平均因子来衡量孔径平均所造成的衰减程度，将其定义为孔径为 D 的接收器所收到的光信号归一化强度起伏方差与点接收器所接收到的光信号归一化强度起伏方差之比[3]，如式(4-2)所示：

$$A = \frac{\sigma_I^2(D)}{\sigma_I^2(D=0)} \tag{4-2}$$

这个参数描述了与点接收器相比，接收孔径为 D 的接收机的闪烁值数降低 A 倍，且孔径平均因子的大小不依赖于接收孔径的确切形状，而主要依赖于接收孔径的面积。

对于直径为 D 的圆形孔径，孔径平均因子 A 的计算方式为[3]

$$A = \frac{16}{\pi D^2}\int_0^D b_I(\rho)\left[\arccos\left(\frac{\rho}{D}\right) - \frac{\rho}{D}\left(1-\frac{\rho^2}{D^2}\right)^{\frac{1}{2}}\right]\rho \mathrm{d}\rho \tag{4-3}$$

式中，ρ 为两点之间的间隔，$b_I(\rho)$ 为归一化协方差函数。实际应用中，当 $D \ll \sqrt{\lambda L}$ 时，接收器可视为点接收器。

对于孔径平均因子的理论分析，通常采用 Kolmogorov 功率谱、Hill 功率谱、Andrews 功率谱等进行分析，在大气信道中根据大气湍流强度起伏、平面波或球面波的不同，选取合适的理论模型进行分析。

4.2　分集技术

分集(Diversity Reception)技术可以补偿大气信道衰落，是抑制大气湍流效应，改进 FSO 通信系统性能的有效措施之一。分集的基本理念就是利用信号的分散传输和集中处理，来抑制大气湍流造成的信道衰落产生的影响。其中，分散传输是指使接收端接收多个信号，这些信号彼此间相互独立并且携带同一信息；集中处理是指通过适当的算法，将接收端接收到的多个信号进行合并处理。分集技术可以有效改善空间光通信系统的性能，目前，国内外报道的用于抑制大气湍流影响的分集技术有空间分集、时间分集、波长分集等。

4.2.1　空间分集

相较于其他抑制大气湍流效应的分集技术，空间分集具有不受时延限制、不受环境因素

影响等优势。对于大气湍流和散射对 FSO 通信系统造成的影响，可以利用空间分集的优势来抑制湍流。空间分集技术的基本原理是，采用多个发射器或接收器进行光源到接收端的多路传输，各路径之间互不相关，从而有效抑制闪烁。目前，在无线光通信中主要应用的空间分集技术有多光束传输技术和阵列接收技术。其中，多光束传输技术是一种发射分集技术，采用两个或多个发射器发射互不相干的激光束，经过不同的传输路径到达接收端并相互叠加，从而降低信号衰落的影响。阵列接收技术则是一种接收分集技术，使用多个独立的小孔径接收机接收光信号，同样能够起到降低信号衰落的影响的作用。阵列接收技术比大孔径接收技术的灵活性强，设计难度大大降低。

FSO 通信系统空间分集的框图如图 4-1 所示，M 个发射机和 N 个接收机（$M,N\geqslant 1$）构成 $M\times N$ 个子信道，每个子信道传输相同的信号副本。当 $N=1$ 时，系统为发射分集系统，即多输入单输出（Multiple-Input Single-Output，MISO）；当 $M=1$ 时，系统为接收分集系统，即单输入多输出（Single-Input Multiple-Output，SIMO），在接收端对多路接收信号通过一定的合并规则进行合并处理后输出[2]。

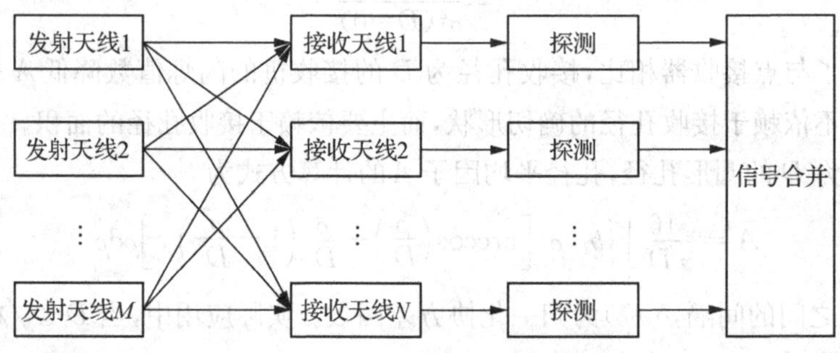

图 4-1　FSO 空间分集系统框图

通过使用空间分集技术，接收端可以接收到多个相互独立的支路信号，但是以何种合并方式将各路信号结合，从而提高输出信噪比，这是空间分集技术要解决的问题之一。目前，分集技术中常用的合并算法有最大比合并（Maximal Ratio Combining，MRC）、等增益合并（Equal Gain Combining，EGC）和选择合并（Selection Combining，SC）三种[4]。

当接收端有 N 个输入信号时，假设第 i 条支路的接收信号为 $x_i(t)$，$i=1,2,\cdots,N$，w_i 为第 i 条接收支路的加权系数，则合并后输出的信号 $y(t)$ 可以表示为

$$y(t)=\sum_{i=1}^{N}w_i x_i(t) \tag{4-4}$$

通过选取不同的加权系数，可以形成不同的合并策略。

1）最大比合并

最大比合并是一种最佳合并算法，它对多路信号进行同相加权合并，权重是由各支路信号所对应的信号功率与噪声功率的比值所决定的，最大比合并的输出 SNR 等于各支路 SNR 之和。即使在任一条支路信号都很差，没有任何单独信号可被解调出来时，最大比合并仍有

可能合成一个达到 SNR 要求的可被解调的信号。最大比合并后输出的平均信噪比为

$$SNR_{\mathrm{MRC}} = \frac{\eta^2}{2N^2\sigma_v^2}\left(\sum_{i=1}^{N} I_i^2\right) = \sum_{i=1}^{N} \gamma_i \tag{4-5}$$

式中，γ_i 为各支路信噪比；η 为光电转换效率；I_i 为各支路接收光强；N 为分集支路数目；σ_v^2 为信道加性高斯白噪声的方差。

2）等增益合并

等增益合并无须对信号加权，各支路的信号是等增益相加的。这种算法使合并实现起来比较简单，其性能接近于最大比合并。采用等增益合并时，加权因子是常数，此时合并后输出的平均信噪比为

$$SNR_{\mathrm{EGC}} = \frac{\eta^2}{2N^2\sigma_v^2}\left(\sum_{i=1}^{N} I_i\right)^2 \tag{4-6}$$

式中，η 为光电转换效率；I_i 为各支路接收光强；N 为分集支路数目；σ_v^2 为信道加性高斯白噪声的方差。

3）选择合并

选择合并是指检测所有分集支路的信号，以其中信噪比最高的一条支路作为最优信号输出。在选择合并中，加权系数只有一项为 1，其余为 0。因此，合并后输出的平均信噪比为

$$SNR_{\mathrm{SC}} = \max(\gamma_1, \gamma_2, \cdots, \gamma_N) \tag{4-7}$$

以上三种合并算法中，等增益合并实现较简单，而且性能也不错；选择合并的性能最差，而且对未被选择的支路弃之不用，造成资源浪费；最大比合并的性能最好，但相对也最复杂。在工程应用中，要综合考虑实现的难易程度和性能，做出合理的折中。

4.2.2　时间分集

时间分集技术的基本原理是，将相同的信息在按照一定时间周期分开的不同时隙发射出去，该时间周期要近似等于相干时间，数据的传输发生在单个发射器和单个接收器之间。对于通过大气进行传输的 FSO 通信系统而言，大气闪烁会造成接收器接收信号的起伏，从而导致 IM/DD 系统接收信号的衰落。接收端输入信号的随机起伏取决于湍流信道的概率分布，因此需要一个准确的概率密度函数（Probability Density Function，PDF）来预测 FSO 通信系统的衰落概率。在泰勒提出的湍流冻结的假设下，湍涡被认为在空间上冻结了，并在观察路径上以平均风速分量 V 移动。这一假设允许通过横向观测方向的平均风速将空间统计特性转化为时间统计特性。因此时间分集也能够改善 FSO 通信系统的性能[2]。

图 4－2 为 FSO 通信系统时间分集的框图。发射器重复发送信号 N 次，由信源编码分隔，从而使数据流首先被延迟或间隔固定的时间周期 T_{sep}（由编码器完成），接收器接收 N 个相互独立的衰落信号。这些信号在发送到下一环节之前会按照相应的规则被译码和延迟，N 个译码信号进行叠加，然后由阈值探测器来判决原来发送的是 0 还是 1。时间分集完全

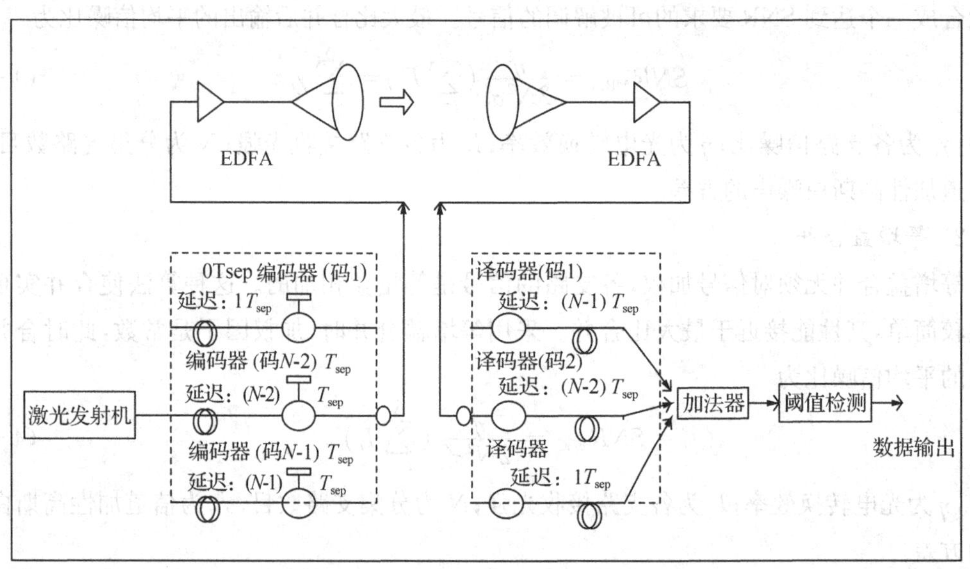

图 4-2　FSO 通信系统时间分集框图：*N* 路信道[2]

在时域内完成。发送间隔为 T_{sep} 的 N 次时间信号的强度为[2]

$$I_1=I(t),I_2=I(t-T_{sep}),\cdots,I_N=I(t-NT_{sep}+T_{sep}) \tag{4-8}$$

式中，$I(t)$为激光器发射光强。

在接收端，每路的衰落信号可以表示为 RP_i，其中 R 是接收器的响应度（如响应度），P_i 是第 i 路的接收光功率。假设每路衰落信道的光强起伏统计一致，则时间分集的性能可通过单个接收器在不同时延下衰落信号的联合概率分布来分析。

4.2.3　波长分集

2004 年，Kiasaleh 提出波长分集技术，即通过同时传输多个波长的激光来抑制光强闪烁，其原理是利用光强闪烁的波长依赖性来产生多路不相关信号[5]。多波长光束的产生可以使用同一个发射器来产生多波长光束，接收端通过分光片对不同波长的光束进行分离，而后得到不同波长的激光束。单波长的光束在用大孔径接收器接收时，随着孔径尺寸的增加，信噪比的上升存在饱和点，Kiasaleh 研究发现，波长分集技术可显著地提高信噪比的饱和点，改善链路性能[6]。此外，考虑不同波长间的交互作用，Kiasaleh 推导出弱湍流时多波长传输的闪烁指数的解析式[7]，研究表明，波长间隔对闪烁指数的减小有重要影响，波长间隔越大，闪烁指数减小得越快。不过，波长间隔的增加也会使光学系统和器件的制造难度加大，因此，在实际使用中，需要对波长间隔的选取进行优化。

4.3　自适应光学

激光信号在传播过程中，其波前受湍流影响而产生随机起伏，严重干扰了接收光信号的质量，从而导致通信误码率增加，通信稳定性降低。此外，随着通信距离的增加，激光器输出功率也逐步提升，激光器腔镜会发生热变形，从而引起激光波前产生相位畸变，导致光束质量下降，即通信质量降低。自适应光学(Adaptive Optics，AO)技术是一种实时探测、控制、校正光束波前相位畸变的技术，通过附加额外的波前补偿来提高接收机的接收质量，使大气激光通信系统具有实时克服动态湍流干扰、保持良好性能的能力[8]。

按照系统的组成结构来划分，自适应光学系统可以分为两类：一类是有波前传感的自适应光学系统，另一类是无波前传感的自适应光学系统。这两类系统的共同点在于均使用了波前校正器进行波前校正，主要区别在于有无波前传感器。

4.3.1　波前探测自适应光学系统

目前，波前探测自适应光学技术发展较成熟、应用较普遍，适合用于弱湍流或中等湍流强度条件下，是最通用的大气湍流补偿技术。波前探测自适应光学系统主要包括波前传感器、波前控制器和波前校正器三个模块，如图 4－3 所示。波前传感器主要用来进行波前测量；波前控制器依据波前传感器探测到的波前进行斜率计算、波前重构以及控制算法，最后通过转换输出控制信号；波前校正器根据波前控制器送出的控制信号经高压放大器放大产生变形，以校正湍流波前[8]。

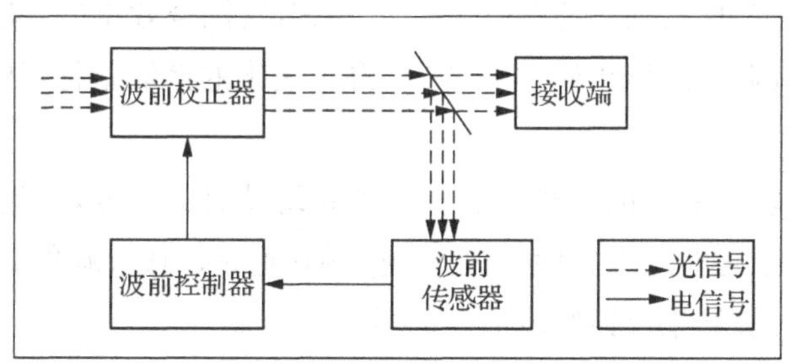

图 4－3　波前探测自适应光学系统的构成[9]

1) 波前传感器

波前传感器主要由微透镜阵列和 CCD 阵列构成，受湍流影响的光束通过微透镜阵列在 CCD 阵列的探测靶面上聚焦成像，经过 A/D 转换器转换为电信号输出，实时探测激光束的波前相位畸变。波前传感器的动态范围、精度、探测速度等参数对波前探测自适应光学系统的校正效果有着较大的影响。目前，自适应光学领域使用最广泛的波前传感器是 H-S (Hartmann-Shack，哈特曼-夏克波)波前传感器。

2) 波前控制器

波前控制器是波前探测自适应光学系统的核心部分，它由强大的微处理器实现两个方面的功能：波前重构和产生控制信号。波前控制器根据波前传感器探测到的波前相位畸变信息执行波前相位控制算法，将算法执行后的控制量输出到波前校正器。

3) 波前校正器

波前校正器通过改变一种由计算机控制的专用可变形镜片的形状来对畸变的波前相位

进行校正,从而重构原始信号。该可变形镜片的校正信号由高精度波前传感器所测量的波前畸变所提供。

受大气湍流影响后的光束经过波前校正器的控制校正,被分光镜分成两部分,一部分进入接收端进行解调等工作;另一部分进入波前传感器,将探测到的光束波前畸变相位信息传输到波前控制器模块。波前控制器执行波前控制算法,将算法执行后的控制量输入波前校正器,从而达到相位校正的目的。以上各部分协同工作,实现了 AO 系统的闭环控制。

波前传感自适应光学系统的优势是可以快速地检测出波前畸变信息。但是,当激光束的传输距离较长或大气湍流强度较强时,光束波前相位畸变严重,接收端接收到的光束强度会明显降低,波前传感器的 CCD 上可能会出现暗区,无法得到正确的波前斜率;且光强起伏会比较剧烈,会超过波前传感器的探测范围,从而不能得到准确的波前畸变信息。在此种情况下,只能采用非波前探测自适应光学来校正波前畸变。

4.3.2 非波前探测自适应光学系统

非波前探测自适应光学系统的结构与波前探测自适应光学系统结构相似,区别在于没有波前传感器,而是通过性能评价参数模块对接收端的光束质量进行评估,直接把畸变信息转化为性能指标如光强、斯特列尔比(Strehl Ratio,SR)、耦合效率等,使用优化算法对性能指标进行迭代优化,控制波前校正器不断变形,得到最优的性能指标,从而达到校正畸变波前的目的[8-9]。

性能评价参数模块是非波前探测自适应光学系统特有的部分,其生成的控制量经由波前控制器施加在波前校正器之上。性能评价参数模块通常以接收端的光功率等系统指标为直接优化目标,并将计算结果反馈给波前控制器。

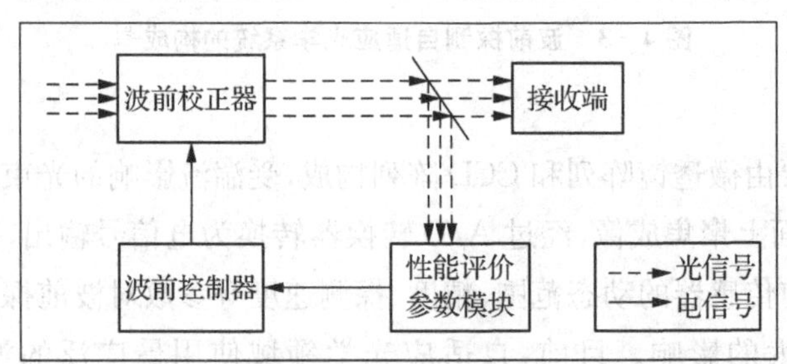

图 4-4 非波前探测自适应光学系统的构成[9]

受大气湍流影响后的光束经过波前校正器的控制校正,被分光镜分成两部分,一部分进入接收端进行解调等工作;另一部分进入性能评价参数模块对光束性能进行评估,波前控制器根据性能评价参数来执行波前控制算法,将算法执行后输出的控制量输入波前校正器以控制畸变光束的相位,完成一次迭代。非波前探测自适应光学技术需要进行多次迭代从而达到校正波前相位畸变的目的。

非波前探测自适应光学系统没有波前传感器,系统的硬件结构更加简单,在中强湍流条件下也能够正常工作。因此，非波前探测自适应光学技术得到了越来越广泛的重视。目前，非波前探测自适应光学技术在静态湍流条件下的仿真与实验研究已经比较充分，但是在实际应用中，动态湍流中的非波前探测自适应光学技术仍处于发展阶段。

4.4 部分相干光

4.4.1 部分相干光的提出

部分相干光(partially coherent beam)技术是抑制大气湍流效应的一种重要手段。一般的激光具有高相干性，在自由空间传输时，高相干度的激光在传输后光束散斑现象严重，更容易受到湍流介质的影响，对湍流的抵抗性差，导致严重的波前相位畸变，且光强起伏明显，增加了系统误码率，进而降低了整个通信系统的性能。不过，部分相干光在大气信道中传输时受到的影响比高相干度的激光小，大气湍流引起的闪烁效应得到了抑制。因此，适当地降低激光束的相干性，可以有效抑制大气湍流效应。

1975 年，Wolf 和 Carterl 首次提出了部分相干光的概念，1978 年二人又共同提出了一种典型的部分相干光源，即部分相干高斯-谢尔模型(Gauss Schell Model，GSM)光束[10]，该光束的远场光强和空间相干性均服从高斯分布。随后的几十年里，部分相干高斯谢尔模型光束得到了广泛研究，针对部分相干光的理论研究得到了快速的发展。国内外大量的理论研究表明，部分相干光能有效减轻光强闪烁，降低误码率，提高大气激光通信系统的通信质量，比完全相干光更适合长距离传输。

当前，部分相干光在湍流大气中的传输仍在不断探索中，要在通信系统中实际应用仍需进一步的研究。此外，除了部分相干高斯-谢尔模型光束，更多新兴类别的部分相干光也受到了关注，如部分相干艾里光，部分相干贝塞尔光束等，不过诸多研究仍在理论层面，针对新兴类别的部分相干光的实验研究还需进一步开展，仍有很大的研究发展空间。

4.4.2 部分相干光的基本理论

光束的相干性可以分为空间上的相干性和时间上的相干性。通常，在完全相干光的光场上叠加一个随时间变化的随机振幅和随机相位分布，即可得到部分相干光。其中，随机振幅和随机相位分布则是体现了光场在时间和空间上的部分相干性[11-12]。

假设初始的完全相干光源的光场分布为 $U_0=(x,y,0)$，随时间变化的振幅和相位分布表示为 $t_A(x,y;t)=\exp[\mathrm{i}\xi(x,y;t)]$。因此，部分相干光在发射处的光场分布可表示为[12]

$$U'=(x,y,0;t)=U_0(x,y,0)t_A(x,y;t)=U_0(x,y,0)\exp[\mathrm{i}\xi(x,y;t)] \tag{4-9}$$

式中，$\xi(x,y;t)$ 表示光源光场的部分相干性。

1) 空间-时间域

假设 $\boldsymbol{\rho}=(x,y,z)$ 代表空间位置向量，z 为波束传播距离，是一个常数；$\boldsymbol{\rho}_1$ 和 $\boldsymbol{\rho}_2$ 是光场

中任意两点；$V(\boldsymbol{\rho}_1,t+\tau)$和$V^*(\boldsymbol{\rho}_2,t)$分别代表部分相干光的光场空间点$\boldsymbol{\rho}_1$和$\boldsymbol{\rho}_2$在时刻$t+\tau$和$t$的复振幅。在空间-时间域中，这两个光场场点即可采用互相干函数$\Gamma(\boldsymbol{\rho}_1,\boldsymbol{\rho}_2,\tau)$来描述。互相干函数的定义为[13]

$$\Gamma(\boldsymbol{\rho}_1,\boldsymbol{\rho}_2,\tau)=\langle V(\boldsymbol{\rho}_1,t+\tau)V^*(\boldsymbol{\rho}_2,t)\rangle \tag{4-10}$$

式中，$\langle\cdot\rangle$表示系综平均。假设该辐射场满足各态历经性，对光束光场的系综平均即可通过对其计算时间的平均来求得：

$$\langle V(\boldsymbol{\rho}_1,t+\tau)V^*(\boldsymbol{\rho}_2,t)\rangle=\lim_{T\to\infty}\frac{1}{2T}\int_{-T}^{T}V(\boldsymbol{\rho}_1,t+\tau)V^*(\boldsymbol{\rho}_2,t)\,\mathrm{d}t \tag{4-11}$$

式中，T为测量时间。令$\boldsymbol{\rho}_1=\boldsymbol{\rho}_2=\boldsymbol{\rho}$，$\tau=0$即可得到空间点$\boldsymbol{\rho}=(x,y,z)$处的平均光强为

$$I(\rho)=\langle V(\boldsymbol{\rho},t)V^*(\boldsymbol{\rho},t)\rangle=\Gamma(\boldsymbol{\rho},\boldsymbol{\rho},0) \tag{4-12}$$

光场的空间相干性可用复相干度$\gamma(\boldsymbol{\rho}_1,\boldsymbol{\rho}_2,\tau)$来描述，称之为归一化的互相干函数，表示为

$$\gamma(\boldsymbol{\rho}_1,\boldsymbol{\rho}_2,\tau)=\frac{\Gamma(\boldsymbol{\rho}_1,\boldsymbol{\rho}_2,\tau)}{\sqrt{\Gamma(\boldsymbol{\rho}_1,\boldsymbol{\rho}_1,0)\Gamma(\boldsymbol{\rho}_2,\boldsymbol{\rho}_2,0)}}=\frac{\Gamma(\boldsymbol{\rho}_1,\boldsymbol{\rho}_2,\tau)}{\sqrt{I(\boldsymbol{\rho}_1)I(\boldsymbol{\rho}_2)}} \tag{4-13}$$

干涉条纹的可见度由复相干度的模$|\gamma(\boldsymbol{\rho}_1,\boldsymbol{\rho}_2,\tau)|$决定，$|\gamma(\boldsymbol{\rho}_1,\boldsymbol{\rho}_2,\tau)|=0$时，为完全非相干光；$0<|\gamma(\boldsymbol{\rho}_1,\boldsymbol{\rho}_2,\tau)|<1$时，为部分相干光；$|\gamma(\boldsymbol{\rho}_1,\boldsymbol{\rho}_2,\tau)|=1$时，为完全相干光。可以看出，归一化的互相干函数的模$|\gamma(\boldsymbol{\rho}_1,\boldsymbol{\rho}_2,\tau)|$的取值为0～1，其值越大，干涉条纹可见度越高，光场的相干性越强[11]。

光场的时间相干性用$\gamma(\boldsymbol{\rho},\boldsymbol{\rho},\tau)$来表示，称之为自相干函数，有

$$\Gamma(\tau)=\Gamma(\boldsymbol{\rho},\boldsymbol{\rho},\tau)=\langle V(\boldsymbol{\rho},t+\tau)V^*(\boldsymbol{\rho},t)\rangle \tag{4-14}$$

平均光强$I(\boldsymbol{\rho})$也可用自相干函数表示为

$$I(\boldsymbol{\rho})=\langle V(\boldsymbol{\rho},t)V^*(\boldsymbol{\rho},t)\rangle=\Gamma(\boldsymbol{\rho},\boldsymbol{\rho},0)=\Gamma(0) \tag{4-15}$$

归一化的自相干函数(复自相干度)可表示为

$$\gamma(\tau)=\frac{\Gamma(\tau)}{\Gamma(0)} \tag{4-16}$$

可知$\gamma(0)=1$，$0\leqslant\gamma(\tau)\leqslant1$。

2) 空间-频率域

在空间-频率域中，使用交叉谱密度来描述光场的相干性，表示为

$$W(\boldsymbol{\rho}_1,\boldsymbol{\rho}_2,\omega)=\langle\hat{V}(\boldsymbol{\rho}_1,\omega)\hat{V}^*(\boldsymbol{\rho}_2,\omega)\rangle \tag{4-17}$$

式中，$V(\rho_1,\omega)$和$\hat{V}(\boldsymbol{\rho}_1,\omega)$分别为场函数及其傅里叶变换，即

$$\hat{V}(\boldsymbol{\rho}_j,\omega)=\int V(\boldsymbol{\rho}_j,t)\exp(\mathrm{i}\omega t)\,\mathrm{d}t,\ j=1,2 \tag{4-18}$$

式中，ω为光场的频率。因此，交叉谱密度函数$W(\rho_1,\rho_2,\omega)$和互相干函数$\Gamma(\rho_1,\rho_2,\tau)$的关系为

$$W(\boldsymbol{\rho}_1,\boldsymbol{\rho}_2,\omega)=\int\Gamma(\boldsymbol{\rho}_1,\boldsymbol{\rho}_2,\tau)\exp(\mathrm{i}\omega t)\,\mathrm{d}\tau \tag{4-20}$$

$$\Gamma(\boldsymbol{\rho}_1,\boldsymbol{\rho}_2,\tau)=\frac{1}{2\pi}\int W(\boldsymbol{\rho}_1,\boldsymbol{\rho}_2,\omega)\exp(-\mathrm{i}\omega t)\mathrm{d}\omega \tag{4-21}$$

令 $\boldsymbol{\rho}_1=\boldsymbol{\rho}_2=\boldsymbol{\rho}$,则在空间点 $\boldsymbol{\rho}$ 处,频率为 ω 时平均光强为

$$I(\boldsymbol{\rho},\omega)=W(\boldsymbol{\rho},\boldsymbol{\rho},\omega) \tag{4-22}$$

在空间-频率域中,时间相干性采用谱密度函数 $S(\omega)$ 来表示,定义为

$$S(\omega)=W(\boldsymbol{\rho},\boldsymbol{\rho},\omega) \tag{4-23}$$

部分相干光即使在自由空间中传输,谱密度函数 $S(\omega)$ 也会发生变化,即 Wolf 效应[14]。对交叉谱密度函数归一化可得复空间相干度,也称为谱相干度,即

$$\mu(\boldsymbol{\rho}_1,\boldsymbol{\rho}_2,\omega)=\frac{W(\boldsymbol{\rho}_1,\boldsymbol{\rho}_2,\omega)}{\sqrt{W(\boldsymbol{\rho}_1,\boldsymbol{\rho}_1,\omega)W(\boldsymbol{\rho}_2,\boldsymbol{\rho}_2,\omega)}}=\frac{W(\boldsymbol{\rho}_1,\boldsymbol{\rho}_2,\omega)}{\sqrt{S(\boldsymbol{\rho}_1,\omega)S(\boldsymbol{\rho}_2,\omega)}} \tag{4-24}$$

谱相干度的取值范围为 $0\leqslant\mu(\boldsymbol{\rho}_1,\boldsymbol{\rho}_2,\omega)\leqslant1$。

4.4.3 部分相干光的研究方法

1) 广义惠更斯-菲涅尔原理

广义惠更斯-菲涅尔原理是研究光束在自由空间中的传输规律的基本原理。它是通过对惠更斯原理进行傍轴近似而得到的,是研究光束衍射现象的基础理论,可适用于几乎所有光束传输过程中的衍射问题,是一种常用近似方法。

在光源平面 $z=0$ 处,任意一点 $A(x_0,y_0,0)$ 处的光场 $E_0(x_0,y_0)$ 都可看成一个球面波的波源,这个波源的强度与光场 $E_0(x_0,y_0)$ 成正比,在各个方向的振幅大小可由 $K(\theta)=(1+\cos\theta)/(2\mathrm{i}\lambda)$ 来表示。在接收面上任意一点 $B(x,y,z)$ 处的场分布 $E(x,y,z)$ 是由光源 O 上所有球面波波源点发出的波相互叠加而成,即[15]

$$E(x,y,z)=\frac{1}{\mathrm{i}\lambda}\iint E_0(x_0,y_0,0)\,\frac{\mathrm{e}^{\mathrm{i}kr}}{r}\,\frac{1+\cos\theta}{2}\mathrm{d}x_0\mathrm{d}y_0 \tag{4-25}$$

当光波在真空条件下传输时,采用傍轴近似的条件,可得

$$E(x,y,z)=\frac{\mathrm{e}^{\mathrm{i}kr}}{\mathrm{i}\lambda z}\iint E_0(x_0,y_0,0)\exp\left\{\frac{\mathrm{i}k}{2z}[(x-x_0)^2+(y-y_0)^2]\right\}\mathrm{d}x_0\mathrm{d}y_0 \tag{4-26}$$

当光束在湍流大气中传输时,光源平面中的光从点 $(x_0,y_0,0)$ 传输到点 (x,y,z) 时,场变化可由负相位因子表示,即

$$F_1=\exp(\chi+\mathrm{i}S_1)=\exp[\psi(\boldsymbol{\rho}',r)] \tag{4-27}$$

式中,χ 和 S_1 分别代表振幅和相位的微弱起伏。这时,可将式(4-26)写为

$$E(x,y,z)=\frac{\mathrm{e}^{\mathrm{i}kr}}{\mathrm{i}\lambda z}\iint E_0(x_0,y_0,0)\exp\left\{\frac{\mathrm{i}k}{2z}[(x-x_0)^2+(y-y_0)^2]\right\}\times \exp[\psi(\boldsymbol{\rho}',r)]\mathrm{d}x_0\mathrm{d}y_0 \tag{4-28}$$

2) 交叉谱密度函数

部分相干光源的两点交叉谱密度函数为[11]

$$W_0(\boldsymbol{\rho}_1,\boldsymbol{\rho}_2)=\langle U'^*(\boldsymbol{\rho}_1)U'(\boldsymbol{\rho}_2)\rangle \tag{4-29}$$

式中，$\boldsymbol{\rho}_1$，$\boldsymbol{\rho}_2$ 代表光源平面处的二维向量。

部分相干谢尔光束的交叉谱密度为

$$W_0(\boldsymbol{\rho}_1,\boldsymbol{\rho}_2)=\sqrt{I_0(\boldsymbol{\rho}_1)}\times\sqrt{I_0(\boldsymbol{\rho}_2)}\mu_0(\boldsymbol{\rho}_2-\boldsymbol{\rho}_1) \tag{4-30}$$

式中，$I_0(\boldsymbol{\rho}_i)(i=1,2)$为平均光强；$\mu_0(\boldsymbol{\rho}_2-\boldsymbol{\rho}_1)$为光束在 $z=0$ 处的相干度。

当 $I_0(\boldsymbol{\rho})=A\exp\left(-\frac{|\boldsymbol{\rho}|^2}{2\sigma_s^2}\right)$，$\mu_0(\boldsymbol{\rho})=\exp\left\{-\frac{|\boldsymbol{\rho}_1-\boldsymbol{\rho}_2|^2}{2\sigma_g^2}\right\}$时，光束为部分相干 GSM 光束，在$z=0$处的交叉谱密度为

$$W^{(0)}(\boldsymbol{\rho}_{s1},\boldsymbol{\rho}_{s2},0)=A\exp\left(-\frac{|\boldsymbol{\rho}_{s1}|^2+|\boldsymbol{\rho}_{s2}|^2}{4\sigma_s^2}\right)\times\exp\left(-\frac{|\boldsymbol{\rho}_{s1}-\boldsymbol{\rho}_{s2}|^2}{2\sigma_g^2}\right) \tag{4-31}$$

式中，$\boldsymbol{\rho}_{s1}$，$\boldsymbol{\rho}_{s2}$分别为光源平面两点的坐标向量；参数 A，σ_s 和 σ_g 分别代表光源的光强、束腰宽度以及相干长度。

4.5 修正发射光束

4.5.1 无衍射光束

在无线光通信中，经过整形后的发射光束通常被认为是高斯光束。不过，当高斯光束在大气信道中传播时，受衍射现象的影响较大，导致光束能量的扩散，光斑尺寸减小，传播范围缩短，从而降低了接收端的信噪比，增加了误码率。近年来，随着激光技术的快速发展，相继产生了多种在远距离传输后中心光斑仍保持不变的无衍射光束。

无衍射光束是一种可以完全消除衍射影响的理想光场，具有中心光斑小、发散角为零、光场高度集中及遇障碍物后传播一段距离可恢复原来的光强分布等独特的性质，应用范围非常广泛。在实际的光学系统中，由于光学元件的有限孔径限制，只能得到近似的无衍射光束。所谓近似，是指在一定传输距离内不发生衍射现象，但是当传输距离足够长时，衍射现象也会发生[16]，不过，相比于高斯光束，它们仍具有较好的无衍射特性。当前，除了 1987 年由 J. Durnin[17] 等人提出的具有第一类零阶贝塞尔函数形式的无衍射贝塞尔光束，还有 2007 年由 Siviloglou[18-19] 等人提出的艾里光束等。这些无衍射光束受大气湍流的影响比其他光束小得多，意味着无衍射光束在自由空间光通信中具有提高系统性能的潜力。

1）贝塞尔光束

贝塞尔光束是最早发现的无衍射光束，也是最具代表性的沿直线传输的无衍射光束。贝塞尔光束是自由空间标量波动方程在圆柱坐标系下沿 z 轴传播的一组特殊解，即[17]

$$\begin{aligned}E(\rho,\varphi,z,t)=&J_m(\alpha\rho)(\cos m\varphi+\sin m\varphi)\times\\&[\exp(\mathrm{i}\beta z)+\exp(-\mathrm{i}\beta z)][\exp(\mathrm{i}\omega z)+\exp(-\mathrm{i}\omega z)]\end{aligned} \tag{4-32}$$

其中，m 为贝塞尔函数的阶数；α，β 分别为径向和轴向波矢。

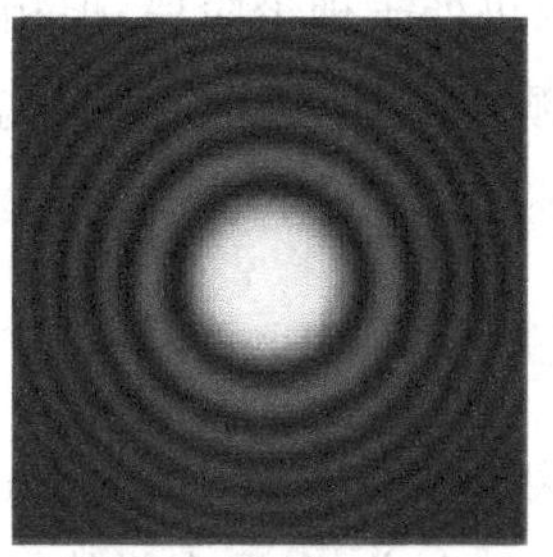
(a) 零阶贝塞尔光束

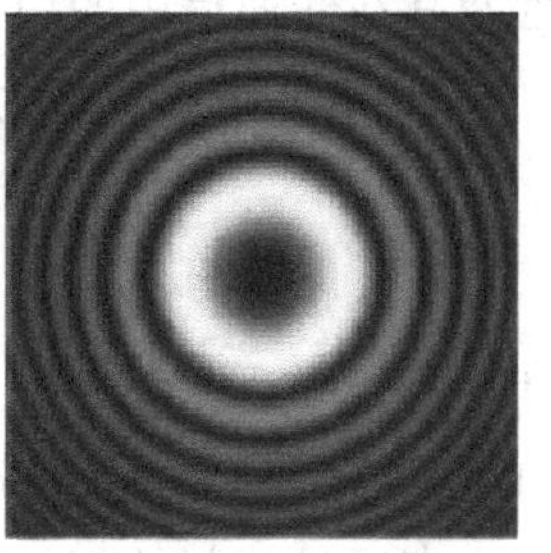
(b) 一阶贝塞尔光束

图 4-5　贝塞尔光束横截面的光场分布[16]

贝塞尔光束的主要特性为无衍射性及自重建性。贝塞尔光束的无衍射性主要体现在垂直于传播方向的横截面上,其光场由多个圆环组成,如图 4-5 所示,其中零阶贝塞尔光束的中心光强为一个亮斑,而高阶贝塞尔光束的中心光强为零,光强由内及外递减,且光强分布在传播方向上不发生变化。此外,研究发现,无衍射光束的中心光斑被阻挡后,经过很短距离的传输后还可以恢复,这就是无衍射光束的自重建性。

近似的无衍射贝塞尔光束的束腰宽度和携带的能量是有限的,在最大无衍射距离内,其中心光斑尺寸和强度基本保持不变,横截面上的光强分布不随传输距离变化或变化很小,具有无衍射性和自重建性,而超出这个范围则光束会发散开,逐渐退化为高斯光束。

2) 艾里光束

2007 年,Siviloglou 等人提出观察到一种在自由空间以抛物线轨迹传播的无衍射光束——艾里光束,首次在实验中证明了艾里光束能在长距离传播中保持无衍射的特性,并且利用指数截断因子对理想艾里光束进行截断,实现了有限能量艾里光束。艾里光束在自由空间中的解析表达式为[18-19]

$$\begin{aligned}\Phi(\xi,s)=&Ai[s-(\xi/2)^2+\mathrm{i}\alpha\xi]\times\\&\exp\{\alpha s-\alpha\xi^2/2-\mathrm{i}(\xi^3/12)+\mathrm{i}[\alpha^2\xi/2+\mathrm{i}(s\xi/2)]\}\end{aligned}\tag{4-33}$$

式中,$Ai(\cdot)$为艾里函数,$s=s/x_0$ 为归一化无量纲横向坐标,$\xi=z/kx_0^2$ 为归一化传输距离,x_0 为选取的横坐标常量。

有限能量的自加速艾里光束一经提出,迅速引起了国内外学者的广泛关注。研究发现,艾里光束展现出以下三种与众不同的光学特性:其一,无衍射性[17],艾里光束在传输一定距离后能够保持其光强分布不受影响;其二,自愈性[18],实验表明艾里光束在前进过程中若遇到障碍物阻挡,在一段距离后仍能自行恢复到原先的形状,并且在散射和湍流介质等环境中也能较好保持自身形状及结构;其三,横向自加速性[19],与其他无衍射光束不同,艾里光束沿抛物线轨迹横向自加速传播。

这些无衍射光束良好的传输特性展现了其在无线光通信中的应用前景,若能将这些具备与众不同的光学特性的近似无衍射光束应用于无线光通信,或许将能够有效抑制大气信道中的湍流效应,有利于提高无线光通信的通信性能。不过目前,受实际的技术限制,关于无衍射光束的传输特性及其在光通信中的应用仍处于理论阶段，但相信随着人们对无衍射光束研究的不断深入，它们将会在越来越多的领域得到广泛而深入的应用。

4.5.2 锋芒光束

1）锋芒光束的提出

2019 年，张泽等人首次设计并演示了一种新型的锋芒光束(Optical Pin Beams，OPB)[20]。这种锋芒光束是由高斯光束通过特制的相位掩膜生成，在沿直线传播过程中呈现出自聚焦特性，其峰值能量可以在自由空间中传递到千米以上，同时具有稳定的波前，能够较好地保持整体形状不变。图 4-6 是该团队研究得出的锋芒光束在相对于掩膜的不同传播距离(0 m、2.4 m、25 m 和 60 m)处的横向强度(上图)和相应的水平光束轮廓(下图)。

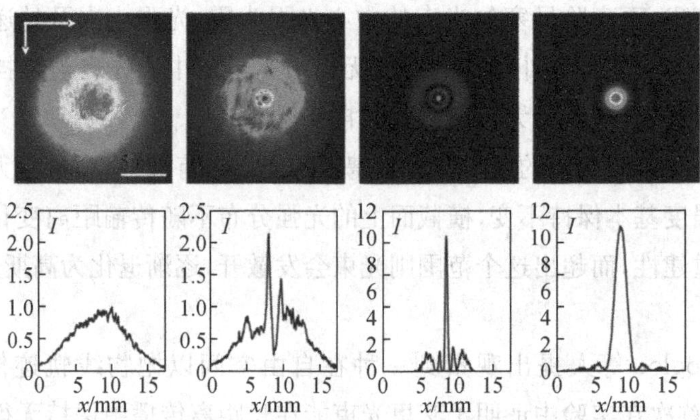

图 4-6 不同距离处锋芒光束的横向强度及水平光束轮廓[20]

2）锋芒光束的传播特性

张泽团队通过实验对比观察了高斯光束和锋芒光束分别在大气湍流中传播超过 1 km 后的强度模式及稳定性，如图 4-7 所示。研究发现，受衍射和大气环境的干扰，激光器输出

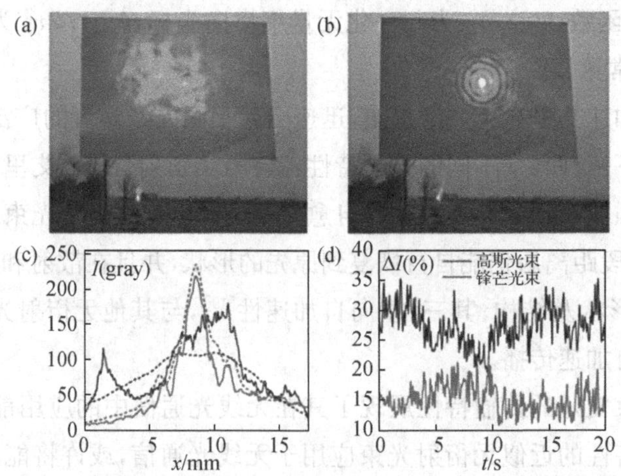

图 4-7 锋芒光束在大气湍流中的传播特性的实验演示[20]

的相同尺寸和功率的高斯光束的光强起伏很大。与之相反，锋芒光束的整体图案呈现出类似贝塞尔状的圆形，具有明显的主瓣，并且其宽度在传播期间仅增加了几毫米。显然，与高斯光束相比，锋芒光束在空间上具有较强的强度稳定性。相锋芒光束的首次提出被认为是一项“令人振奋的”的科研成果。

此外，在完全相同的水湍流条件下，与高斯光束相比，锋芒光束的畸变要小得多，并且在传播过程中保持波形轮廓的能力也更强。目前，对于潜艇激光通信而言，水湍流是造成误码率高甚至信号阻塞的主要因素，锋芒光束的这种优势为未来激光在海底激光通信等水下应用领域带来了重要的前景[21-22]。

锋芒光束采用简单的光路系统，支持在自由空间进行远距离传播，且具有良好的自聚焦性和抗衍射性。若能将其应用于无线光通信，那么该激光束有望成为抑制大气湍流效应的一种有效手段。不过，目前对于锋芒光束的研究较少，仍有一些实际问题需解决，尚未应用于实践。相信随着对锋芒光束的深入研究，基于锋芒光束的无线光通信会有较好的应用前景。

4.6　本章小结

本章介绍了无线光通信系统中可行的抑制大气湍流影响的关键技术，特别是新型光束的出现和深入研究，让科学家对未来无线光通信的性能提高充满期待。在实际的无线光通信系统设计中，还应根据实际应用和成本控制综合考虑可采用的技术，以克服湍流带来的不利影响。

参考文献

[1] Majumdar A K. Free-space laser communication performance in the atmospheric channel[J]. Journal of Optical and Fiber Communications Reports, 2005, 2(4): 345 - 396.

[2] Majumdar A K. 先进自由空间光通信[M]. 刘敏，刘锡国，胡昊，等译. 北京：国防工业出版社，2021：85 - 137.

[3] Andrews L C, Phillips R L, Hopen C Y. Laser Beam Scintillation with Applications[M]. Bellingham, Washington: SPIE Press, 2001: 50 - 66.

[4] 柯熙政，邓莉君. 无线光通信[M]. 北京：科学出版社，2016：114 - 115.

[5] Kiasaleh K. Scintillation index of a multiwavelength beam in turbulent atmosphere[J]. Journal of the Optical Society of America A, 2004, 21(8): 1452 - 1454.

[6] Kiasaleh K. Impact of turbulence on multi-wavelength coherent optical communications[C]// Proceedings of SPIE. Free-Space Laser Communications V. Belling-

ham, WA: SPIE, 2005, 5892: 228 - 238.

[7] Kiasaleh K. On the scintillation index of a multiwavelength Gaussian beam in a turbulent free-space optical communications channel[J]. Journal of the Optical Society of America A, 2006, 23(3): 557 - 566.

[8] Ke X Z, Zhang Y F, Zhang Y, et al. GPU acceleration in wave-front sensorless adaptive wave-front correction system[J]. Laser & Optoelectronics Progress, 2019, 56(7):96 - 104.

[9] 李贝贝. 空间光通信中的湍流抑制技术研究[D]. 北京：北京邮电大学，2018.

[10] Wolf E, Collett E. Partially coherent sources which produce the same far-field intensity distribution as a laser[J]. Optics Communications, 1978, 25(3): 293-296.

[11] 柯熙政，邓莉君. 无线光通信中的部分相干光传输理论[M]. 北京：科学出版社，2016:20 - 24.

[12] Shaik K S. Atmospheric propagation effects relevant to optical communication [R]. TDA Progress Report, 1988, 94:180 - 200.

[13] Hufnagel R E. Variations of Atmospheric Turbulence[C]// Topical Meeting on Optical Propagation Through Turbulence. Boulder: IEEE, 1974.

[14] Kaimal J C, Wyngaard J C, Izumi Y, et al. Spectral characteristics of surface-layer turbulence[J]. Quarterly Journal of the Royal Meteorological Society, 1972, 98(417): 563 - 589.

[15] Kaimal J C, Eversde R A, Lenschow D H, et al. Spectral characteristics of the convective boundary layer over uneven terrain[J]. Journal of the Atmospheric Sciences, 1982, 39:1098 - 1114.

[16] 刘会龙，胡总华，夏菁，等. 无衍射光束的产生及其应用[J]. 物理学报，2018，67(21)：1-19.

[17] Durnin J. Exact solutions for nondiffracting beams. I. The scalar theory[J]. Journal of the Optical Society of America A, 1987, 4(4): 651 - 654.

[18] Siviloglou G A, Christodoulides D N. Accelerating finite energy Airy beams[J]. Optics Letters, 2007, 32(8): 979 - 981.

[19] Siviloglou G A, Broky J, Dogariu A, et al. Observation of accelerating airy beams[J]. Physical Review Letters, 2007, 99(21): 213901.

[20] Zhang Z, Liang X L, Goutsoulas M, et al. Robust propagation of pin-like optical beam through atmospheric turbulence[J]. APL Photonics, 2019, 4(7): 076103.

[21] Zhang Z, Liang X L, Goutsoulas M, et al. Demonstration of turbulence-resist-

ant propagation of anti-diffracting optical beams beyond kilometer distances [C]//Proceedings of 2019 Conference on Lasers and Electro-Optics (CLEO). San Jose, CA: IEEE, 2019: 1 - 2.

[22] Yang X T, Zhang Z, Ren Y H, et al. Propagation of optical pin beams through water turbulence[C]// Proceedings of SPIE. International Conference on Optoelectronic and Microelectronic Technology and Application. Bellingham, WA: SPIE, 2020, 11617: 142 - 147.

第5章 基于光子计数的弱光检测

对于无线光通信系统来说，接收端的信号检测过程十分重要。不同的光电检测器与信号接收技术对通信系统性能影响极大。目前，无线光通信系统中的高灵敏度接收技术主要有两种：一是相干调制/相干接收，二是强度调制/光子计数接收。相干接收技术在无线电通信与光纤通信系统中已经得到广泛应用，在无线光通信系统中也得到了技术验证与应用。光子计数接收技术是近年来出现的一种新型高灵敏度接收方案，目前正处于理论与实验研究阶段。本章主要介绍近年来逐渐受到关注的基于光子计数接收的光检测器、接收原理与系统性能。

5.1 单光子探测技术

5.1.1 单光子探测器

1939年，人类历史上首次实现了具备单光子探测能力的光电器件[1]。随后经过了八十余年的发展，逐渐形成了三种技术成熟的单光子探测器。下面做简要介绍。

1) 光电倍增管

光电倍增管(Photo Multiplier Tube, PMT)是一种利用光电子依次通过内部打拿极(dynode)进行光电流放大，形成宏观光电流输出，完成光检测的器件，广泛应用于紫外波段的光信号检测[1]。PMT具有光敏面大、光子探测效率高的优点，但存在工作电压高、功耗高、易受电磁干扰的缺陷。

2) 单光子雪崩光电二极管

单光子雪崩光电二极管(Single Photon Avalanche Diode, SPAD)是一种利用自由载流子在晶格内的雪崩倍增效应，产生宏观雪崩电流输出的光检测器件，广泛应用于可见光至近红外波段的光信号检测[2]。SPAD具有工作电压低、体积小、功耗低、结构稳定的优点，但存在光敏面小、暗计数高、有后脉冲的缺点。

3) 超导纳米线单光子探测器

超导纳米线单光子探测器(Superconducting Nanowire Single Photon Detector, SNSPD)是一种利用光子入射超导材料的热点效应，形成电阻隔断，完成光子探测的器件，可用于全谱段的光信号检测[2]。SNSPD具有光子探测效率高、计数率高、暗计数低、无后脉冲的优点，但其需要工作在绝对零度附近，对温控装置要求极高，会造成探测器体积大、功耗高。

在以上三种单光子探测器中，由于 PMT 的探测波段受限于紫外光至可见光波段，不易探测目前空间光通信系统中使用的近红外波段；SNSPD 虽然具备紫外至近红外的全光谱探测能力，但受限于制冷模块的功耗与体积，探测器整体载荷难以应用于移动通信终端；SPAD 的探测波段虽然受限，但采用不同的吸收层材料，可实现紫外光至近红外光的各波段探测器。此外，得益于小体积、全固态、低功耗的特点，SPAD 是实现无线光通信终端单光子探测的理想选择。

5.1.2　单光子雪崩光电二极管结构

1953 年，K. G. McKay 和 K. B. McAfee 第一次发现了在外加电场作用下，以锗和硅为材料的 PN 结中发生的载流子雪崩倍增过程[3]。1955 年，S. L. Miller 对 PN 结中载流子雪崩倍增过程进行测量，拟合出了二极管倍增因子与外加反向偏压的经验公式。根据经验公式，当反向偏压超过雪崩击穿电压时，倍增因子将趋于无穷大。通过增大反向偏压，雪崩光电二极管(APD)依次处于三种工作模式：光电二极管模式、线性模式、盖革模式[4]。

当反向偏压大于雪崩击穿电压时，APD 工作于盖革模式下，内部载流子的倍增过程大于复合过程，倍增因子趋于无穷大，此时它被称为单光子雪崩光电二极管(SPAD)[3]。图 5-1 所示是一种典型的工作于近红外波段的 InGaAs/InP SPAD 的结构。SPAD 由分离的吸收层、渐变层、电荷层和倍增层组成[3]。在进行光子探测时，入射光子穿过表面的抗反射层与衬底后，在 InGaAs 三元材料组成的吸收层内被吸收，产生自由电子-空穴对。在内部电场作用下，自由空穴沿着吸收层电场漂移，依次穿越渐变层和电荷层，最终注入 InP 二元材料组成的倍增层。在倍增层内高电场的驱动下，空穴与晶格发生碰撞，触发自持的雪崩倍增过程，在短时间内形成光电流的指数级增长。由单个载流子到产生形成宏观光电流输出的过程称为雪崩建立过程，时间一般在 500 ps 以下[3]。

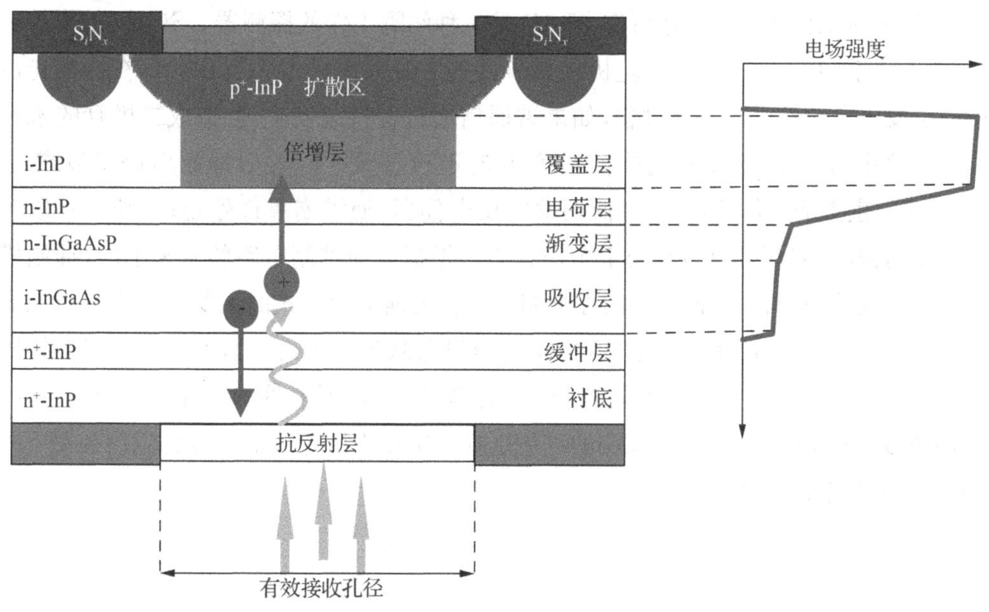

图 5-1　InGaAs/InP 单光子雪崩光电二极管结构示意图[3]

5.1.3 单光子雪崩光电二极管工作原理

如图 5-2 所示，SPAD 的工作原理如下：

(1) 当加载的反向偏压高于雪崩击穿电压时，APD 处于亚稳定状态点 A。此时，倍增因子趋于无穷大，只要一个光子入射触发雪崩事件，就能输出能被外围电路检测到的宏观光电流。

(2) 当 APD 处于亚稳定状态点 A 时，有光子入射并成功触发自持的雪崩倍增过程，输出宏观光电流(A 点—B 点)。此时，为了抑制 APD 内部的雪崩倍增过程持续进行，防止二极管被永久性击穿，需要外部电路降低两端的反向偏压(称为淬灭过程)，使其低于雪崩击穿电压(B 点—C 点)。

(3) 在淬灭一段时间后，外围电路重新升高反向偏压，使其高于雪崩击穿电压，APD 重新处于工作状态(C 点—A 点)。将雪崩事件结束到下一次重新处于工作状态的时间间隔(C 点—A 点)称为死时间[4]。

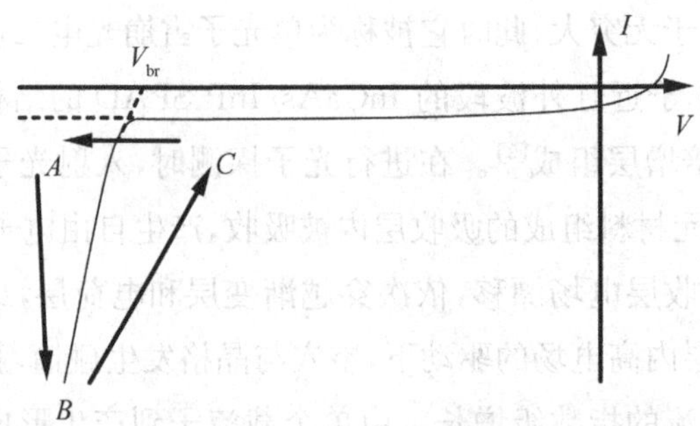

图 5-2 单光子雪崩光电二极管电流-电压关系图

通过以上对工作原理的阐述可知 SPAD 是一种间隔工作的探测器。SPAD 工作于一种数字采样模式下，其采样输出值为随机雪崩事件的宏观输出样本。当 SPAD 在探测光信号时，内部会发生自持的雪崩倍增过程，如果雪崩倍增过程持续发生，会造成二极管的永久性击穿，所以需要外加雪崩抑制电路使雪崩电流迅速淬灭[5]。雪崩抑制电路的功能是在 SPAD 内部发生雪崩事件后，及时降低两端的反向偏压，使雪崩事件停止；在淬灭一段时间后，升高反向偏压，使 SPAD 重新处于工作状态。根据雪崩抑制电路的原理不同，抑制模式可分为三种：被动抑制、主动抑制和门控抑制。三种雪崩抑制模式的主要性能指标对比如表 5-1 所示，被动抑制与主动抑制模式下的探测器门宽都在 10 ns 以上，而工作于门控抑制模式时最短门宽可达 1 ns 以下，可有效控制雪崩电流大小，降低器件的后脉冲效应[5]。因此，门控抑制模式是 SPAD 实现高速探测的理想选择。本章中所论述的内容将以门控型 SPAD 作为接收端的光电检测器。

表 5-1 三种雪崩抑制模式的主要性能指标对比

抑制模式	实现原理	复杂度	门宽	死时间	雪崩抑制时间	雪崩电荷数
被动抑制	外电阻分压控制	低	大范围可调(>10 ns)	微秒量级	亚微秒量级	多
主动抑制	外电路主动反馈控制	高	大范围可调(>10 ns)	百纳秒量级	几十纳秒量级	一般
门控抑制	外电路周期脉冲触发	一般	受限,在纳秒量级	纳秒量级	亚纳秒量级	少

门控抑制模式可以看作一种特殊的主动抑制模式,但门控模式不以雪崩事件为信号对 APD 进行抑制和重置[5]。工作于门控抑制模式时,APD 两端会加上恒定的直流偏置电压,并且该直流偏置电压低于雪崩击穿电压。APD 与脉冲发生器相连,脉冲发生器会输出周期性电脉冲,使瞬时偏置电压周期性地大于雪崩击穿电压, APD 将会周期性地处于工作与淬灭状态。如图 5-3 所示,在脉冲发生器输出触发脉冲的控制下,SPAD 内部会生成周期性门控信号,使 APD 在较短的门宽内处于工作状态。当 SPAD 在开门时间内有光子入射而触发雪崩事件时,输出宏观光电流进入比较器。当宏观光电流的大小超过阈值电平时,比较器输出标准计数脉冲表征发生了雪崩事件。通过外部电路对输出计数脉冲数量进行统计,即可得到相应时间间隔内的计数值,用于提取信号比特信息。

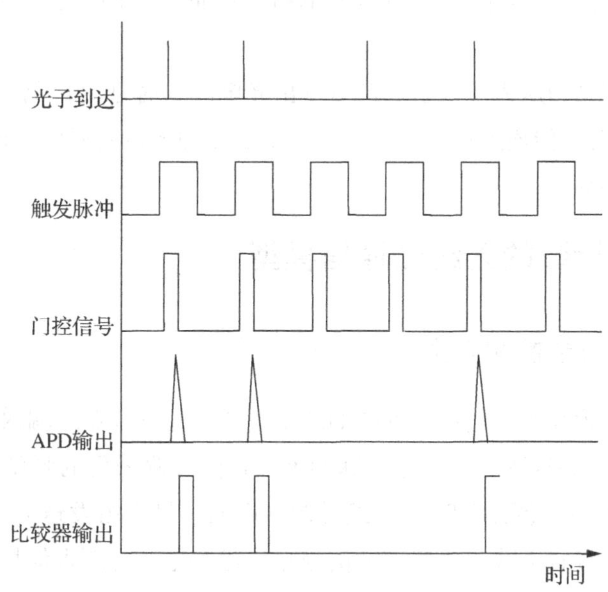

图 5-3 门控型单光子雪崩光电二极管工作时序图

5.1.4 单光子雪崩光电二极管性能参数

由于 SPAD 的工作模式与传统光电探测器完全不同,对其关键性能指标需要重新进行定义。与线性模式 APD 相比,SPAD 的雪崩倍增因子趋于无穷大,已经不具备描述其性能的意义。可以采用雪崩触发概率表征 SPAD 的倍增性能,定义为自由载流子成功触发自持的雪崩倍增过程的概率。雪崩触发概率是描述 SPAD 的重要性能指标,与其他性能指标间有着密切的关系。

下面结合门控抑制模式，介绍 SPAD 的主要性能指标及其对无线光通信的影响。

(1) 光子探测效率(Photon Detection Efficiency, PDE)：定义为单个光子入射后成功触发自持的雪崩倍增过程，输出宏观光电流的概率[5]。PDE 是非常重要的指标，直接影响信号光脉冲的检测效率，对系统性能影响极大。

(2) 暗计数率(Dark Count Rate, DCR)：定义为无光子入射时，单位时间内 SPAD 发生雪崩事件的次数[5]。DCR 在无线光通信系统中可以看作是背景光噪声的一部分。当背景光噪声较强时，对 DCR 可以忽略；当背景噪声较弱时，对 DCR 才予以考虑。

(3) 后脉冲概率(Afterpulsing Probability, AP)：定义为由上次雪崩事件所捕获的载流子在当前门内再次释放而触发雪崩事件的概率[6]。AP 会造成输出计数值的额外波动，从而导致无线光通信系统误码性能恶化。

(4) 死时间：定义为从完成一次雪崩事件并淬灭后到再次处于工作状态的时间间隔[6]。死时间的存在是为了使雪崩事件中捕获的载流子得到充分释放，抑制后脉冲效应。死时间决定了 SPAD 的计数率，并在很大程度上决定了无线光通信系统符号速率的上限。

(5) 门宽：定义为处于工作状态窗口时的持续时间[6]。门宽会影响单次探测中进入 SPAD 的光功率大小。

(6)时间抖动：定义为从光子入射到最后输出光电流的时延变化范围[6]。SPAD 的时间抖动在亚纳秒量级，对于传输速率为 Mb/s～Gb/s 量级的无线光通信系统而言，还不需要考虑这种级别的时间抖动。

5.2 基于光子计数的无线光通信模型

5.2.1 光子计数信号检测方案

基于光子计数的无线光通信系统框图如图 5-4 所示，信号发送端内激光器调制模块将发送比特映射为发射光强，调制到信号光脉冲上。目前普遍采用的强度调制方式有开关键控(OOK)调制与脉冲位置调制(PPM)。经过调制后的信号光由发送天线发送，经过信道传输后到达接收天线。接收天线将收集到的信号光与背景光一同送入信号接收端。在信号接收端内，光信号依次经过可变衰减器、光学滤波器后，被送入单光子探测器进行检测。单光子探测器在高速门触发电路的驱动下，对光信号进行周期性检测，输出离散的计数脉冲。信号解调模块对计数脉冲进行数值统计，通过相关算法完成符号同步信息提取、信号光与背景光强度估计、接收比特信息判决[6]。

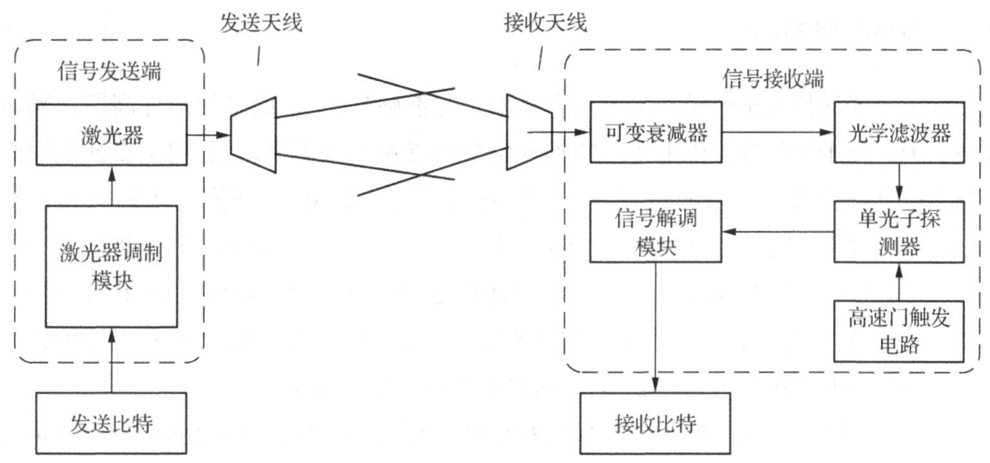

图 5-4　基于光子计数的无线光通信系统框图

SPAD 输出的计数脉冲仅能表征是否发生雪崩事件，并不能反映引起雪崩事件的入射光子数。信号光子、背景光子与暗载流子都有可能触发雪崩事件，输出计数脉冲，因而无法分辨雪崩事件的载流子来源。同时，计数脉冲幅度也不能表征入射光强[6]。光子计数接收信号检测方案时序图如图 5-5 所示。为了克服 SPAD 的以上缺陷，在进行弱光信号检测时，通过延长光信号脉冲宽度或者使用单光子探测器阵列，使 SPAD 在比特时间内完成多次开门。信号解调电路对比特时间内的计数脉冲个数进行统计得到计数值，计数值与入射光强存在正相关关系。通过对计数值的概率分布进行分析比较，解调得到信号的比特信息。

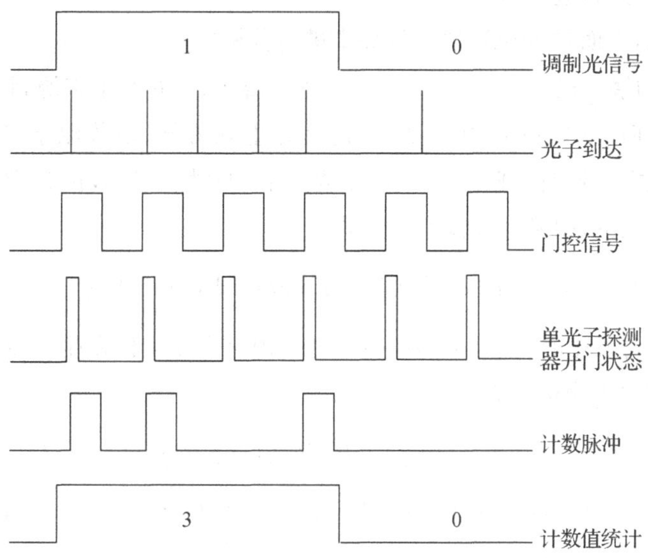

图 5-5　光子计数接收信号检测方案时序图

5.2.2 SPAD 探测模型

传统无线光通信系统的噪声主要包含热噪声与散弹噪声，一般采用加性高斯白噪声模型描述。但在光子计数接收机中传统的加性高斯白噪声模型不再适用，用于表征入射光强的计数值波动的主要噪声来源包括：信号光、背景光与暗载流子，弱光光子的到达过程与SPAD内部暗载流子的产生过程均服从泊松过程，由此引入的泊松噪声是计数值波动的来源之一[6]；后脉冲效应，后脉冲效应产生的误计数与SPAD发生雪崩事件的历史过程相关，具有历史相关性，会造成输出计数值的额外波动[6]。根据以上噪声来源，采用基于泊松噪声的二项分布模型对系统噪声进行建模，下面将对建模方法做简要介绍。

首先，根据文献[6]建立后脉冲多项指数模型，当载流子释放时间间隔在1个数量级之内变化时，可用一元指数模型拟合后脉冲概率，其表达式为

$$P_{\mathrm{ap}}=A\exp(-t_{\mathrm{d}}/\tau_{\mathrm{rel}}) \tag{5-1}$$

其中，t_{d} 为死时间，τ_{rel}为载流子寿命常数。得到间隔一门与间隔两门的后脉冲概率比值为

$$P_{\mathrm{ap}}^{2\mathrm{gate}}/P_{\mathrm{ap}}^{1\mathrm{gate}}=\exp(-t_{\mathrm{d}}/\tau_{\mathrm{rel}}) \tag{5-2}$$

根据文献[6]，将载流子寿命常数拟合值 $\tau_{\mathrm{rel}}\approx 0.5t_{\mathrm{d}}$ 代入式(5-2)，得到 $P_{\mathrm{ap}}^{2\mathrm{gate}}/P_{\mathrm{ap}}^{1\mathrm{gate}}=0.13$，即间隔一门与间隔两门的后脉冲概率相差一个数量级。所有高阶门(间隔两门以上)的后脉冲累积会对当前门的触发概率产生影响，在概率统计上可视为暗载流子的一部分，服从泊松分布[6]。此外，相邻门的后脉冲载流子与相邻门的触发状态紧密相关，是一个历史相关过程，可采用马尔科夫过程进行研究。

根据以上结论，下面对SPAD的触发概率进行分析。

首先，SPAD的触发概率记为 $P(1|\mathrm{gate})$。根据载流子的产生来源，将触发概率分为两部分进行讨论：当前门相关的自由载流子(包括光生载流子、暗载流子)的触发概率，记为 $P(1|\mathrm{cur})$；相邻门相关的自由载流子(后脉冲载流子)的触发概率，记为 $P(1|\mathrm{afp})$。以上两个过程之间是不相关的，得到触发概率表达式为

$$P\left(1|\mathrm{gate}\right)=P(1|\mathrm{afp})+P\left(1|\mathrm{cur}\right)-P(1|\mathrm{afp})P\left(1|\mathrm{cur}\right) \tag{5-3}$$

相邻门内无雪崩事件发生时，$P(1|\mathrm{afp})=0$；相邻门内有雪崩事件发生时，$P(1|\mathrm{afp})=P_{\mathrm{ap}}$，得到第 n 个门的触发概率表达式为

$$P_n(1|\mathrm{afp})=P_{\mathrm{ap}}P_{n-1}\left(1|\mathrm{gate}\right) \tag{5-4}$$

接下来，对不同比特时间内各个门的触发概率变化规律进行研究。第 b 个比特时间内第 n 个门的触发率记为 $P_n^b\left(1|\mathrm{gate}\right)$，表达式为

$$P_1^1\left(1|\mathrm{gate}\right)=1-\mathrm{e}^{-\lambda} \tag{5-5}$$

式中，λ为单个门内平均自由载流子数，$\lambda=P_{\mathrm{de}}(\lambda_{\mathrm{s}}+\lambda_{\mathrm{b}})+\lambda_{\mathrm{d}}$($P_{\mathrm{de}}$为光子探测效率，$\lambda_{\mathrm{s}}$、$\lambda_{\mathrm{b}}$、$\lambda_{\mathrm{d}}$ 分别

为单个门内的平均信号光子数、平均背景光子数、平均暗载流子数)。将式(5-5)重复代入式(5-4),得到第 1 个比特时间内第 n 个门的触发概率表达式(完备的推导过程见附录 A)为

$$P_n^1\left(1\,|\,\text{gate}\right)=\left(1-\mathrm{e}^{-\lambda}\right)\sum_{a=1}^{n}\left(P_{\text{ap}}\mathrm{e}^{-\lambda}\right)^{a-1} \tag{5-6}$$

同理,第 b 个比特时间内第 1 个门的触发概率表达式为

$$P_1^b\left(1\,|\,\text{gate}\right)=\left(1-\mathrm{e}^{-\lambda}\right)+P_N^{b-1}\left(1\,|\,\text{gate}\right)P_{\text{ap}}\mathrm{e}^{-\lambda} \tag{5-7}$$

将式(5-7)依次重复代入式(5-4),得到第 b 个比特时间内第 n 个门的触发概率表达式(完备的推导过程见附录 B)为

$$P_n^b\left(1\,|\,\text{gate}\right)=\left(1-\mathrm{e}^{-\lambda}\right)\sum_{a=1}^{n}\left(P_{\text{ap}}\mathrm{e}^{-\lambda}\right)^{a-1}+P_N^{b-1}\left(1\,|\,\text{gate}\right)\cdot\left(P_{\text{ap}}\mathrm{e}^{-\lambda}\right)^{n} \tag{5-8}$$

如图 5-6 所示,根据 OOK 调制的比特信息特点,发送比特序列为以下两种可能的情形之一,下面进行分类讨论。

情形 1:以"0"比特为起始,且首个"1"比特出现在第 $B+1$ 个比特($B\geqslant1$)。

情形 2:以"1"比特为起始,且首个"0"比特出现在第 $B+1$ 个比特($B\geqslant1$)。

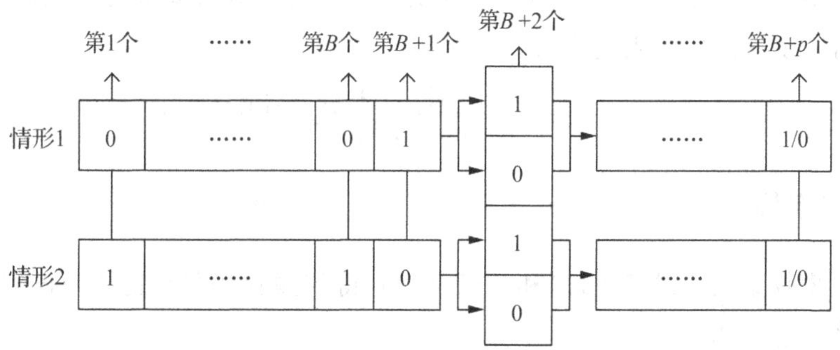

图 5-6　可能出现的比特序列示意图

通过理论推导,得到情形 1 与情形 2 中第 $B+2$ 个比特时间内第 n 个门的触发概率的上下界表达式完全相同(完备的推导过程见附录 C)。假设第 $B+p$ 个比特时间内第 n 个门的触发概率的上下界表达式仅与当前比特时间内的比特信息有关,得到第 $B+p+1$ 个比特为"0"或"1"比特时,第 n 个门触发概率的上下界为

$$\left(1-\mathrm{e}^{-\lambda_0}\right)\sum_{a=1}^{n+pN}\left(P_{\text{ap}}\mathrm{e}^{-\lambda_0}\right)^{a-1}\leqslant P_n^{B+p+1}\left(1\,|\,\text{gate}\right)_{0\text{bit}}\leqslant\left(1-\mathrm{e}^{-\lambda_1}\right)\sum_{a=1}^{n+(B+p)N}\left(P_{\text{ap}}\mathrm{e}^{-\lambda_0}\right)^{a-1} \tag{5-9}$$

$$\left(1-\mathrm{e}^{-\lambda_1}\right)\sum_{a=1}^{n+pN}\left(P_{\text{ap}}\mathrm{e}^{-\lambda_1}\right)^{a-1}\leqslant P_n^{B+p+1}\left(1\,|\,\text{gate}\right)_{1\text{bit}}\leqslant\left(1-\mathrm{e}^{-\lambda_1}\right)\sum_{a=1}^{n+(B+p)N}\left(P_{\text{ap}}\mathrm{e}^{-\lambda_1}\right)^{a-1} \tag{5-10}$$

得出第 $B+p+1$ 个比特时间内第 n 个门触发概率的上下界表达式满足假设,所以该假设对于所有 $p\geqslant1$ 均成立。

对连续工作的无线光通信系统而言，任取一比特的触发概率，相对应的参数 $p\to\infty$。利用麦克劳林展开，式(5-9)和式(5-10)化简为

$$\frac{1-\mathrm{e}^{-\lambda_0}}{1-P_{\mathrm{ap}}\mathrm{e}^{-\lambda_0}}\leqslant P_n\left(1|\mathrm{gate}\right)_{0\mathrm{bit}}\leqslant\frac{1-\mathrm{e}^{-\lambda_1}}{1-P_{\mathrm{ap}}\mathrm{e}^{-\lambda_0}} \tag{5-11}$$

$$\frac{1-\mathrm{e}^{-\lambda_1}}{1-P_{\mathrm{ap}}\mathrm{e}^{-\lambda_1}}\leqslant P_n\left(1|\mathrm{gate}\right)_{1\mathrm{bit}}\leqslant\frac{1-\mathrm{e}^{-\lambda_1}}{1-P_{\mathrm{ap}}\mathrm{e}^{-\lambda_1}} \tag{5-12}$$

由式(5-12)得到探测“1”比特时的等效触发概率表达式为

$$\bar{P}\left(1|\mathrm{gate}\right)_{1\mathrm{bit}}=\frac{1-\mathrm{e}^{-\lambda_1}}{1-P_{\mathrm{ap}}\mathrm{e}^{-\lambda_1}} \tag{5-13}$$

式(5-11)处于一个区间内，引入后脉冲拟合因子 a，得到探测“0”比特时的等效触发概率表达式为

$$\bar{P}\left(1|\mathrm{gate}\right)_{0\mathrm{bit}}=a\cdot\frac{1-\mathrm{e}^{-\lambda_0}}{1-P_{\mathrm{ap}}\mathrm{e}^{-\lambda_0}} \tag{5-14}$$

式中，$1\leqslant a\leqslant\frac{1-\mathrm{e}^{-\lambda_1}}{1-\mathrm{e}^{-\lambda_0}}$。

利用蒙特卡洛仿真方法建立 SPAD 探测模型。将蒙特卡洛模型与理论模型做拟合，得到后脉冲拟合因子 a 的数学表达式为

$$a=1+\left[1.5+\frac{\ln(M)}{2+\ln(N)}\right]\frac{\lambda_1}{\lambda_0}P_{\mathrm{ap}}\mathrm{e}^{-\left(\lambda_0^{0.1}+\lambda_1^{0.1}\right)} \tag{5-15}$$

5.2.3 误码率模型

根据触发率收敛表达式(5-13)和式(5-14)，得到探测“0”“1”比特时的等效触发概率与不触发概率表达式如下：

$$\bar{P}_{01}=\alpha\cdot\frac{1-\mathrm{e}^{-\lambda_0}}{1-P_{\mathrm{ap}}\mathrm{e}^{-\lambda_0}} \tag{5-16}$$

$$\bar{P}_{00}=1-\bar{P}_{01}=\frac{1-P_{\mathrm{ap}}\mathrm{e}^{-\lambda_0}-\alpha\left(1-\mathrm{e}^{-\lambda_0}\right)}{1-P_{\mathrm{ap}}\mathrm{e}^{-\lambda_0}} \tag{5-17}$$

$$\bar{P}_{11}=\frac{1-\mathrm{e}^{-\lambda_1}}{1-P_{\mathrm{ap}}\mathrm{e}^{-\lambda_1}} \tag{5-18}$$

$$\bar{P}_{10}=1-\bar{P}_{11}=\frac{(1-P_{\mathrm{ap}})\mathrm{e}^{-\lambda_1}}{1-P_{\mathrm{ap}}\mathrm{e}^{-\lambda_1}} \tag{5-19}$$

在进行信号检测时，比特时间内的总开门次数为单个 SPAD 开门次数 N 与探测器阵列中像素个数 M 的乘积 NM。将发送信号近似为矩形光脉冲，则比特时间内输出计数值可看作 NM 次伯努利试验[6]，即计数值服从二项分布，得到探测“0”比特时，输出计数值 n' 的概率质量函数(Probability Mass Function，PMF)为

$$P_0(n')=C_{NM}^{n'}P_{01}^{n'}P_{00}^{(NM-n')} \tag{5-20}$$

同理，得到探测“1”比特时，输出计数值 n' 的 PMF 为

$$P_1(n')=C_{NM}^{n'}P_{11}^{n'}P_{10}^{(NM-n')} \tag{5-21}$$

根据式(5－20)和式(5－21),得到探测“0”比特时误判为“1”的概率与探测“1”比特时误判为“0”的概率表达式分别为

$$P_{e01}=\sum_{n'=k_{th}}^{NM}P0(n')=\sum_{n'=k_{th}}^{NM}\left(C_{NM}^{n'}P_{01}^{n'}P_{00}^{(NM-n')}\right) \tag{5-22}$$

$$P_{e10}=\sum_{n'=0}^{k_{th}}P1(n')=\sum_{n'=0}^{k_{th}}\left(C_{NM}^{n'}P_{11}^{n'}P_{10}^{(NM-n')}\right) \tag{5-23}$$

信源发送“0”比特与“1”比特等概率时,得到系统平均误码率表达式为

$$P_e=\frac{1}{2}\left\{\sum_{n'=k_{th}}^{NM}\left[C_{NM}^{n'}\overline{P}_{01}^{n'}\overline{P}_{00}^{(NM-n')}\right]+\sum_{n'=0}^{k_{th}}\left[C_{NM}^{n'}\overline{P}_{11}^{n'}\overline{P}_{10}^{(NM-n')}\right]\right\} \tag{5-24}$$

如图 5－7 所示,选取最佳判决阈值使 P_{e01} 与 P_{e10} 之和最小,即 P_0 在 $NM\geqslant k_{th}$ 的部分与 x 轴围成的面积同 P_1 在 $NM\leqslant k_{th}$ 的部分与 x 轴围成的面积之和最小,得到最佳计数值判决阈值表达式为

$$k_{th}=\frac{NM\ln(\overline{P}_{00}/\overline{P}_{10})}{\ln(\overline{P}_{00}\overline{P}_{11}/\overline{P}_{01}\overline{P}_{10})} \tag{5-25}$$

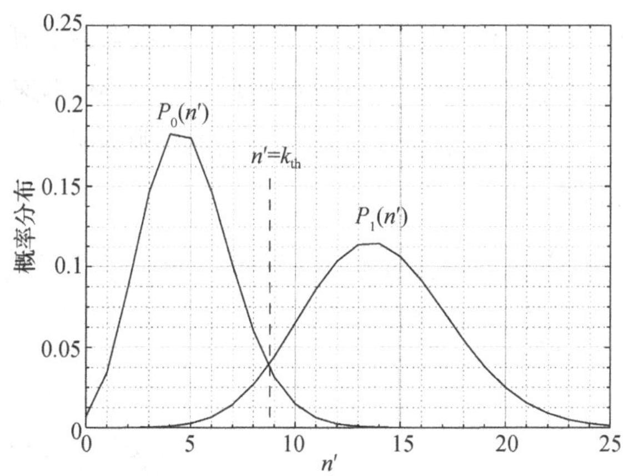

图 5－7　“0”比特与“1”比特时间内的计数值分布

5.3　误码性能分析

目前使用的单光子探测器系统主要有两种:一种是单探测器系统,探测器中只包含一个 SPAD,不具备光子数分辨能力;另一种是阵列探测器系统,将 SPAD 像素集成为阵列,具备一定的光子数分辨能力。

单探测器系统通过延长发射光脉冲脉宽,实现单个比特时间内完成多次检测,根据比特时间内输出的计数值进行信号判决。根据平均误码率表达式(5－24)与最佳判决阈值表达式(5－25),得到误码率为 1×10^{-3} 时系统所需信号光强与背景光强的关系。如图 5－8 所示,随着背景光强的增加,所需信号光强一开始保持不变;当背景光强达到一定水平值时,所需信号光强开始逐渐增加;当背景光强超过 1 c/ns 时,所需信号光强迅速上升。在探测信号

时，需要充分抑制背景光噪声，光子计数接收机才能达到理想的灵敏度。

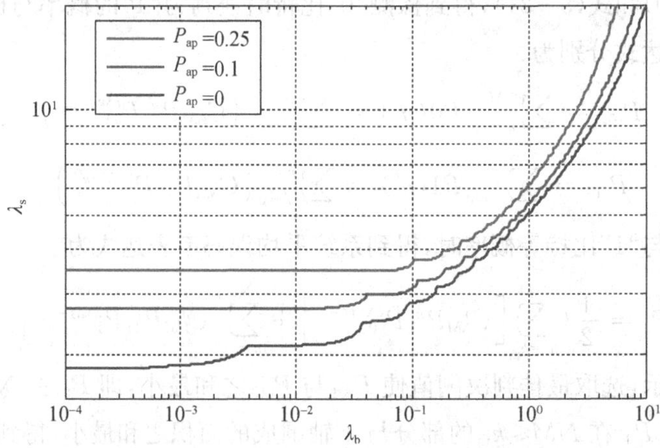

图 5-8　系统误码率为 1×10^{-3} 时所需信号光强与背景光强的变化关系

如图 5-9(a)所示，不同的后脉冲水平下，所需信号光强随开门次数的增加而降低。单探测器系统可通过牺牲比特速率来增加探测器开门次数，从而提高系统的探测灵敏度。在实际系统设计中，平衡好比特速率与误码率之间的关系，选取合适的开门次数非常关键。如图 5-10(a)所示，可容忍背景光强随着开门次数的增加(0～30)迅速上升。开门次数达到 30 以上后，可容忍背景光强逐渐趋于平稳。对于不同的后脉冲水平，维持开门次数在一定水平以上是系统运行的必要条件。

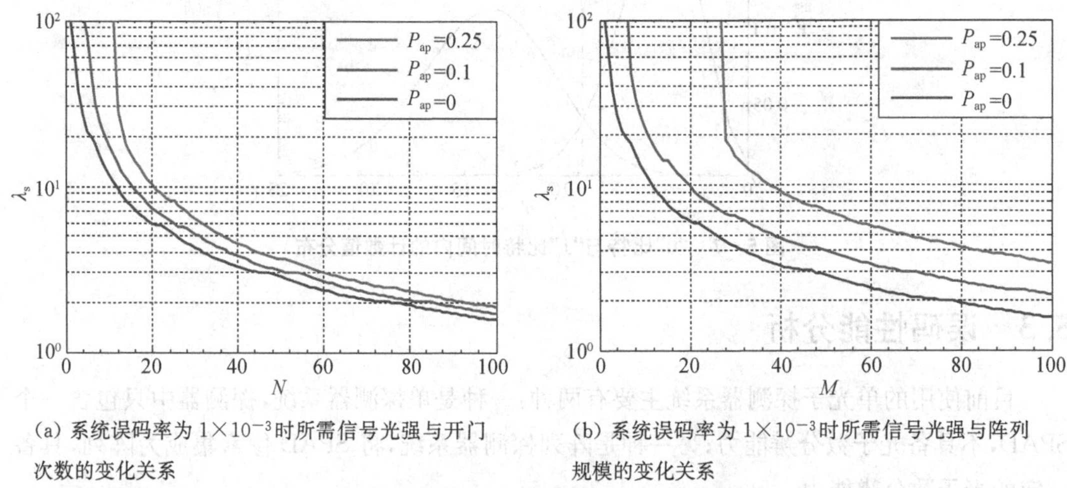

(a) 系统误码率为 1×10^{-3} 时所需信号光强与开门次数的变化关系

(b) 系统误码率为 1×10^{-3} 时所需信号光强与阵列规模的变化关系

图 5-9　信号光强与开门次数、阵列规模的变化关系

阵列探测器系统通过将多个 SPAD 集成为多像素 SPAD 阵列，实现单次开门时间内的多次检测。阵列具备一定的光子数分辨能力，输出的计数值一定程度上可表征入射光强的变化。根据单次开门时间内输出的计数值即可完成信号判决，从而提升系统的通信速率。

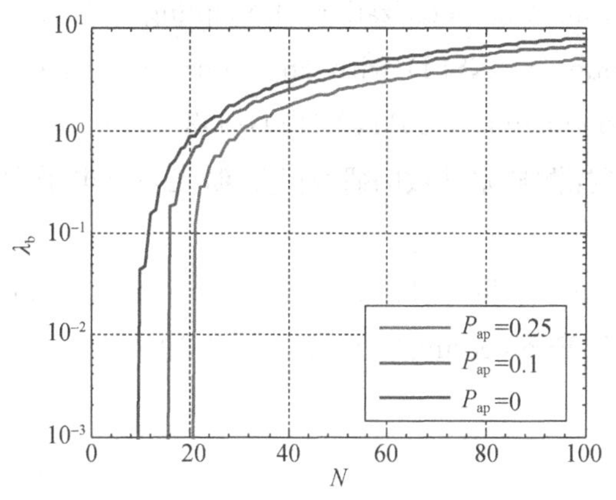

(a) 系统误码率为 10^{-3}时可容忍背景光强与开门次数的变化关系

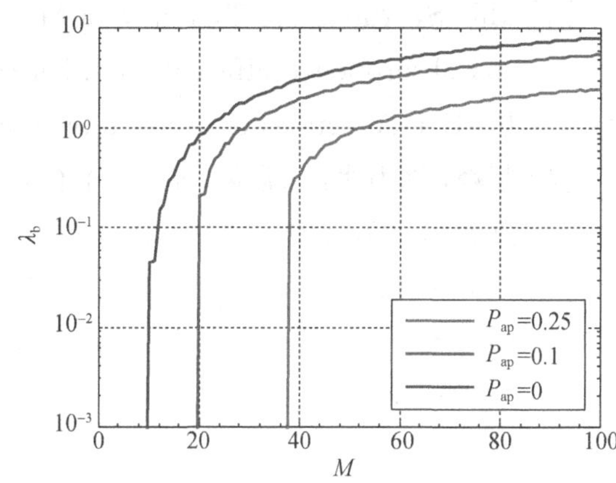

(b) 系统误码率为 10^{-3}时可容忍背景光强与阵列规模的变化关系

图 5-10 可容忍背景光强与开门次数、阵列规模的变化关系

如图 5-9(b)所示，所需信号光强随阵列像素个数的增加而降低。后脉冲水平较高时(P_{ap}= 25%)，对阵列像素个数的最低需求从 10 提高至 30。后脉冲效应对阵列探测器系统的影响更显著。如图 5-10(b)所示，可容忍背景光强随着开门次数的增加(0～40)迅速上升。开门次数达到 40 以上后，可容忍背景光强逐渐趋于平稳。与单探测器系统中开门次数相同，阵列探测器系统中，阵列像素个数是决定系统性能的关键因素。

5.4 本章小结

本章介绍了基于光子计数的无线光通信系统的光检测器件与关键技术。首先，介绍了 SPAD 的结构、工作原理与性能指标；然后，介绍了一种基于光子计数的无线光通信系统误码率模型的研究方法；最后，对单探测器系统与阵列探测器系统的信号检测方案与误码性能进行了分析比较。通过该误码率模型，可快速、准确地预测与评估基于 SPAD 的光子计数接收性能，为实际系统的设计与优化提供指导。

参考文献

[1] Morton G A, Smith H M, Krall H R. Pulse height resolution of high gain first dynode photomultipliers[J]. Applied Physics Letters, 1968, 13(10): 356-357.

[2] Miki S, Fujiwara M, Sasaki M, et al. Development of SNSPD system with gifford-McMahon cryocooler[J]. IEEE Transactions on Applied Superconductivity, 2009, 19(3): 332-335.

[3] Wang C, Wang J Y, Xu Z Y, et al. Design considerations of InGaAs/InP single-photon avalanche diode for photon-counting communication[J]. Optik, 2019, 185: 1134-1145.

[4] Miki S, Yamashita T, Fujiwara M, et al. Characterization of coupling efficiency and absorption coefficient for fiber-coupled SNSPD with an optical cavity[J]. IEEE Transactions on Applied Superconductivity, 2011, 21(3): 332 - 335.

[5] 赵峰，郑力明，廖常俊，等. 红外单光子探测器暗计数的研究[J]. 激光与光电子学进展，2005，42(8)：29 - 32.

[6] Kolb K E. Signal-to-noise ratio of Geiger-mode avalanche photodiode single-photon counting detectors[J]. Optical Engineering, 2014, 53(8): 0819041 - 0819048.

第 6 章　紫外光通信及紫外光通信网络

紫外光通信是无线光通信的一种，它是利用紫外光在大气中的散射来进行信息传输的一种新型通信方式。

紫外光是指波长为 10～400 nm 的光线，可划分为 UVA、UVB 和 UVC 等波段，它们的波长范围分别为 315～400 nm、280～315 nm 和 10～280 nm。其中，UVC 波段的太阳辐射易被臭氧分子强烈吸收，称为日盲区，可用于实现紫外光通信。

紫外光波长较短，在传输过程中受到很强的大气散射作用，主要受瑞利散射和米氏散射的影响，散射传播路径可绕过障碍物实现非视距通信，从而使得紫外光通信在各种复杂电磁环境中的应用具有广阔发展前景。

由于紫外光基于散射方式实现通信，其传输损耗较大，通信距离一般较短。因此，基于紫外光通信方式构建紫外光通信网络，可进一步扩展紫外光通信应用范围。

本章主要介绍紫外光通信的发展、器件、系统及关键技术，并详细介绍基于紫外光通信的组网技术及应用。

6.1　紫外光通信和网络概述

6.1.1　紫外光通信的发展与组网应用

短距离无线通信和网络在军事与民用领域均有广泛的应用场景。当前，其应用方式主要为无线电通信和无线电自组织网络。然而，这些无线电通信和组网方式存在频谱资源受限、保密性差、易受电磁干扰等不足，不能完全满足复杂电磁环境下的通信和组网应用需要。

无线光通信以光为载波，以自由空间为传输信道。相比于无线电通信，具有无需频率许可、频带宽、保密性好、抗电磁干扰等优点[1]，从而成为短距离无线通信和组网的一种新的可能方式。

传统的无线光通信(FSO)严重依赖于自动瞄准、捕捉和跟踪(PAT)系统。由于其基于激光的视距通信方式，要求在其通信链路上无障碍物，且在通信建立前需先实现光学对准，在通信过程中还必须跟踪保持，因而用 FSO 来进行组网存在一定的困难，多个随机移动的 FSO 终端间的多组实时动态跟踪对准则更加复杂。PAT 系统的体积、重量和功耗等因素，对所用平台的有效载荷和续航能力也提出了很高要求。

紫外光通信是无线光通信的一种新型方式，其点对点通信示意图如图 6－1(a)所示[2]。

紫外光波长较短，在传输过程中受到大气散射的作用，其散射传播路径可绕过障碍物，从而可克服 FSO 必须直视的缺点，实现所谓的非视距通信。经过多次散射的紫外光具有全方位性，且近地面的紫外光受到的干扰很少，光信号不受无线电波影响。因此，紫外光通信具有全方位、保密性好、抗干扰能力强等优良特性。

非视距紫外光通信技术为实现短距离无线通信和组网提供了一种新的有效途径。紫外光通信的散射机理消除了传统激光通信方式的强方向性，使制约 FSO 应用的 PAT 系统可大大简化或不再必需；紫外光通信的全方位性使得多个光终端节点在其有效通信范围内便于互连互通，更易实现随机移动节点间的"动中通""动中联"。

紫外光通信在短距离无线通信和组网领域具有广阔的应用前景。一种典型的无人机组网应用场景如图 6-1(b)所示。基于无人机平台的多个紫外光通信终端可灵活组网和快速互连，从而构成拓扑结构灵活多变的紫外光通信网络。这为无人系统内信息的可靠传递与安全共享提供了一种新的方式。

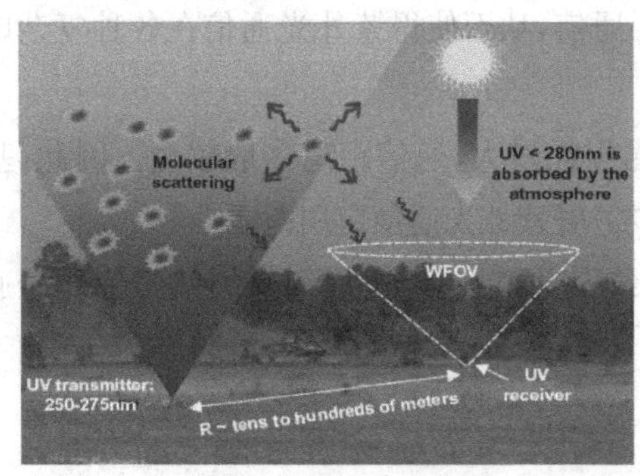

(a) 点对点紫外光通信[2]

(b) 紫外光通信的无人机组网应用场景

图 6-1　紫外光通信和组网应用

然而，要实现短距离紫外光通信和组网，还有诸多关键技术问题需要研究解决。例如：由紫外光通信的信道特性及系统性能所决定的紫外光通信网络的特点、拓扑结构和网络模型；紫外光通信网络的组网机理、接入控制方法及协议；紫外光通信网络的性能及其影响因素、性能提升方法等。当前，缺乏与紫外光通信特性相适应的有效组网方法以及网络性能不足，成为制约紫外光通信和组网应用的主要瓶颈。

总之，短距离无线通信和组网的军事与民用需求日趋广泛。传统无线电通信及无线电自组网在保密性、抗干扰、频谱资源等方面存在不足，而非视距紫外光通信的优良特性为短距离无线通信终端的自主灵活组网提供了一种新的可靠方式。在紫外光通信和组网关键技术方面寻求突破，可以解决紫外光通信网络性能上的缺陷。

6.1.2　紫外光通信和组网技术的国内外研究现状与发展动态

紫外光通信及组网技术自提出以来，引起了研究者的广泛关注和深入研究。

早在 20 世纪 60 年代，美国海军就开始关注紫外光通信，希望实现非视距散射光通信[3-4]；美国麻省理工学院率先利用大功率氙闪光灯和光电倍增管，测试分析了紫外光的散射链路特性[5]；多年来，国外众多研究团队围绕紫外光通信的信道模型、调制技术、光源与光检测器件以及紫外光通信系统性能等方面[6-10]进行了大量的理论和实验研究，初步获得了紫外光通信的基本模型、传输特性和实现方法。

国内紫外光通信研究起步相对较晚。2000 年，北京理工大学设计了国内首个紫外光通信系统，实现了距离 850 m 的非视距散射光传输的一路话音通信[11]。北京邮电大学、国防科技大学、重庆大学、哈尔滨工业大学、中国人民解放军空军工程大学等院校的研究人员研究了紫外光传输信道、光电器件、光学天线等关键器件和技术，并搭建了实验系统[12-15]。中国科学技术大学、长春理工大学、电子科技大学、西安理工大学、上海光机所等研究单位也对紫外光的信道模型、信道调制等技术进行了深入研究[16-19]。近年来，紫外光通信的模型和系统方案[20-22]还在不断发展完善。多年来，陆军工程大学也对紫外光信道传输特性及传输系统等方面进行了相关跟踪研究[23-25]。

从国内外研究现状来看，紫外光通信正逐渐发展成熟，特别是美国、俄罗斯等海军强国已有实用化的紫外光通信系统装备部队。然而，受限于紫外光通信的传输距离与速率等性能不足，紫外光通信的应用仍主要局限于点对点通信。国内在紫外光电器件等方面的基础研究相对薄弱，与国外尚存在一定差距，由此制约了系统性能，紫外光通信的实际应用尚未全面展开。

紫外光的散射特性使其非常便于组网。然而，针对紫外光组网技术的研究却相对进展缓慢。

首先，人们开始关注紫外光组网的可能性。2006 年，Kedar 等人[26]从理论上探讨了紫外光通信在无线传感器网络和自组织网络中的组网应用，研究了紫外光链路模型，并分析了不同接收信噪比条件下的网络节点数量。Vavoulas 等人[27]基于 k-连通度和多跳节点网络模型来扩展无线紫外光网络范围，并仿真分析了不同调制方式下发射功率、节点密度及传输速率对误码率的影响。

随后，人们开始研究紫外光组网协议与方法。原美国加州大学徐正元团队开展了大量研究。2011 年，Li 等人[28]参考无线定向网络中的邻居发现协议，以点对点紫外光通信为基础(如图 6 - 2 所示)，提出一种可用于紫外光自组网的邻居发现协议。Wang 等人[29]进一步研究了紫外光通信网络的互连特性。2013 年，Xu 等人[30]基于紫外光通信物理层内在特性，首次提出一种新型紫外光通信媒体访问控制层(Media Access Control，MAC)协议，并研究了多种空间复用的可行性。该 MAC 协议的状态转换如图 6 - 3 所示，其协议处理具有相当高的复杂性，这对实现紫外光通信网络终端提出了较高要求。

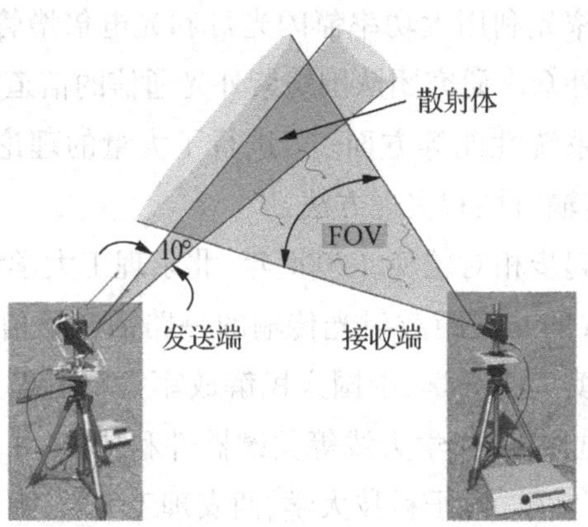

图 6－2　点对点紫外光通信示意图[28]

Other control signal/Update
RTS to me
Idle
Receiving DATA
Receiving DATA
CTS/ Update
No available direction
Have DATA to send
Have DATA to send
Check Table
Send CTS
Send RTS
Check Table
Have DATA to send
No available direction
Receive DATA
Wait for CTS
CTS timer Time out
Backoff timer Time out
Other control signal/Update
CTS
Check Table
Have DATA to send
No available direction
Receive DATA
Backoff
Other control signal/Update
CTS
N/ Update
Y/ Update
From Target?
N
To Me?
Y
To Me?
N
From Target?
N/ Update
Y
Finish Sending
Half Duplex
N
Pointing angle<40
Y
Y/ Update
Receive DATA
Sending DATA
No available direction
Have DATA to send
Check Table
Other control signal/Update
Finish Sending and Receiving

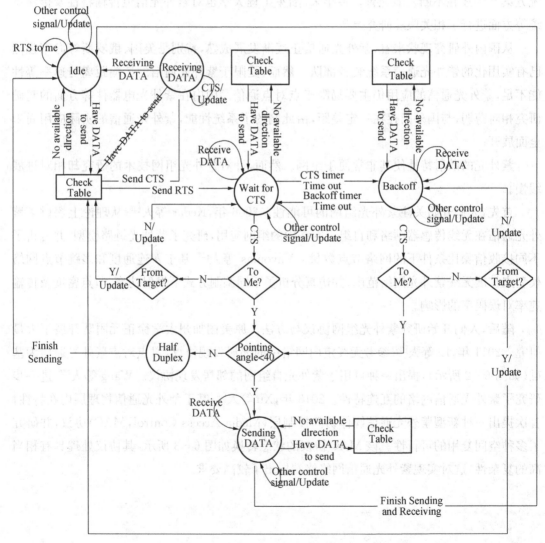

图 6－3　MAC 协议的状态转换图[30]

2017 年，Ardakani 等人[31]研究了基于正交频分复用技术（Orthogonal Frequency Division Multiplexing，OFDM）的紫外光通信三节点中继组网场景，提出了一种正交协作协议，紫外光通信中继节点具有 AF（Amplify-and-Forward）模式和 DF（Detect-and-Forward）模式（如图 6-4 所示），节点功能组成比较复杂，其实际实现具有一定难度；后来，该团队又在其中加入了湍流效应的影响分析[32]。由于给定发送端的视场角光束圆锥可与多个接收端视场角光束圆锥相交，因此多用户干扰成为主要的性能瓶颈。

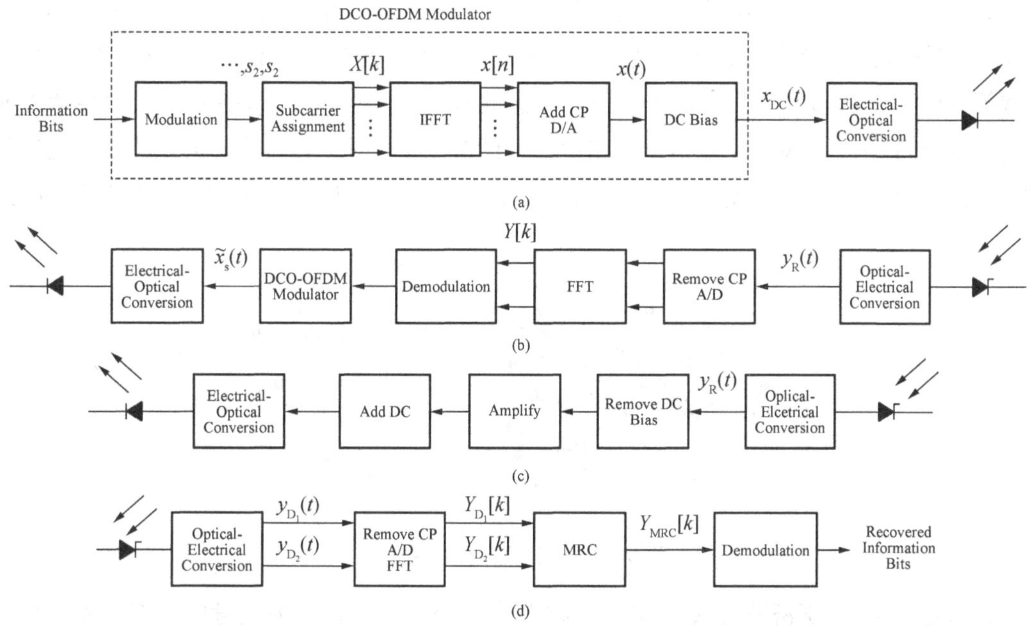

图 6-4　紫外光通信中继组网节点组成[31]

2018 年，Ali 等人[33]研究了一种基于对数正态分布湍流信道的非视距多跳紫外光网络，如图 6-5 所示，由于同样基于 DF 模式，信息需经检测处理后再转发，这将不可避免地增大网络延迟。同年，Chowdhury 等人[34]讨论了紫外光通信与其他无线光技术的协同作用。

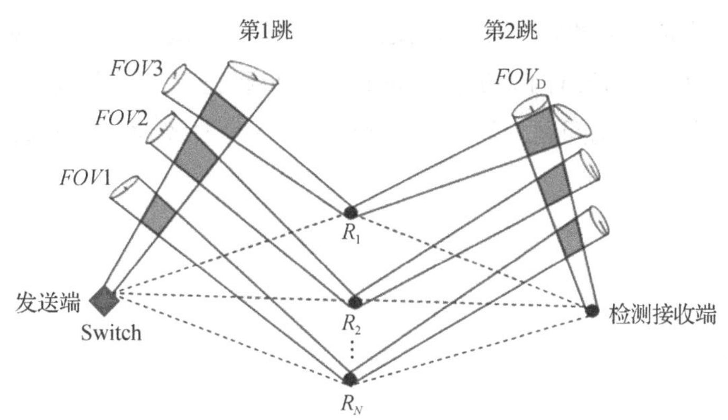

图 6-5　非视距多跳紫外光网络模型[33]

以上研究主要从紫外光组网接入协议与节点中继方法等方面进行了有益的尝试。然而，这些协议与方法均具有一定的复杂性，对节点设备的实现提出了挑战。因此，受限于紫外光通信的传输距离和速率等性能不足以及缺乏简单、可靠、有效的组网方法，紫外光通信网络的实际应用仍鲜见报道。

国内在紫外光通信组网方面也开展了大量研究。为了充分利用紫外光通信的带宽资源，人们首先尝试使用简单的时分复用(Time Division Multiplexing，TDM)机制，即把时间分割成周期帧，每帧再分割成若干时隙，然后根据一定分配原则指定固定时隙。文献[35]基于 TDM 机制讨论了紫外光组网中的一些主要规则，包括路径损耗、误码率、覆盖范围、大气衰减等方面。文献[36]提出将紫外光通信和无线 Mesh 网络相结合，同时为了满足紫外光通信的需求，提出了针对 MAC 协议和路由协议的改进。上述采用 TDM 机制的紫外光通信组网方案，节点数的增加会导致排队等待时延长、链路利用率低、网络吞吐量不理想等问题。

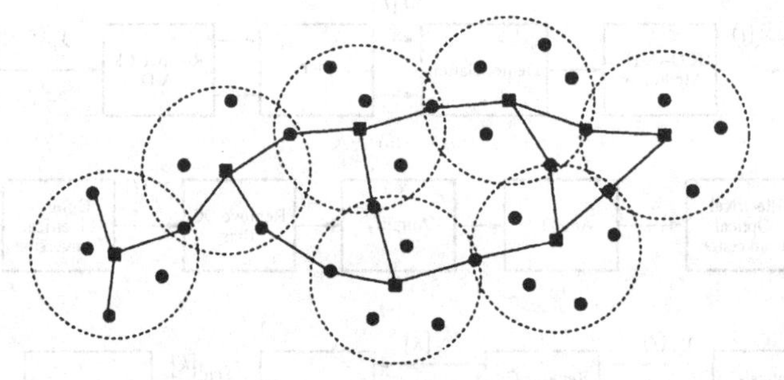

图 6-6　优化小区拓扑图[37]

针对这一问题，李济波等人[37]提出了改进的 TDM 组网方法，通过考虑功率因素的加权算法选取中心节点辐射成相邻小区(如图 6-6 所示)，用分段时隙方法给相邻小区分配不同时隙段，让相距较远小区内的节点对时隙重复使用，缓解了节点增加与时隙有限的矛盾。

然而，功率检测及加权算法的使用进一步增大了节点压力，特别是节点移动带来了复杂变化，且不能根本解决资源受限的矛盾。熊扬宇等人[38]则针对紫外光通信的特点对组网节点进行了优化设计(如图 6-7 所示)，并分析了在不同的发散角、接收视场角、通信距离等条件下，偏转角对紫外光网络的路径损耗与误码率的影响。张曦文等人[39]对通信链路、信道接入以及路由协议等紫外光组网关键技术进行了初步研究。宋鹏等人[40]研究了非视距紫外光通信组网的多用户干扰问题。陆军工程大学也针对紫外光通信组网机理与性能等方面展开了初步研究[41-42]。

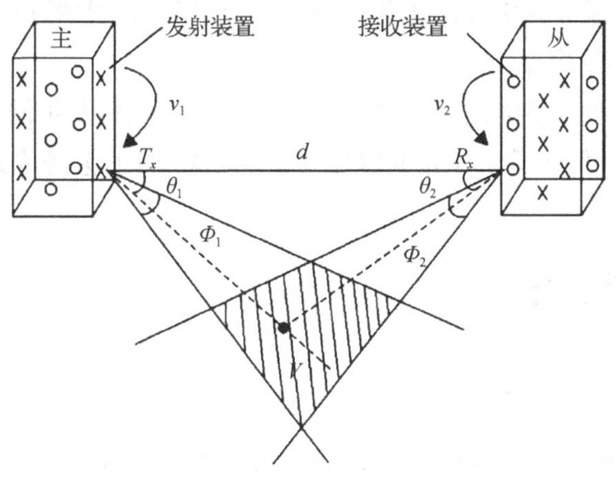

图 6－7　正四棱柱紫外光节点模型[38]

此外，西安理工大学柯熙政、赵太飞等团队还围绕无线紫外光通信中的多信道接入技术[43]、紫外光通信网络节点定位算法和覆盖范围模型[44-45]、无线紫外光网络连通性[46-47]等方面展开了大量研究，为紫外光通信的组网应用奠定了坚实的理论基础。然而，有关组网方法和网络性能的研究，仍主要集中于理论研究和仿真分析，紫外光通信的实际组网应用还未见报道。

在以上国内外关于紫外光通信组网的研究中，出于降低复杂性考虑，部分研究工作直接或部分借鉴了相对成熟的无线电自组织网络模型与组网方法。这些模型与组网方法主要针对无线电信道特性、无线电通信性能以及无线电自组网的特点等进行设计，需以多频段、成熟天线设计、大范围变化信号的检测处理等技术作为支撑，未能充分考虑紫外光通信中的光域处理差异、光电转换及其效率的影响、复杂的光学天线设计等因素，因而不能适应和匹配紫外光通信的单波长、散射多径链路、多节点竞争时变等特点。因此，需要充分结合紫外光通信的信道特性、系统性能以及网络特点，提出真正与紫外光通信相适应的网络模型与组网方法。

另一方面，部分组网方法虽然也考虑了紫外光通信的信道特性与系统性能，但在研究与分析过程中做了一些理想化假设，如静态网络假设、不考虑紫外光网络节点的随机移动等，所得结果与实际尚有差距。这些假设的初衷是基于当前紫外光通信性能与组网应用需求之间的矛盾的一种折中处理。另外，部分组网方法虽然针对紫外光通信特性进行了相应的组网协议改进，然而大多数设计的协议仍具有相当高的复杂性，超出了资源相对受限的紫外光通信节点的现有处理能力。因此，在改进或提出新的组网方法时还需考虑节点现状与处理能力。最根本的解决方法是要针对紫外光通信与网络的特点，充分挖掘紫外光通信网络性能的潜力，借鉴协作通信等多元组网方法，创新提出可有效提升紫外光通信网络性能的新方法。

此外，现有以同步 TDM 为基础的组网接入协议中，节点固定接入稳定，但随着节点数增多，排队等待时延长、链路利用率低、网络吞吐量不理想等问题凸显，因此传统 TDM 机制不适用于网络节点较多的场合；而以异步分组为基础的组网接入协议中，由于随机接入引入了冲突检测、碰撞避免以及时间退让等复杂机制，增加了协议的复杂性且进一步消耗了有限的带宽资源，导致吞吐量等网络性能恶化。因此，需要综合利用两种机制的特性，以此来解决紫外光网络接入冲突问题。

综上所述，作为一种新型无线通信与组网方式，紫外光通信及组网在军事与民用领域均具有重大的应用潜力。但是受紫外光电器件与系统性能制约，紫外光通信组网技术发展缓慢，组网应用实践仍然缺乏。

6.2 紫外光通信技术

6.2.1 信道模型和传输特性

紫外光通信分为视距（Line-Of-Sight，LOS）通信和非视距（Non-Line-Of-Sight，NLOS）通信两种工作模式。为了充分利用紫外光非视距通信的特点，一般使用 NLOS 工作模式。

根据收发两端发送仰角和接收仰角的不同，紫外光非视距通信可分为如图 6－8 所示的 NLOS(a)、NLOS(b)和 NLOS(c)三类情况。在 NLOS(a)中，收发仰角都为 90°；NLOS(b)中，发送仰角小于 90°，接收仰角为 90°；NLOS(c)中，收发仰角都小于 90°。

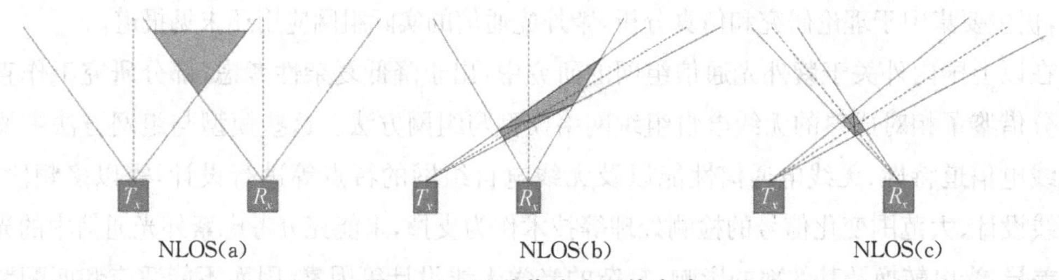

图 6－8　三种紫外光通信方式

无线紫外光点对点非视距通信模型如图 6－9 所示。图中 T_x 是发送端，R_x 是接收端，Φ_1 为发散角，θ_1 为发送仰角，Φ_2 为视场角，θ_2 为接收仰角，V 为有效散射体，r 为通信距离，r_1 和 r_2 分别为发送端到有效散射体的距离和有效散射体到接收端的距离。T_x 以 θ_1 在 Φ_1 范围内向空间发射光信号，光信号经过有效散射体内散射后，R_x 以 θ_2 在 Φ_2 范围内进行光信号的接收。

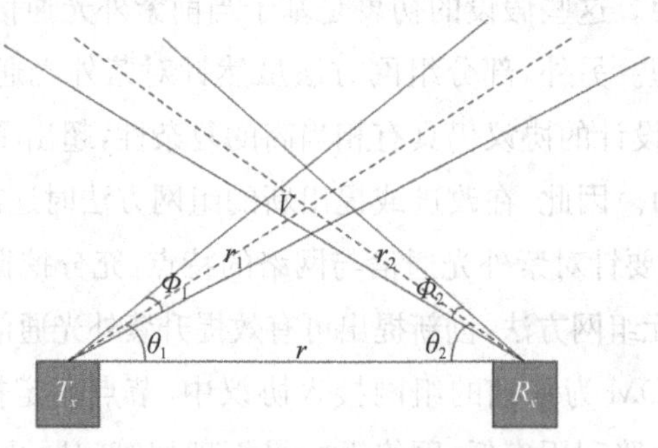

图 6－9　紫外光非视距散射模型

紫外光在空气中传播时损耗较为严重，随着通信路径的增加，损耗呈指数级递增。紫外

光非视距传输的损耗公式为

$$L=\xi r^{\alpha}e^{\beta r} \tag{6-1}$$

其中，α 为路径损耗指数，ξ 为路径损耗因子，r 为通信距离，β 是一个与发送端和接收端的几何角度有关的综合衰减因子。

在近距离通信中，综合衰减因子 β 所引起的衰减为 1～10 km^{-1}，通常可以忽略衰减因子 β 所产生的影响。因此，近距离紫外光通信的路径损耗公式可以由上式简化为

$$L=\xi r^{\alpha} \tag{6-2}$$

发送端的发散角 Φ_1 和发送仰角 θ_1、接收端的视场角 Φ_2 和接收仰角 θ_2 决定了 α 和 ξ 的大小。仿真研究表明，一般情况下，Φ_1 和 Φ_2 的取值为 17°和 30°时，链路性能较好。于是当 Φ_1 和 Φ_2 固定，紫外光非视距通信时，不同 θ_1、θ_2 对应着不同的 α 和 ξ 的取值。根据已有研究，当 $\Phi_1=17°$ 和 $\Phi_2=30°$ 时，通过不同距离下多次试验测量，θ_1、θ_2 与 α 和 ξ 值的对应关系分别如图 6-10 和图 6-11 所示。

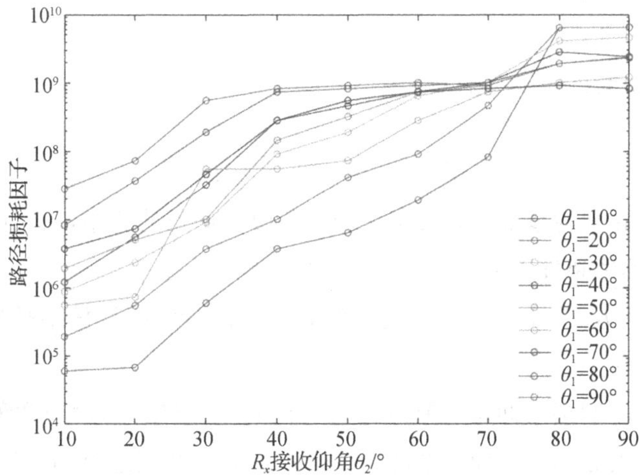

图 6-10 收发端仰角和路径损耗因子

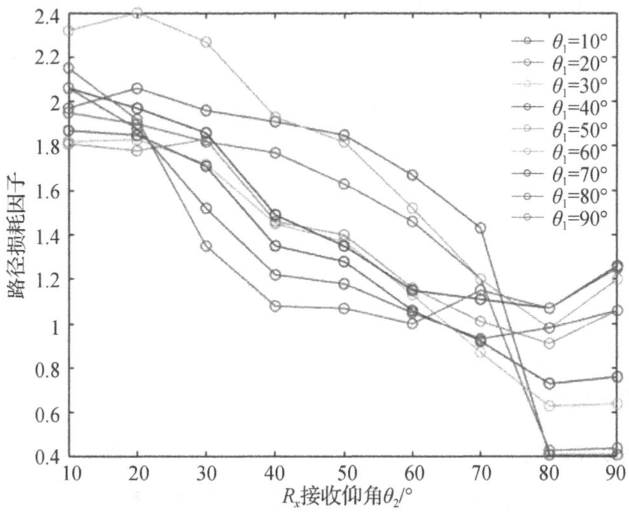

图 6-11 收发端仰角和路径损耗指数

在无线紫外光通信过程中，太阳辐射噪声光子的分布更接近于泊松噪声分布，因此，可以基于泊松噪声模型进行分析。网络节点的通信半径取决于调制方式，常用的调制方式有 OOK 和 PPM。因选用日盲区紫外波段，背景光噪声较小，选择忽略背景光。

采用 OOK 调制方式的误码率表达式为

$$P_{\text{e-OOK}}=\frac{1}{2}\exp(-\lambda_{\text{s}}) \tag{6-3}$$

其中，λ_s 为每个信号周期内接收端的光子到达率，可表示为

$$\lambda_{\text{s-OOK}}=\frac{\eta P_{\text{t}}}{LR_{\text{b}}hc/\lambda} \tag{6-4}$$

式中，λ 为波长，其值为 250 nm；η 为滤光片和光电探测器的量子效率，$\eta=\eta_{\text{PMT}}\times\eta_{\text{f}}$，其中 η_{PMT} 为光电倍增管的量子效率，其值为 0.3，η_{f} 为光学滤波器效率，其值为 0.15；P_t 为发送功率；R_b 为数据传输速率；P_e 为误码率，$P_e=10^{-6}$；c 是光速，$c=3\times10^8$ m/s；h 是普朗克常数，$h=6.62607015\times10^{-34}$ J·s。

由式(6-4)可得紫外光节点通信半径为

$$R_{\text{OOK}}=\sqrt[\alpha]{-\frac{\eta\lambda P_{\text{t}}}{hc\xi R_{\text{b}}\ln(2P_{\text{e}})}} \tag{6-5}$$

因此，可根据路径损耗系数和路径损耗因子与收发仰角的关系，由式(6-5)得到一定发送功率与数据传输速率条件下通信半径与收发仰角的关系。

当数据传输速率 R_b 为 10 kb/s，发送功率 P_t 为 0.5 W 时，通信半径与收发仰角的关系如图 6-12 所示。

在图 6-12 中，不同接收仰角下节点通信半径的变化趋势与发送仰角的变化趋势大体一致，均随发送仰角的逐渐变大而逐渐降低。当发送仰角 θ_1 固定时，通信半径亦随接收仰角的逐渐变大而逐渐降低。在接收仰角 θ_2 为 50°时，通信半径大于 θ_2 为 40°和 60°时的情况，与 θ_2 为 30°时较为接近。这是由于在发送端发散角 Φ_1 和接收端视场角 Φ_2 分别取 17°和 30°时，

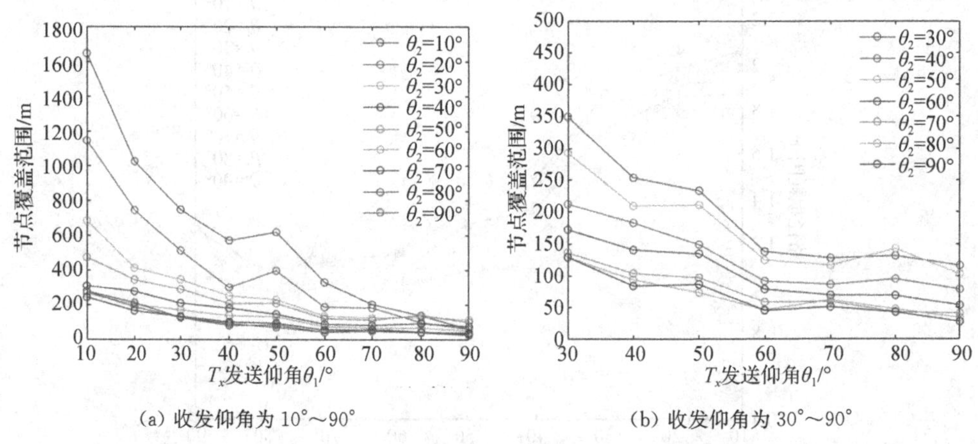

图 6-12 通信半径与收发仰角的关系

在一定角度范围内增加接收仰角 θ_2，能够增加有效散射体的体积，从而使单个节点的通信范围增加。当接收仰角超过一定范围时，有效散射体体积增加所带来的半径增益不足以抵消随 θ_2 变大导致的路径损耗，所以通信半径又逐渐减小。

通过对比发现，当 θ_2 大于 70°时，通信半径随角度变化的范围较小，而当 θ_2 小于 20°，通信半径变化范围较大。所以实际操作中，当接收端角度较大时，可大幅调节 θ_2；当接收端角度较小时，应小幅调节 θ_2。

实际应用中，为发挥紫外光非视距通信的特点，接收端和发送端的仰角不宜过小，一般收发仰角多选择在 30°～90°范围内，图 6－12(b)为收发仰角均在 30°～90°范围内变化时的通信半径变化趋势。

6.2.2　紫外光源

在无线光通信中，由于其传输距离远，即使很小的光束发散角在接收端也会形成直径很大的光斑，因此要求光源的功率尽量高，以便瞄准、捕获和跟踪链路。同时，还要求光源的体积和质量尽可能的小，以减少负载。因此，某些光源不适合用于无线光通信。例如，气体激光器多采用气体或电子束激励的方式放电。气体激光器的突出问题是设备占地面积大、可靠性有限、寿命短、能耗高和费用高，因此在无线光通信中应用得较少。

在紫外光通信系统中，由于大气中臭氧的强烈吸收作用，需要使用发射光功率高、调制性能好的紫外光源作为系统发射光源。

早期的超视距紫外光通信系统多使用闪光灯、氙灯或者固体紫外激光器，这些设备普遍体积大、功耗大，调制带宽受限，因而不适合用于紫外光通信和组网。

半导体紫外光源具有成本低、体积小、功耗低、带宽高等诸多优点，可望用于实际紫外光通信。目前，由美国 DARPA 出资的半导体紫外光源(Semiconductor UV Optical Source, SUVOS)计划已经研制出小型化紫外 LED 光源。该紫外 LED 光源的尺寸小(小于 1 mm^2)，可在紫外波段任意选择发射波长，输入功耗小于 150 mW，发射光功率可达 0.5 mW。此外，在关于紫外 LED 光源的最新报道中，有人将 24 只 LED 的阵列用于紫外光通信，其发射波长为 274 nm，发射角可达 50°，发射光功率为 40 mW。

目前，和红外 LED 光源相比，紫外 LED 光源的主要限制还在于较低的发光效率以及输出光功率。

根据现有文献的调研，目前可用于深紫外光通信的几种典型光源及其技术参数的对比如表 6－1 所示。

表 6-1 紫外光源性能对比

参数	光源		
	气体紫外灯	紫外发光二极管(LED)	深紫外激光器
调制速率/重复频率	不能直调	≥1 Mb/s	重复频率≤300 kHz
输出光功率	≥30 W(266 nm)	≤1 mW(266 nm)	峰值功率≥1 kW
光谱范围	较宽	较窄	窄
体积	较小	非常小	很大
质量	较轻	非常轻	很重
连续使用寿命/h	≥1000	≥10000	≤10000
稳定性	较好	好	较好

由表 6-1 可以看出：

(1) 气体紫外灯具有出光功率高的特点，但在现有的文献报道中其调制速率难以超过 20 kb/s[48]，不能满足高速率紫外光通信的要求。

(2) 紫外发光二极管具有使用寿命长、调制速率较高的优点，但其单管输出光功率低。虽然采用多管组合的方式可以提高输出光功率，但是由于所需 LED 数量增多而提高了成本，并且具有多个 LED 的阵列难于聚束。

(3) 紫外激光器按照输出波段范围分类，可分为深紫外激光器、近紫外激光器等。用来实现粒子数反转并产生光的受激辐射放大作用的激光工作物质称为激光增益媒质，包括固体(晶体、玻璃)、气体(原子气体、离子气体、分子气体)、半导体和液体等，根据增质媒介的不同类别，还可以将紫外激光器细分为气体紫外激光器、金属蒸汽紫外激光器、固体紫外激光器、半导体紫外激光器等。

目前，红外及可见光激光器的发展较为成熟，功率可以达到 1 kW 以上。例如，日本在 2005 年已实现了平均输出光功率不小于 10 kW、电光效率不小于 20%的高功率全固态激光器。然而，紫外激光器受材料、激励源等因素的影响，其输出光功率受到一定限制。在波长为 375 nm 左右时，现有材料可以做到输出光功率达 10 W 量级，而当波长在 200 nm～300 nm之间则可以做到1 W左右。

375 nm 波长的半导体紫外激光器具有可直接调制且调制频率高、体积小、稳定性好、无需内外水冷等诸多优点，是未来激光器发展的重要分支和紫外光通信的重要候选光源。当然，由于其不处于日盲区，容易受到背景噪声的影响。

半导体光电器件的工作波长与制作器件所用的半导体材料种类相关。受材料因素的影响，目前紫外半导体激光器向短波长方向发展的进度较慢。理论上氮化铝镓(AlGaN)材料的半导体激光器可发出接近 200 nm 波长的光波，这也是目前为止在实验室所能做到的波长最短的半导体激光器。

目前可用的深紫外(266 nm 波长)脉冲激光器的脉冲重复频率较低(不足 100 kHz),调制速率较难提高,而且深紫外脉冲激光器价格高昂,一般采用水冷,体积较大。如果在脉冲重复频率、体积、质量方面有所突破,紫外激光器将是最理想的光源。

6.2.3　紫外光检测器

紫外光检测器(又称为紫外光探测器)是紫外光通信系统的接收机中最为重要的器件,其主要功能是完成紫外光信号到电信号的转换。

紫外光探测器的主要性能指标包括有效接收面积、带内吸收的光接收灵敏度、带外抑制度以及暗电流等。

紫外光通信所使用的光探测器一般是半导体光探测器,包括 PN 光电二极管、PIN 光电二极管、雪崩光电二极管(APD)以及紫外光电倍增管(PMT)等。

当 PN 结两端加上反向偏置电压时,耗尽区加宽,势垒加强。耗尽区及其附近会在入射光的照射下产生受激跃迁现象,从而形成电子空穴对,并在外加电场作用下作定向移动而产生电流。这种因光的照射产生的电流称为光电流。

PN 光电二极管产生的光电流中,含有与耗尽区外的光吸收相关的扩散分量。扩散分量的存在将导致光电二极管瞬态响应失真,从而使光探测器的输出电流脉冲后沿的拖尾加长,严重影响其响应速度。为了降低扩散分量的影响,可以采用减小 N 区和 P 区面积、增大耗尽层面积、使绝大多数入射光功率被耗尽层吸收等措施。

采用以上措施所得到的光探测器即为 PIN 光电二极管。与 PN 光电二极管不同的是,PIN 光电二极管是在 P 区和 N 区之间插入本征层 I(非掺杂或轻掺杂的半导体材料)。由于 I 区中的电子浓度很低,外加反向偏压后耗尽层宽度明显增大。此时,扩散运动对光电流的影响减小,响应速度提高。

当在 PIN 光电二极管的结构中增加一个附加层 P,光电流便会得到雪崩式放大,这种结构的光电二极管称为雪崩光电二极管。因为在光生电流尚未加入后续电路热噪声时,其已在高电场的雪崩区中得到放大,因此有助于显著提高接收机灵敏度。入射光激发的电子空穴对在经过高场区时不断被加速,获得很高能量。这些电子空穴对在高速运动过程中与价带中的束缚电子碰撞,使晶格中的原子电离,产生新的电子空穴对。新的电子空穴对同样被加速,产生二次电子空穴对。这样不断地产生新的电子空穴对,反向电流获得雪崩式增大,故 APD 可用于微弱光检测。

当前,紫外光电倍增管是紫外光通信中使用最为广泛的一种光探测器,也是实现紫外光探测技术的关键器件。光电倍增管是一种将极微弱的光信号转化为电信号的真空器件。光电倍增管有传统打拿极型和微通道板型两种。微通道板型光电倍增管是一种具有高增益、高分辨率、快时间响应、低功耗的新型光电器件,其与打拿极型光电倍增管相比,主要区别在于电子倍增采用的是多个通道列阵排列,厚度仅有 0.4 mm 左右的微通道板,因此具有体积小、重量轻、引线少、耐冲击与振动等特点。

一种紫外微通道板型光电倍增管的结构如图 6-13 所示。

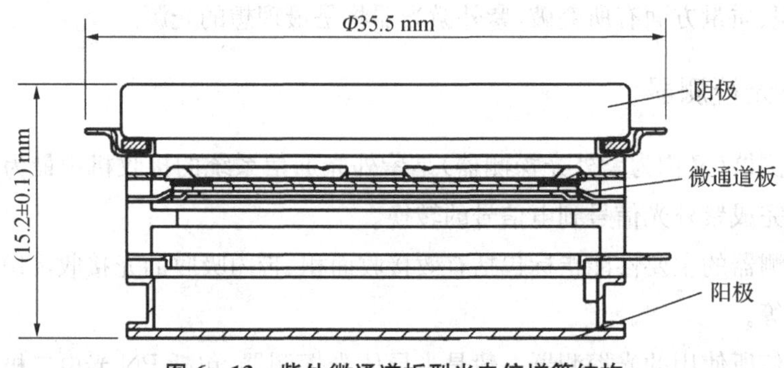

图 6-13　紫外微通道板型光电倍增管结构

目前，国外光电倍增管的研制和生产厂商主要有日本 Hamamatsu(滨松)、英国 ET 公司、俄罗斯 BINP 研究所等。其中，日本滨松公司生产的紫外微通道板型光电倍增管的代表型号有 R5916U-53、R3809U-53，光阴极尺寸为 f10 mm，光阴极材料为 Cs_2Te，倍增结构为两片微通道板，阴极辐射灵敏度为 30 mA/W@250nm，增益为 2×10^5，上升时间为 0.18 ns 左右。

6.2.4　调制和紫外光通信系统

无线光通信由于信道衰减大、干扰多，因此一般采用数字信号传输。首先将直流光信号在发射端调制为脉冲信号，然后在脉冲信号上进行数据调制。

目前主流的光信号数据调制格式包括幅度调制(AM 或 OOK 方式)及相位调制(PM)。根据紫外光通信发射光功率和接收光功率都比较小的特点，相位调制信号的接收信噪比较高、抗干扰能力较强。此外，脉冲位置调制(PPM)也是一种常见的调制方式，其原理是将信号信息利用周期内不同时隙位置来表示。

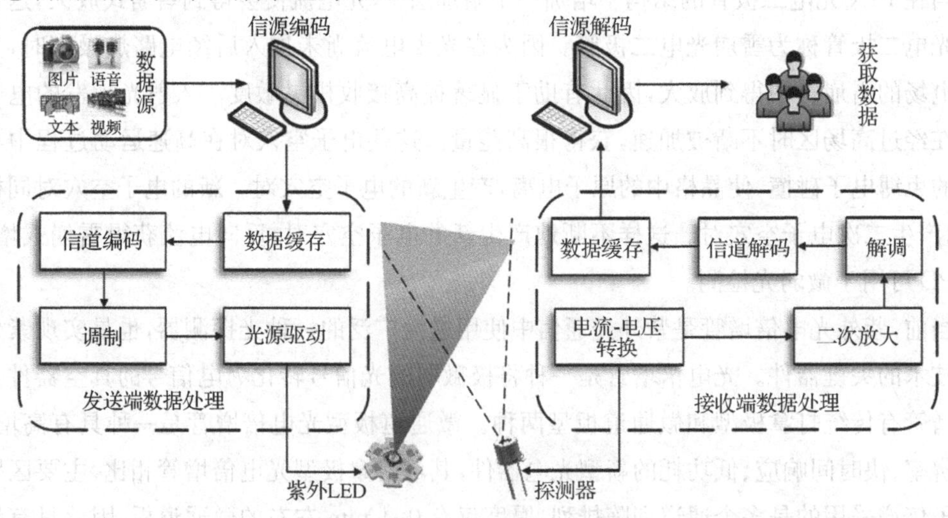

图 6-14　紫外光通信系统框图

目前，以紫外 LED 为代表的紫外光源直接调制（内调制）带宽较窄，信号速率一般被限制在几百千赫，而使用紫外光波段外调制器的系统还鲜见报道。

紫外光通信系统的一般组成如图 6 - 14 所示。整个紫外通信系统可分为发送数据处理和接收数据处理两大部分。发送端由数据缓存、信道编码、调制、光源驱动这些功能模块和紫外光源组成；接收端则由电流-电压转换、二次放大、解调、信道解码等功能模块及紫外光探测器组成。

6.2.5　紫外光通信技术研究进展和应用

1）国外研究情况

1939 年，美国开始研究紫外光源、探测器和滤光片的性能。

1960 年，美国海军开始在无线紫外光通信方面进行相关研究。

1965 年，Koller 对紫外光的辐射特性进行了研究。

1968 年，麻省理工学院的学术论文中首次具体描述了实现紫外光通信的可靠方案，研究了 26 km 范围内的无线紫外光通信大气散射链路模型，实验光源采用大功率氙灯，光电探测器采用能进行微弱探测的光电倍增管。不久，Reilly 研究了波长在 200～300 nm 范围内的紫外光大气散射模型。

1976 年，普林斯顿大学的 Fishburne 等人选择汞弧光灯作为紫外光源，成功实现了速率为 40 kHz 的非视距通信。

1984 年，James B. Abshire 首次选用雪崩光电二极管作为紫外探测器进行紫外光通信研究，并对其误码率进行了测试。

1985 年，美国海军海洋系统中心的 Geller 等研究人员研制了一套日盲区紫外光短距离通信系统。该系统可在 LOS 和 NLOS 两种方式下进行通信，通信速率为1.2 kb/s。次年，研究组将通信速率提高到 2.4 kb/s，误码率小于 10^{-5}，在均匀臭氧浓度下，LOS 通信最远距离为 3 km，而 NLOS 通信最远距离只能达到 1 km。在正常条件下通信，该系统的通信距离可达 0.75 km，正常工作时间为一年左右。

1994 年，B. Charles 首次利用紫外激光器作为通信光源成功实现了数据传输，但通信速率较低。

2001 年，美国通用电话电子公司（GTE）为美军研制了一种实用的新型隐蔽式紫外光通信系统并已应用于部队。该系统的通信速率提高到 4.8 kb/s，误码率为 10^{-6}，LOS 通信距离可达 10 km，NLOS 通信距离为 1～3 km。

2002 年，美国国防部开始研发紫外 LED 及紫外 LED 阵列等半导体紫外光源。其目标是降低传统紫外光源的功耗并减小光源体积。最后，成功研发出功率低至 1.3 mW 的紫外 LED，其主要辐射波长为 276 nm。

2003 年，美国林肯实验室（Lincoln Laboratory）的 Gary. A. Shaw 等人试验了以紫外光

为传输载体的传感器网络。

2004 年，英国 BAE 系统公司基于无线日盲区紫外光非视距通信组建了无人值守地面传感器网络，在几百米的通信距离范围内，通信速率为几百千比特每秒，误码率小于 10^{-7}。

2004 年，美国林肯实验室利用 240 个紫外 LED 阵列作为辐射光源，在 100 m 距离内成功进行了速率为 2.4 kb/s 的数据传输。

2006 年，以色列本固里安大学探讨了紫外光通信系统组网方案，包括无线传感器网络和自组织网络，同时对紫外链路模型进行了研究，并分析了不同接收信噪比下的网络节点数量，分别进行了不同接收视场角下的紫外通信距离仿真、不同距离下的接收光功率仿真以及不同发射功率不同带宽下的误码率仿真。2009 年，他们研究了波长分别为 520 nm 和 270 nm的水下紫外光通信，在比较清洁的海水中，在误码率低于 10^{-4} 且通信速率为 100 Mb/s 的条件下，两个紫外波段分别实现了通信距离为 170 m 和 10 m 的通信。该系统采用 SiPM 探测器阵列和 UVLED 阵列。

2009 年，加利福尼亚大学详细研究了非直视紫外光信道传输特征，分析了发射机仰角与接收机仰角对紫外光通信误码率和数据传输率的影响，并对不同光电探测器 APD 和 PMT 作出了性能分析；比较了不同调制方式对接收误码率的影响；建立了紫外光单次散射模型和基于蒙特卡洛方法的紫外光多次散射模型，认为多次散射模型相比单次散射模型具有更好的仿真紫外光信道，并基于此分析了不同模型的脉冲响应。

2009 年，美国军方对外公布，在紫外光通信领域进行的研发已接近完成。

2010 年，美国加利福尼亚大学的徐正元团队研究了室外无线紫外光通信网络的接入协议。同年，该团队还建立了一个窄脉冲展宽实验平台，发射机采用一种紧凑型 Q 开关和四倍频的 Nd:YAG 激光器，波长为 266 nm，外接一个 10 Hz 的矩形脉冲信号发生器，产生相应的 10 Hz 激光脉冲序列；每个脉冲宽度为 3～5 ns，能量为 3～5 mJ；接收端探测器采用 APD 和 PMT，探测器后面接一个高增益的前置放大器。在通信距离为 100 m 时，测试了不同发射视场角和不同接收视场角下的非直视信道脉冲响应，从而对脉冲展宽进行实验验证，通过与仿真结果对比发现两者较吻合。

2011 年，加拿大麦克马斯特大学把单一的散射模型延伸到任意几何形状，提出了 ISI 信道模型，分别检测光子到达的数量和时间来研究两种信号检测方法的区别，并在 2015 年研究了基于单一散射模型的 100 m 多接收通信系统的性能。

2011 年，希腊雅典大学的 Vavoulas 等人仿真分析了无线紫外光多跳网络中孤立节点的概率，同时分析了无线紫外光网络的连通性问题。

2012 年，加拿大麦克马斯特大学的 Kashani 等人研究了基于 LED 的无线通信中串行链路和并行链路中继的优化位置，分析了中继链路数和信道参数的差异对系统性能的影响。

2013 年，美国弗吉尼亚大学的 Noshad 等人采用 M 阵列的光谱幅度编码方法研究了无线紫外光非直视通信，接收端采用双光电倍增管，研究了数据速率和通信距离的关系。

2013年，美国陆军研究实验室建立了深紫外辐射大气传输的复杂模型，考虑任何顺序和范围的散射，推导出了路径损耗与距离和散射次序的关系，调查了该模型对各个地区的适用性。

2014年，美国加利福尼亚大学用实验数据和理论模型描述了长距离非视距UV通信信道，分析了距离达到4 km时路径损耗和脉冲展宽效应的实验测量结果，实验数据和蒙特卡洛多次散射模型信道的对比证明了理论模型的正确性。

2015年，土耳其奥兹耶金大学提出了在非视距紫外通信大气湍流下信道的数学模型，假设通信链路中包含两条以对数正态分布衰减的视距路径，得到了包括衰减的湍流概率方程的近似表达式。

此外，英国BAE系统公司在紫外光非直视通信模型中进行了大量理论研究。日本在紫外光源器件领域的研究处于领先水平，研发了具有超大功率的紫外LED。

2）国内研究情况

国内紫外光通信相关领域的研究相比国外起步较晚，且从事此领域开发研究的科研机构明显少于国外。鉴于紫外光通信在军事领域应用的重要性，对其进行研究已不容忽视。

国内研究此领域的科研院所主要有国防科技大学、北京理工大学、北京邮电大学、西安理工大学、中国科学院空间科学与应用研究中心、重庆大学、长春理工大学、中国科学院上海光学精密机械研究所、电子科技大学和中国电子科技集团公司第三十四研究所等。

1998年，北京理工大学开始对紫外光通信进行理论研究，利用蒙特卡洛模型研究了日盲波段紫外光的传输特性。同时，研究人员还成功利用低压汞蒸气灯作为光源，在短距离内进行了速率约为2 kb/s的语音传输。

1999年，北京理工大学以低压充气汞灯为发射光源，实现了无线紫外光非直视通信。实验表明，通信距离在500 m之内的通信效果良好。

2002年开始，中国科学院空间科学与应用研究中心便一直致力于紫外光通信的理论研究，主要在紫外光的大气传输模型、光源的选择、通信差错纠错方式以及调制方式的选择方面进行了大量分析研究。

2003年，国防科技大学利用频率加载技术，克服了紫外光通信中信息调制和光源激发分离的缺陷，成功完成波特率为9.6 kb/s的高速调制。之后几年，通过对紫外光源的深入研究，研发出一套以低压汞灯为光源的紫外光短距离语音通信系统。此外，他们完成了多次散射、非视距紫外光通信大气传输特性的模拟，还通过实验对不同大气环境下紫外光对系统能量透射比的影响进行了深入研究。

2005年，国防科学技术大学以低压碘灯为发射光源，研制了一套可在通信距离8 m内实现语音和高速率通信，通信速率为48 kb/s的无线紫外光非直视通信系统实验样机。因汞灯功率有限，仅在室内成功进行了语音通信。

2007年，重庆大学研制出了无线紫外光通信系统，其通信距离达到了50 m，通信速率达到了 1200 b/s。

2008 年，重庆大学进一步深入开展紫外光通信理论分析，在后期与重庆通信学院合作成功制作出紫外光通信实验样机。实验紫外光源为低压汞蒸气灯，在 200 m 的通信范围内进行了频率为 9.6 kb/s 的数据传输且系统误码率低于 10^{-5}。

2010 年，重庆大学对上述样机进行了改进，利用基于 FPGA（现场可编程门阵列）的调制方法，用功率为 16 W 的紫外杀菌灯代替了低压汞蒸汽灯，成功在 100 m 距离内实现了语音数据传输。实验中数据传输速率仍为 9.6 kb/s，误码率低至 10^{-6}。

2010 年，北京邮电大学把 Luettgen 的单一散射模型扩展到任意几何模型，研究了基于单一散射模型的湍流影响，提出了在窄波束角和窄视场情况下构建单一散射模型的方法，分析了在单一散射模型和蒙特卡洛传输模型下的通信性能，模拟了多接收情况下的路径损耗。此外，搭建了一个短距离 NLOS 紫外光通信平台，并通过此平台测试路径损耗、比特率、误码率和通信距离之间的关系。

2011 年，西安理工大学以紫外 LED 为光源，实现了点到点语音和图像通信。同年，国防科学技术大学研究了障碍物对无线紫外光非直视通信链路的影响。

2012 年，重庆大学提出一种基于偏振和强度特征的紫外光通信系统和通信方法。

2012 年，北京邮电大学研究了随着紫外光通信距离的增加，大气湍流对通信的影响。提出了考虑闪烁衰减的湍流模型，推导了接收光功率的边缘概率密度函数，分析了紫外光通信系统的信噪比和误码率，证明了湍流导致性能巨大退化是由于闪烁衰减。

2012 年，北京邮电大学团队将分集接收技术应用在无线紫外光通信系统中，为提高系统的信道容量、传输速率和传输距离提供了新的有效方法。2013 年，该团队建立了蒙特卡洛仿真模型，用来分析非视距多用户干扰的紫外光通信系统性能。仿真结果给紫外光通信系统的功率、比特率和干扰源位置的设置提供了改进指南，通过实验达到了良好的效果。

2013 年，重庆通信学院研究了基于多输入多输出和空时编码技术的无线紫外光通信系统模型，使无线紫外光通信系统的传输性能得到了提高。

2014 年，海军航空工程学院基于闪烁衰减修改了紫外光单散射近似模型的大气消光系数来改进湍流环境中的信道模型（基于弱湍流理论）。

2015 年，清华大学通过烟和雾两种气溶胶的密度和尺寸来研究紫外光通信信道的路径损耗，基于多次散射模型修改了蒙特卡洛模型，并用拟合函数代替米氏理论的复杂计算来获得气溶胶的大气系数和相位函数。通过仿真，总结了当给定高度角时，通信链路损耗与通信距离、气溶胶的密度和大小有关，并详细地给出了它们之间的关系模型。

2015 年，清华大学分析了紫外光通信中 DPIM（数字脉冲间隔调制）、DHPIM（双头脉冲间隔调制）、OOK 等调制方式下的误包率（几种不同调制方式的误包率是在不同的散射信道中进行比较的）。通过仿真给出了一个精确的阈值方程，并通过功率、速率等其他系统参数根据阈值方程来减少数据的误包率。

3) 紫外光通信的军事应用模式与发展方向

作为一种新型通信方式和组网手段,紫外光通信及组网在军事领域有着广泛的应用价值,在机械化部队运动中的作战通信,坦克、炮兵和导弹部队的保密通信,特种作战小分队、直升机小分队和海军舰队的秘密集结、隐蔽航渡、舰船进港导引、航母机群起降、战地指挥所内部间的通信等方面均有重要应用。

(1) 海军应用

美国、俄罗斯等海军强国早已将紫外光通信应用于舰艇通信多年,且技术成熟。美国海军已研制出应用于舰艇和舰载直升机的紫外光通信系统,为舰船和直升机之间提供通信。此外,他们还将紫外光通信应用于航空母舰和舰载机之间的甲板通信,以及海军舰队秘密集结、隐蔽航渡、舰船进港导引、航母机群起降导引、对潜通信等方面。

紫外光通信在海军方面的可能应用包括:

① 代替旗语和灯语:目前舰艇所使用的旗语和灯语通信具有信息容量小、通信速率慢、误码率高、自动化程度低、恶劣环境下无法工作等缺点。紫外光通信可克服以上缺点,工作于各种恶劣环境下,且夜晚相比白天工作距离更远。

② 紫外夜视系统:通过结合紫外光通信系统,在战舰补给中采用紫外夜视系统,可实现无灯光保密作业。采用紫外光通信还可实现无线电静默。

③ 海军舰艇编队内保密通信:当舰队必须保持无线电静默时,可用紫外光通信系统提供舰船之间的近距离通信和组网,例如,舰艇编队内部的舰-舰战术协同通信、报文和话音业务;单舰或舰艇编队通过沿海观通站或雷达站,需要战术情报或警报告知时的报文、话音通信及机要报文转发;单舰或舰艇编队进出港,需与本军信号台联络等场合。

④ 舰载飞机导引系统:紫外光通信可用于改进舰载飞机的惯性导航系统。紫外光发射机安装在航母舰桥上,以水平方式向甲板辐射紫外光信号,每架飞机上装有一台小型轻便接收机,面朝天空安装,以收集散射在大气层中的脉冲编码惯性导航数据。这样飞机便可自由移动,并能同时收发数据。

⑤ 紫外敌我识别系统:可采用日盲区紫外光源作为发射源,前面加滤光片滤除可见光,并可连续发射敌我识别码,由于紫外光的强烈衰减特性,故不会有暴露可能。

⑥ 其他:紫外告警系统、航母舰内部保密通信、海军两栖作战部队通信等。

(2) 陆军应用

紫外光通信有望应用于机械化部队运动中的作战通信,坦克、炮兵和导弹部队的保密通信,特种作战小分队、战地指挥所内部间的通信等方面。

传统通信方式中电缆或基站一旦被摧毁将会导致通信彻底中断,而紫外光通信中紫外光信号在战场上难以被侦测,成为攻击目标的可能性小,并且即使被破坏,由于其机动性强,可使用设备备份,快速抢通战时通信系统。

在紫外光通信过程中,发射机以某一方向和一定发射功率向通信范围内不断发射紫外光载波信号。对于地形复杂的地区,可采用非视距通信方式来克服建筑物、树木等障碍物的影响。在接收端,接收机在有效范围内可方便地接收信号,同时还可自由移动并保持良好通信。

在城区或地形复杂区域巡逻的小分队,若视距通信无法实现,也可采用紫外光通信传递秘密信息,以协调地面行动。

(3) 空军应用

紫外光通信系统可应用于超低空飞行的直升机小队进行不间断的内部安全通信。使用该系统的每架飞机均装备有一套收发系统,发射机以水平方向辐射光信号,接收机则面朝天空安装,以收集散射到其视野区内的紫外光信号,从而使全小队的电机均可收到信号。同时,该系统还可用于与地面部队通信,直升机驾驶员可向地勤人员传送话音或数据。

总之,在要求无线电静默和复杂电磁环境下,紫外光通信和组网是一种重要的保障通信手段,在形成移动作战小组间的局域通信能力方面,它具有无线电通信和红外视距通信所不可替代并与之互补的独特优势。通过发挥紫外光通信及其网络的抗干扰能力强、保密性能好、可全向收发、可跨越障碍物等技术优势,可实现自组织网络移动式通信,克服传统有线或无线通信需铺设电缆和基站的缺点,达到跟随部队快速机动,适应战场环境的目的。

(4) 紫外光通信在军事领域的发展方向

① 基于短距离通信的便携式高速紫外光通信设备,可主要供单兵便携使用或在装甲车上使用,该设备要求体积小、重量轻、功耗低、便于携带。

② 基于较长距离的紫外光通信系统,其采用先进的大功率紫外光源及大视场范围紫外接收系统,使紫外光通信设备向长距离的方向发展,应用范围更广,可被安装于通信车、飞机或舰艇上使用。

6.3 紫外光通信网络

由于紫外光基于大气散射实现非视距通信,存在较大的能量损失,因此一般通信距离较短。为了进一步扩展紫外光通信范围,可基于多个紫外光通信终端节点构建紫外光通信网络。紫外光通信接入协议和组网方法,是构建紫外光通信网络的关键技术之一。

现有无线电自组网已有多种成熟接入方法和协议,可供无线光通信组网参考和借鉴[49]。例如,根据无线信道共享方式的不同,有固定接入、无竞争型接入、随机型接入和预约型接入等多种方法和协议类型;根据网络信道接入数目,又有单信道协议和多信道协议等。这些接入方法和协议基于不同的设计目的而使用了不同的复用技术,在一定程度上解决了不同环境下无线电自组网的接入问题。

然而,紫外光通信在距离、带宽、信道数量、散射传播特性等方面不同于无线电通信,因而不能照搬无线电自组网的接入方法和协议,需研究与紫外光通信相匹配的新的有效接入方法和协议。

紫外光通信网络基于竞争共享信道，且一般为单波长信道。如采用同步时分复用(TDM)机制，则随着节点数目增加，排队等待时延、链路利用率以及吞吐量等网络性能严重恶化。因此，传统的固定接入 TDM 机制难以满足局部区域多个网络节点的组网需求。如采用异步随机接入机制，则需考虑多节点竞争接入时的碰撞冲突问题。所引入的碰撞检测、冲突避免和退避策略等处理过程，增加了组网的复杂性，也将额外消耗紫外光通信有限的带宽资源。可见，异步随机接入机制也不适用于带宽资源相对紧缺的紫外光通信。

因此，理想的紫外光通信网络接入协议应同时具备两种机制的优点，既能实现接入稳定，又能随机接入，且能克服其固有缺陷，减小或消除因竞争接入冲突而带来的网络性能损失。

下面，简要介绍三种新的紫外光通信的有效组网方法，这些组网机制可以有效减少甚至消除随机竞争带来的冲突损失。

6.3.1　一种用于紫外光通信网络的无损竞争接入方法

本节介绍一种用于紫外光通信网络的无损竞争接入方法。该方法基于无损竞争接入机理，将物理层光叠加后有光和无光的"与"逻辑运用于节点接入检测，可有效减小或消除节点竞争接入的性能损失，协议设计和实现的复杂度也大大降低。基于前两节对紫外光通信网络的物理性能分析，可进一步提高物理信道利用率，

当网络中节点不是过多时，通过调整收发仰角、发送功率和传输速率，可以使所有的独立紫外光通信终端节点都处于其有效通信半径内，即此时暂不考虑超出通信范围的长距离节点信息转发。

采用该新型无损竞争接入方法的紫外光通信网络状态如图 6-15 所示。

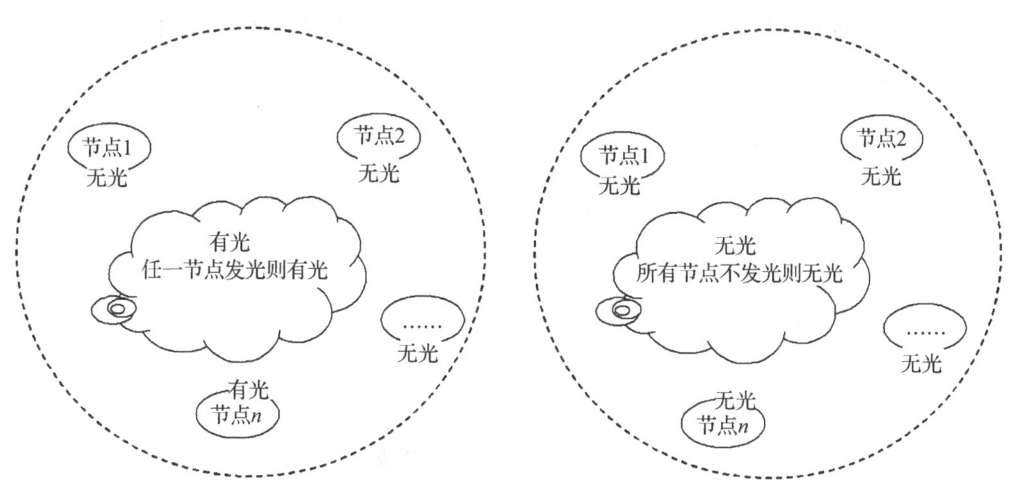

图 6-15　紫外光通信网络状态示意图

基于该方法的光叠加机理，同时引入基于优先级的节点 ID 仲裁机制，通过相应协议流程设计，可为解决紫外光通信网络中多个终端节点竞争接入时的碰撞冲突问题提供一种简

单可靠的方法。下面具体介绍该无损竞争接入方法的工作机理。

紫外光通信光源采用 OOK 或强度调制方式，即用发光表示信号“0”比特，用不发光表示信号“1”比特（设定为发光和不发光两种状态，分别定义为显性和隐性状态）。局域空间中，任何一个紫外光通信终端节点需传输信息时，均表现为独立发光或不发光。

如图 6-15 所示，当 n 个紫外光通信终端节点组网时，在紫外光通信范围内（简单起见，该方法主要考虑网络节点均在有效通信半径内，暂不考虑信道衰减或超出有效通信范围后所需的节点信息转发等复杂情况），信道中的光信号基于光的叠加原理，存在以下光的“与”和“或”逻辑：

① 在 n 个节点中，只要有一个节点发光，则在通信范围内的所有节点均能检测判断空间信道状态为有光信号。

② 在 n 个节点中，只有当所有的节点均不发光时，在通信范围内的所有节点才能检测判断信道状态为无信号光。

因此，当高优先级通信终端节点发送信息为“0”比特时（发光），其他需接入的低优先级竞争终端节点无论发送“0”或“1”比特（发光或不发光），均不会对原有终端节点产生影响。此时，多个终端节点的接入虽然存在竞争，但不会引起冲突损失。最终，高优先级的终端节点将竞争胜出。

设计紫外光通信网络节点间通信的一般帧结构如图 6-16 所示，该帧结构包括帧头、仲裁段（包括帧节点 ID）、控制段、数据段以及帧尾等部分。帧头和帧尾部分用于表示帧数据的开始和结束，帧尾部分还加入 CRC 设计，以实现数据差错检测；控制段部分主要用于通信双方协商和状态控制，包含相应的网络管理字节；数据段部分主要是通信双方交互的通信数据；包括帧节点 ID 在内的仲裁段是本接入方法的帧结构设计的关键部分，用于解决多节点的竞争接入问题。

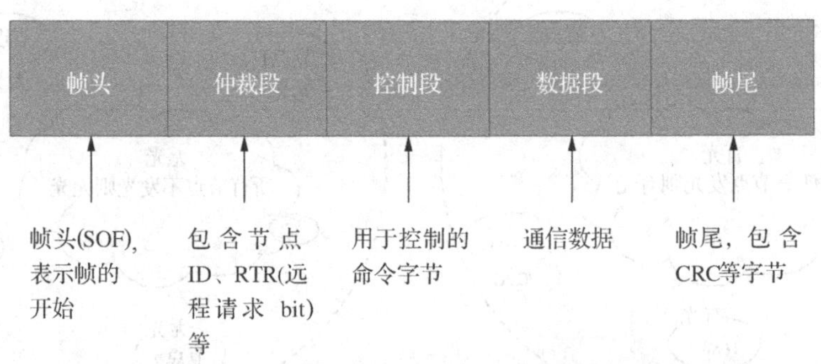

图 6-16 紫外光通信网络协议帧结构示意图

多节点的无冲突竞争的详细过程如图 6-17 所示。假设节点 A、B、C 都需要接入信道，发送如图 6-16 所示格式的数据帧，它们竞争总线的过程为：节点 B 的 ID 的第 5 位为隐性（不发光，“1”比特），节点 A、C 的则为显性（发光，“0”比特），总线光状态为显性，节点 B 退出总线竞争；依次类推，节点 C 的 ID 的第 3 位为隐性，节点 A 的则为显性，总线光状态为显性，节点 C 退出总线竞争。

由此，节点 A 在三个节点的竞争接入中胜出。在该竞争中，所有节点无需特意避免冲突和退避，即虽然存在竞争但不会引起冲突，从而大大简化了节点竞争接入过程。

这种非破坏性仲裁位方法最大的优势在于，在网络最终确定哪个节点被传送前，报文的起始部分已经在网络中传输了，因此具有高优先级的终端节点的数据没有任何延时。在获得总线控制权的节点发送数据的过程中，其他节点成为报文的接收节点，并且不会在总线再次空闲之前发送报文。

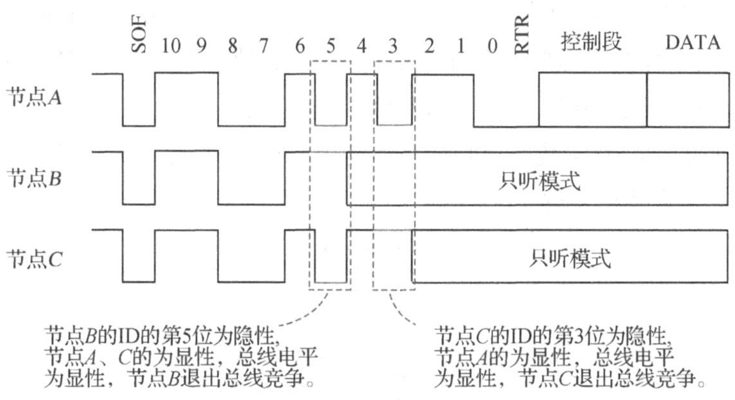

图 6－17　紫外光通信网络无冲突竞争接入过程

以上协议能够正常运行且能实现虽有竞争而无冲突损失的结果，还依赖于以下几个约定：

① 紫外光通信网络的所有节点在进行数据通信前需要竞争信道资源；

② 所有节点在传输数据前(即竞争成功前)均处于信道监听状态；

③ 当前非通信节点(即竞争失败节点)将持续监听当前通信节点(即竞争成功节点)的整个数据传输过程；当前通信节点(即竞争成功节点)一结束数据通信过程，将马上重新进入信道监听状态；

④ 网络中的所有节点具有唯一的 ID，该 ID 具有优先级，其数值越小，优先级越高；

⑤ 合理选择接收探测器，确保 n 个独立光源发光或不发光的总光功率处于每个紫外光通信终端的探测器的光接收动态范围内。

下面依据上述光叠加逻辑和竞争接入基本机理，以四个节点的紫外光通信网络为例来说明应用无损竞争接入方法后的典型通信过程。

如图 6－18 所示，假设节点 A 需要竞争接入信道，实现与另一个节点 D 的通信，具体通信过程为：

步骤 1：紫外光通信网络中的所有节点 A、B、C、D 初始时均处于信道监听状态。

步骤 2：所有需接入信道进行数据传输的节点在监听到信道空闲时，直接启动如图 6－16 所示格式的帧数据发送过程。

步骤 3:如有多个节点同时检测到信道空闲而启动数据帧发送过程,则信道接入存在竞争。此时,依据图 6-17 所示的接入竞争机制,高优先级的节点最终将竞争胜出。在本例中,所有节点均检测到信道空闲,由于节点 A 的优先级高于其他节点,节点 A 在三个节点的竞争接入中胜出。

步骤 4:竞争胜利节点 A 开始传输后续的控制帧或数据帧,节点 D 一直处于监听接收状态,直至传输完成。

步骤 5:竞争失败节点 B 和 C 中止当前数据传输竞争(只听模式),在竞争成功的通信节点传输数据的过程中,继续处于信道监听状态,以待高优先级节点通信完成。即当前非通信节点(竞争失败节点)将持续监听当前通信节点(竞争成功节点)的整个数据传输过程,如监听到当前通信已完成,则重新进入步骤 2,开始新一轮竞争。

步骤 6:当前通信节点(即竞争成功的高优先级节点)一旦完成数据传输过程,立即重新进入信道监听状态,即返回步骤 1。

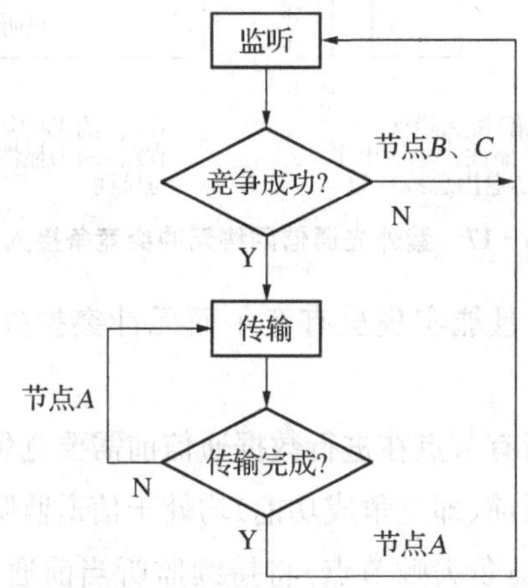

图 6-18　紫外光通信网络节点通信过程状态图

通过以上无损竞争接入方法,可有效解决多节点竞争接入紫外光通信信道时的资源分配问题,从而提高信道资源利用率。

6.3.2　一种基于比特同传的紫外光通信实时协作组网方法

在紫外光通信多节点网络应用场景中,当节点运动区域较广,不是所有节点都可以直接通信时,各节点之间需实现时钟同步,在此基础上可通过时分多址的方式实现各节点互连以及信息的互传;同时,可通过协作通信方式[33]来进一步扩展网络通信范围。本节以四节点网络为例,介绍一种基于比特同传的紫外光通信实时协作组网方法。

该紫外光通信实时协作组网方法如图 6-19 所示,其基本工作原理可描述为:将紫外光通信的每一个数据比特的时隙分成 n 个时间间隔(n 可根据不同应用确定)。当源节点 a 发送数据“1”时,则源节点 a 会发送紫外光。此时,节点 b 和 c 由于处在节点 a 的覆盖区域 A

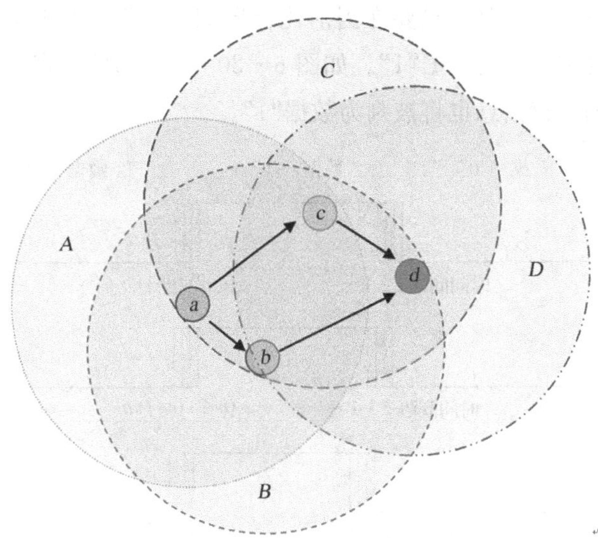

图 6－19　紫外光通信四节点网络示意图

中，我们可以规定只要在连续 3 个时间间隔内收到紫外光信号，则当前比特信息会在节点 b 和 c 处被判决为数据“1”。同时，节点 b 和 c 还将在当前比特时隙的剩余时间内也发送紫外光信号，以达到帮助节点 a 传播当前数据信息的目的。这样，对于处于节点 c 的覆盖区域 C 和节点 b 的覆盖范围 B 之中的节点 d，就可以实现与节点 a 的通信。

结合如图 6－19 所示的四节点网络示意图，设节点 a 为源节点，节点 b 和 c 为中间节点，节点 d 为目的节点。当节点 a 通过媒质接入机制获得信道使用权后，开始发送数据包，数据从源节点 a 发出至目的节点 d 接收的工作过程为：

将紫外光通信网络的每一个数据比特的时隙分成 n 个时间间隔（n 可根据不同应用确定，这里 $n=100$）。

当源节点 a 发送数据“0”时，网络内没有光信号传输；当源节点 a 发送数据“1”时，则源节点 a 会发送紫外光。

详细工作过程描述如下：

步骤 1，当节点 a 发送数据时，其通信覆盖范围为区域 A，因此，节点 b 和节点 c 处于区域 A 之中，按照距离远近，这两个节点会先后接收到节点 a 发出的数据。此时，节点 b 和 c 由于处在节点 a 的覆盖区域 A 中，只要在当前比特周期的连续 3 个时间间隔内收到紫外光信号，则当前比特信息会在节点 b 和 c 处被判决为数据“1”。

步骤 2，在节点 b 和 c 收到数据比特的同时，节点 b 和 c 还将在当前比特时隙的剩余时间内也发送紫外光信号，这样可以帮助节点 a 传播当前数据比特信息。

步骤 3，对于处于区域 A 之外的目的节点 d，由于其处于节点 c 的覆盖区域 C 和节点 b 的覆盖范围 B 之中，因此当节点 c 和节点 b 转发源节点的当前数据比特时，节点 d 也接收到当前传输的数据比特。只不过由于存在中间节点转发的处理延迟，节点 d 在收到当前数据比特的时间上会有所滞后。同样,只要在当前比特周期的连续 3 个时间间隔内收到紫外光信号,则当前比特信息被判决为数据“1”。如图 6-20 所示,即使节点 d 是在最后 3 个时隙收到紫外光信号,当前比特信息也将被判为数据“1”。

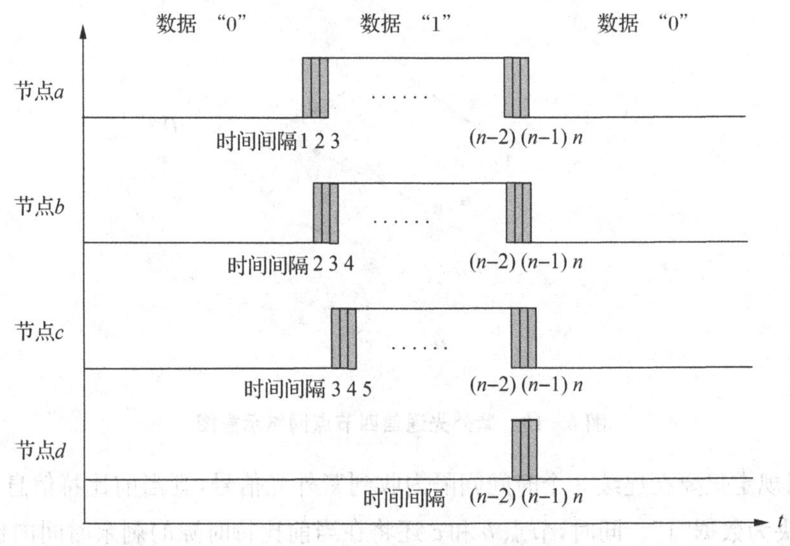

图 6-20　各节点接收信号时序图

6.3.3　一种基于随机接入同步通信方式的紫外光组网方法

异步通信中存在信道不被任何节点占用的空闲状态,以便于多个节点以总线的方式构成随机接入网。信道在空闲状态时,节点丢失了感知信道状态的信息。对于紫外无线光通信,尤其是在快速移动的节点之间,信道状态变化剧烈,反映在接收信号上就是信号幅度起伏动态范围大、背景噪声水平范围宽、相位变化速度快。这使得异步通信方式不适合移动的紫外无线光通信。同步通信方式中,发送者处于持续地接入信道的状态,利于接收者实时感知信道状态变化以进行自适应调整判决。不过,同步通信不利于节点的随机接入,不便于构成随机接入网。

一种用于紫外光通信网络的随机接入同步通信的组网方法综合利用同步通信和异步通信的优点,在同步通信中引入了固定时长的空闲状态,利用无线光信道的“线与”逻辑设计了无损竞争的随机接入方式,可实现紫外无线光网络的可靠、有效连接。

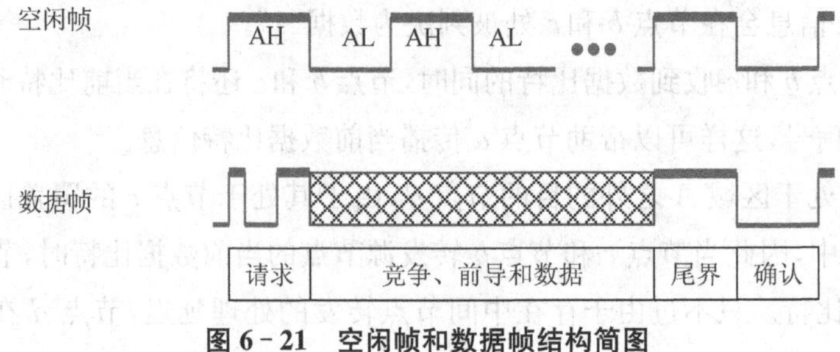

图 6-21　空闲帧和数据帧结构简图

如图 6－21 所示，该方法设计了空闲帧和数据帧两种帧结构，空闲帧的设计保证了通信方式为同步方式，空闲帧与数据帧的切换规则实现了数据的随机接入。下面简要介绍该方法的基本工作原理。

发光状态表示 L(即数字 0)，不发光状态表示 H(数字 1)。当网内有多个节点同时接入时，网络空间表现为具有“线与”功能的光总线。即只要有一个节点发光，则总线表现为发光状态 L；所有节点都不发光，则总线表现为不发光状态 H。这种“线与”的信道逻辑是实现无损竞争的前提。

紫外光通信网络的通信基本单位称为单元，每个单元由 10 bit 组成。全 0 的单元记作 AL，全 1 的单元记作 AH。

总线通信采用同步通信方式，通信的帧结构分为空闲帧和数据帧两类。空闲帧由 AH 和 AL 两个单元组成。数据帧由请求、竞争、前导、数据、尾界和确认 6 个字段组成。请求单元在内容上不同于 AH 单元，用以区分是空闲帧还是数据帧的起始。数据帧的结尾和确认两个字段合在一起与空闲帧近似，连续两个数据帧之间不必插入空闲帧。数据帧的请求单元设计为 1100001111，以显著区别于 AH。

紫外光通信网络的所有节点在无数据发送时共同参与空闲状态发送。空闲状态下，所有节点同时发送空闲帧，并跟踪 H 到 L 的跳变沿以保持时钟同步。

当有节点需要发送数据时，在下一帧起始不再发送 AH 单元，而是改写为请求单元格式。所有节点在收到请求单元时，判定其为数据帧的起始，按照数据帧的规则参与收发。只有一个节点请求发送时，总线不存在冲突，一个节点独占信道完成发送。当同时有多个节点请求发送时，数据帧的竞争字段保证了最终有且仅有一个节点竞争成功，并正确发送一帧数据，信道的传输时间没有被浪费，故称为无损竞争。

如此，在紫外光网络上，通过上述具有无损竞争接入机制的同步通信方式组网通信，既保证了各节点的比特实时同步、对信道光功率的实时监测，增强了数据接收的稳定性，提高了网络节点的可移动性，又实现了数据接入的随机性，提高了信道利用率，增大了网络吞吐量。

具体工作过程描述如下：

当网络内所有节点均无数据发送时，信道为空闲状态，所有节点共同重复发送空闲帧。所有节点跟踪 H 到 L 的跳变沿，并根据跳变沿调整下一比特的相位。因此全网节点都同步于时钟偏快的节点。当某个或某些节点有数据要发送时，通过请求、竞争、传送和确认几个步骤完成数据帧发送。

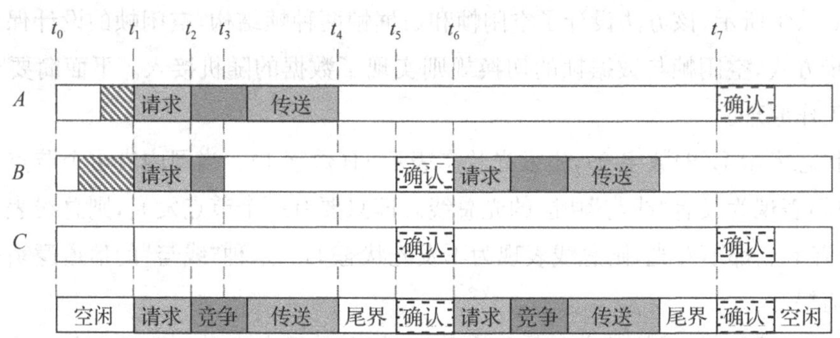

图 6-22　紫外光同步通信网络数据随机接入示意图

结合如图 6-22 所示由 A、B、C 3 个节点组成的网络的示意图，网络由空闲状态转为发送数据的一个可能过程为：

步骤 1，在 t_0时刻之前，3 个节点均空闲，网络表现为空闲状态，3 个节点保持时钟的频率和相位同步。

步骤 2，节点 A 和节点 B 在同一个空闲帧时间片内有数据到达，等待下一帧起始时刻 t_1。

步骤 3，节点 A 和 B 在 t_1时刻同时发送请求单元，节点 C 无数据请求，保持 AH 单元状态。根据"线与"规则，网络总线表现为请求单元状态并被节点 C 正确检测。网络所有节点均判定此单元为数据帧起始单元，在下一单元均停发 AL 单元，改为数据帧规则。

步骤 4，发送请求单元的两个节点 A 和 B 在 t_2时刻同时参与竞争单元的发送，节点 C 保持被动监听状态。

步骤 5，节点 B 在 t_3 时刻根据"线与"规则判定自己竞争失败退出竞争，进入被动监听状态；节点 A 在竞争中胜出，最终完成数据发送到达 t_4时刻，节点 B 和 C 根据数据帧的内容判定 t_4为尾界起始时刻。

步骤 6，节点 B 和 C 校验数据帧完整正确，在 t_5 时刻发送确认单元。节点 A 接收到确认单元判定发送完成，进入空闲状态。

步骤 7，节点 B 在 t_6时刻继续发送曾经在 t_3时刻失败的请求，最终完成数据发送并在 t_7时刻收到节点 A 和 C 的确认，详细过程与步骤 4 到步骤 6 相同。t_7时刻的下一个单元总线重新回到空闲状态。

6.4　紫外光通信网络的 *k*-连通性

紫外光通信网络中，要实现网络中任意节点间信息的可靠传输，网络必须具备连通性，即在网络中不存在孤立的节点或分割的子网络。通常研究的紫外光通信网络基于二维平面，且各网络节点的功率指标、性能参数、通信半径等都相同。因此紫外光通信网络可抽象为平面图 G，即每个通信节点可视为相同节点。

紫外光 *k*-连通网络是指网络中任意节点间至少具有 *k* 条不同的通信链路。网络的 *k*-连通性是一个概率值，表示网络中达到 k 连通的节点比例。对于具备 k-连通性的紫外光网络，即便当网络中有 k-1 条链路失效时，网络中任意一对节点间仍然有可连通的信息传输路径。

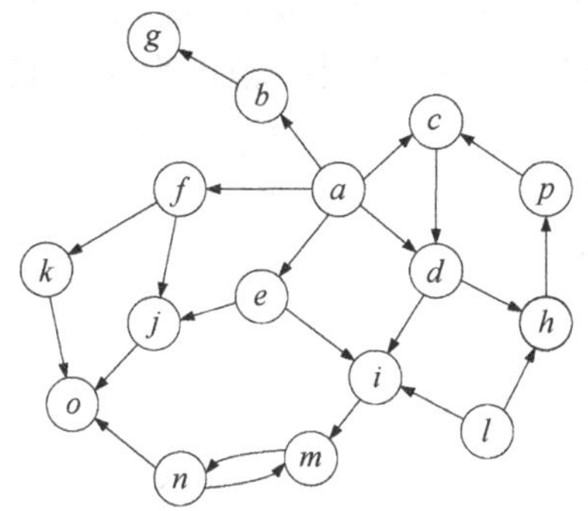

图 6－23　紫外光通信网络平面结构模型

无线紫外光通信网络的特点决定了网络的节点与链路模型，可用如图 6－23 所示的简单平面结构进行模型的描述。该结构模型的特点是各紫外光节点的性能、功能相同，相邻多个节点可同时交互信息，相邻节点的通信距离受紫外光散射最大通信距离约束。源节点和目的节点之间一般存在多条传输路径，可选择最佳传输路径，或者通过多径传输实现网络系统的负载均衡。当某条路径不可用或性能劣化时可选择其他路径进行信息传输，因而该结构模型具有很强的抗毁性和鲁棒性。

网络的连通性是通信节点间能够保持正常通信的前提。紫外光通信网络通常要达到多连通以保证较好的抗毁性。但是要维护多连通网络需要大量的资源，所以一般 k 的值不宜选择过大，应合理选择。基于紫外光通信系统性能与组网应用实际，2-连通网络具有较好的鲁棒性，可以满足实际的应用需求。通常可用 2-连通网络来评估紫外光通信网络的连通性能。本节在三种紫外光网络模型中分析各通信参数对网络的影响后，给出了满足各自的 2-连通网络要求的最佳参数配置。

6.4.1　圆形区域均匀分布条件下的 k-连通性研究

紫外光网络的 k-连通性是通信节点间能够保持正常通信的前提。首先从紫外光网络的简单模型即紫外光节点在圆形区域内均匀分布的情况着手，分析节点密度 ρ、发送功率 P_t 和数据速率 R_b 等通信参数对网络 k-连通性的影响，比较三种非视距工作方式下的区别，并给出 2-连通网络的网络参数配置。

1）连通性推导

在无线紫外光通信网络中，节点度 $d(u)$ 是指与该节点相连接的边的条数，即在其通信范围内的邻居节点数目。孤立节点的节点度为空，通信网络中的最小节点度用 $d_{\min}$ 表示。目前，二维平面网络中的 k-连通性还没有精确的计算方式，实际中常用所有的节点都至少有 k 个相邻节点的概率来近似网络的 k-连通性。

对于具有 n 个节点的网络，当节点数 n 远大于 1 且网络中最小节点度 $d_{\min}$ 为 k 的概率 $P(d_{\min}\geqslant k)$ 接近 1 时，有[50]

$$P(G\text{ is }k\text{-connected})=P(d_{\min}\geqslant k) \tag{6-6}$$

当节点均匀分布在圆形区域时，网络最小节点度为 n_0 的概率计算公式为[51]

$$P(d_{\min}\geqslant n_0)=\left[1-\sum_{N=0}^{n-1}\frac{(\rho\pi r_0^2)^N}{N!}\cdot \mathrm{e}^{-\pi\rho r_0^2}\right]^n \tag{6-7}$$

节点密度 $\rho=n/A$，A 为节点运动区域的面积，r_0 为节点的通信半径。于是紫外光网络 k-连通性为

$$\begin{aligned}P(G\text{ is }k\text{-connected}) &= P(d_{\min}\geqslant k)\\ &=\left[1-\sum_{N=0}^{k-1}\frac{(\rho\pi r_0^2)^N}{N!}\cdot \mathrm{e}^{-\pi\rho r_0^2}\right]^n\end{aligned} \tag{6-8}$$

2) 节点密度

本小节介绍不同接收、发送仰角条件下，节点密度对紫外光网络 k-连通性的影响($k=1$，2)。仿真过程中，发散角 Φ_1 和视场角 Φ_2 分别为 17°和 30°。通过 MATLAB 仿真，得到节点密度与网络连通性的关系如图 6-24 至图 6-26 所示。

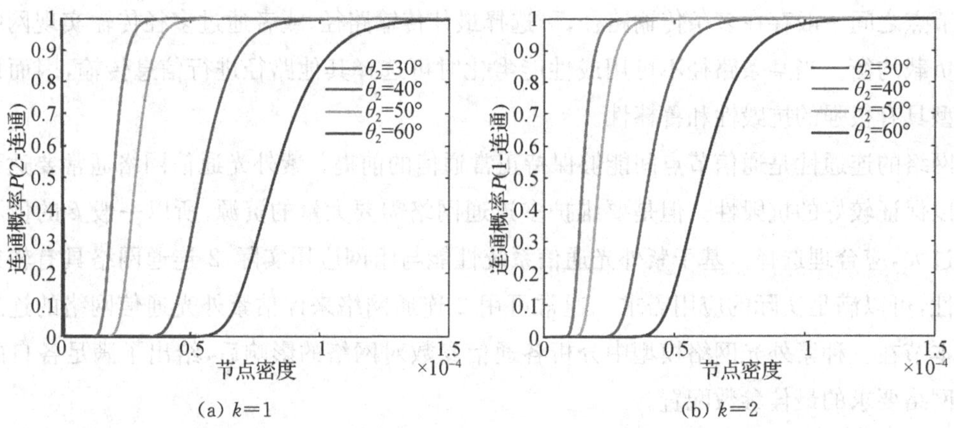

(a) $k=1$　　(b) $k=2$

图 6-24　网络连通性与节点密度的关系[NLOS(c)：$\theta_1=30°$；$\theta_2=30°$，40°，50°，60°]

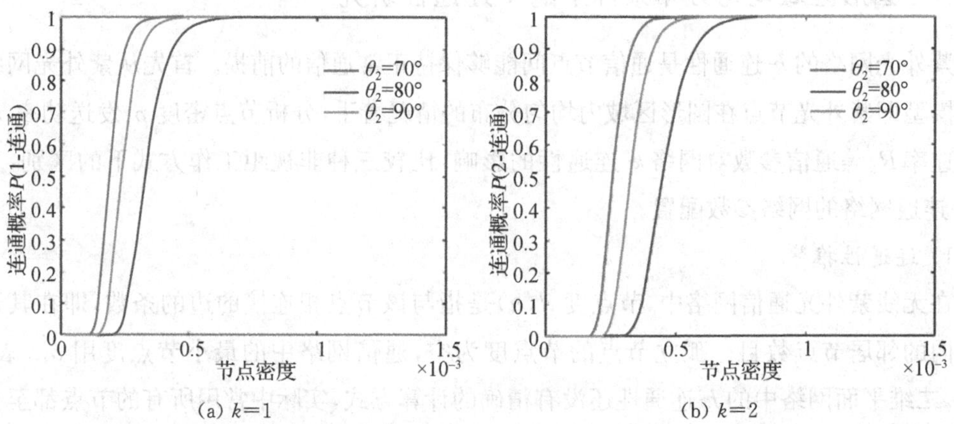

(a) $k=1$　　(b) $k=2$

图 6-25　网络连通性与节点密度的关系[NLOS(c)：$\theta_1=50°$，$\theta_2=70°$，80°；NLOS(b)：$\theta_1=50°$，$\theta_2=90°$]

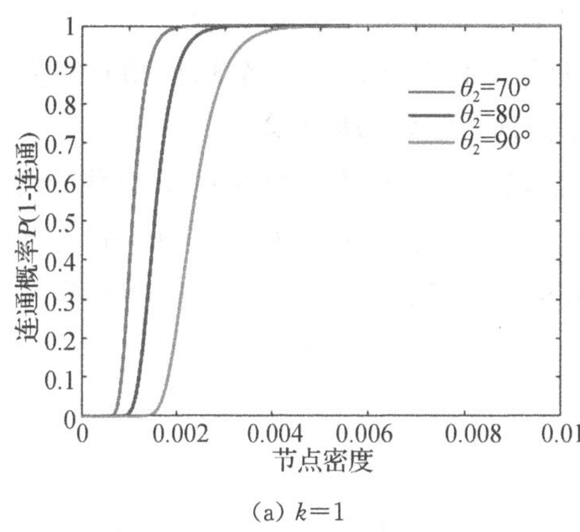

(a) $k=1$

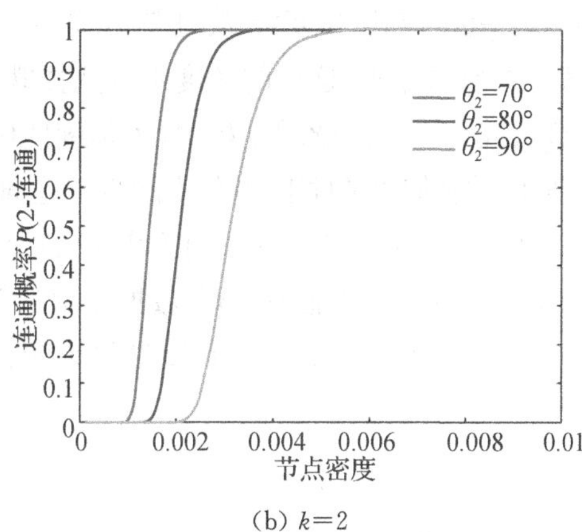

(b) $k=2$

图 6-26　网络连通性与节点密度的关系[NLOS(c): $\theta_1=90°$, $\theta_2=70°$, 80°; NLOS(a): $\theta_1=90°$, $\theta_2=90°$]

通过图 6-24、6-25 和 6-26 的分析可知：

(1) 在发送与接收仰角固定时，紫外光网络的 k-连通性随节点密度的变化趋势大体一致，均随节点密度的增大而增加。所以在一定收发角度条件下，想要获得更高的网络连通性则需要在相应区域内部署更多的紫外光节点。

(2) 对比发现，当发送仰角 θ_1 为固定值、接收仰角 θ_2 为 50°时，连通概率 P(k-连通)随节点密度增长的速度大于 θ_2 为 40°和 60°时的情况，略小于 θ_2 为 30°时的情况。这是由于当接收仰角 θ_2 为 50°时，散射路径中有效散射体的体积较大，保证了较好的通信效果。此种情况下，既保证了较理想的通信半径，也合理利用了紫外光非视距通信的优点。这在下一步的实际组网中，为物理参数的选取提供了理论上的参考。

(3) 在收发仰角均为 90°，即采用 NLOS(a)类通信方式时，通信半径最小。当网络的 2-连通概率 P(2-连通)达到 95%时，节点密度至少需要达到 $4.5\times10^{-3}\ \text{m}^{-2}$，即在半径 1 km 的圆形区域内需要部署 1413 个紫外光节点。若发送仰角 θ_1 选取为 50°，接收仰角不变，则达到同样的连通概率时节点密度为 $2.5\times10^{-4}\ \text{m}^{-2}$，在面积同样大小的圆形区域内需要部署节点数为 785，仅是 NLOS(a)类通信方式的 5.5%。

(4) 横向比较发现，在同类通信工作方式下，要达到相同的连通概率(95%)，2-连通网络所需节点数大于 1-连通网络。以 NLOS(a)为例，2-连通网络所需的节点密度为 $4.5\times10^{-3}\ \text{m}^{-2}$，是 1-连通网络($1.05\times10^{-3}\ \text{m}^{-2}$)的 4.25 倍。

3) 数据速率和发送功率

从收发仰角与通信半径关系的分析中可知，在同一接收仰角情况下，紫外光节点通信半径均随发送仰角的变大而逐渐减小。当接收仰角 θ_2 固定时，在发送仰角 θ_1 为 50°时，其通信半径大于 θ_1 为 40°和 60°时的情况，与 θ_1 为 30°时较为接近。且当 θ_2 大于 70°时，损耗参数随角度的变化不敏感，进而通信半径随角度的变化不敏感、变化幅度较小。

因此，在分析发送功率 P_t 与数据速率 R_b 对紫外光网络连通性的影响时，选择的收发仰角分别为 NLOS(a)类通信方式($\theta_1=90°$, $\theta_2=90°$)、NLOS(b)类通信方式($\theta_1=30°$, $\theta_2=90°$；

$\theta_1=50°,\theta_2=90°$)和 NLOS(c)类通信方式($\theta_1=30°,\theta_2=50°;\theta_1=50°,\theta_2=50°$)。

基于之前的分析,这样的角度组合选择既保证了不同工作模式的特殊性,仿真结果也不显得繁琐、冗余。在后续的分析中,也延续使用了这样的收发仰角组合。

不同的收发仰角条件下,紫外光网络 k-连通性随发送功率 P_t 与数据速率 R_b 变化的情况如图 6-27 所示。仿真过程中所选用的紫外光节点数 n 为 200、节点密度为 $5.0\times10^{-4}\ m^{-2}$,分别在发送功率从 0.05 W 增加到 5 W、数据速率从 5 kb/s 增加到 500 kb/s 的情况下,对紫外光 k-连通网络进行仿真($k=1,2$)。仿真结果表明:

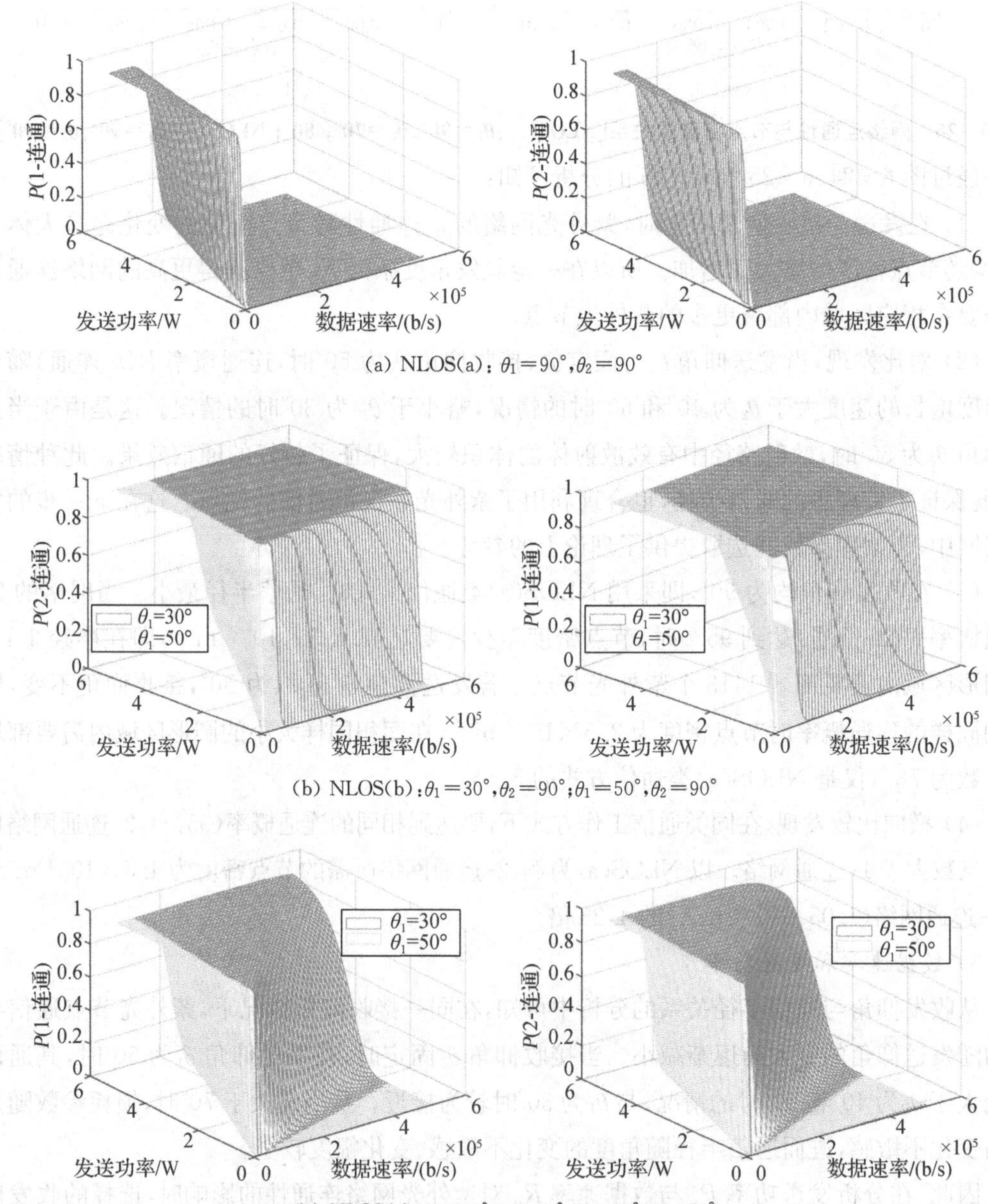

(a) NLOS(a):$\theta_1=90°,\theta_2=90°$

(b) NLOS(b):$\theta_1=30°,\theta_2=90°;\theta_1=50°,\theta_2=90°$

(c) NLOS(c):$\theta_1=30°,\theta_2=50°;\theta_1=50°,\theta_2=50°$

图 6-27 网络连通性与发送功率、数据速率的关系

(1) 网络的 k-连通性随发送功率的增加而提高，随数据速率的增加而降低。

(2) 在相同发送功率和数据速率情况下，NLOS(c)类通信方式的网络连通性优于NLOS(a)和 NLOS(b)类通信方式。

(3) 同类通信方式下，收发仰角越小，网络的 k-连通性越好。

4) 小结

通过建立紫外光节点圆形区域均匀分布模型，在三类非视距通信工作方式下分别分析了节点密度、发送功率和数据速率对紫外光 k-连通网络($k=1,2$)连通性能的影响，并且给出了具有较好抗毁性的 2-连通网络参数配置。

仿真结果表明，收发仰角越小，紫外光节点的通信范围越大。在相同条件下，NLOS(c)类通信方式的网络连通概率高于 NLOS(a)和 NLOS(b)类通信方式。当发送仰角相同、接收仰角 θ_2 为 50°时，网络的连通性能较为突出。当使用该角度工作时，既保留了紫外光非视距通信的特点，又保证了较好的通信距离，这对实际的紫外光组网过程具有一定的指导意义。

6.4.2　凸多边形区域均匀分布条件下的 k-连通性研究

本节对无线紫外光通信网络模型进行了改进，将紫外光节点运动区域由特殊性较高的圆形区域推广至更一般的任意凸多边形区域。

本节在紫外光节点均匀分布在凸多边形区域情况下，分析节点密度 ρ、发送功率 P_t 和数据速率 R_b 对紫外光通信网络连通概率的影响，并进行仿真分析，给出满足 2-连通网络要求的具体参数设置。

1) k-连通性推导

本节研究的无线紫外光通信网络基于二维平面，将紫外光节点置于任意凸多边形区域中进行 k-连通性分析。

对具有 n 个节点的网络来说，当节点均匀地分布在任意凸多边形区域 D 中，设多边形 D 的面积为 A，则紫外光节点在多边形区域 D 中的概率密度函数为

$$f_{XY}^{D}(x,y)=\begin{cases}\dfrac{n}{A}, & (x,y)\in D\\ 0, & 其他\end{cases} \tag{6-9}$$

对于网络中任意节点 $i(r_i,\theta_i)$，其覆盖范围是以 d 为半径、以(r_i,θ_i)为圆心的圆形区域 $B_d(r_i,\theta_i)$。圆形区域中的任意节点所满足的方程可表示为

$$(x-x_i)^2+(y-y_i)^2=d^2 \tag{6-10}$$

在极坐标中公式(6-10)可以表示为

$$(r\cos\theta-r_i\cos\theta_i)^2+(r\sin\theta-r_i\sin\theta_i)^2=d^2 \tag{6-11}$$

通过化简公式(6-11)，可以得到关于未知数 r 的一元二次方程为

$$r^2-2r(r_i\cos\theta_i\cos\theta+r_i\sin\theta_i\sin\theta)+(r_i^2-d^2)=0 \tag{6-12}$$

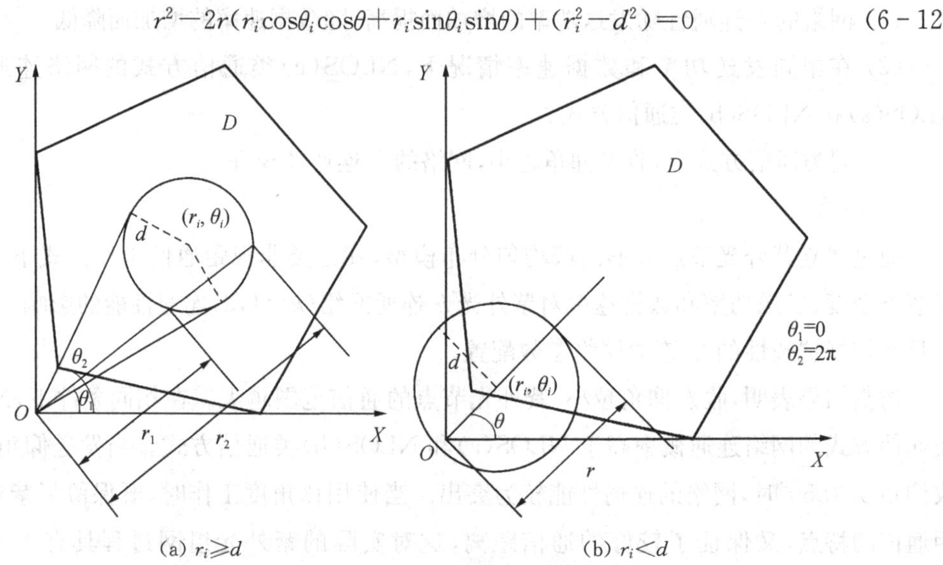

图 6-28　凸多边形网络模型

若节点 i 到原点 O 的距离大于或者等于半径 $d(r_i\geqslant d)$，如图 6-28(a)所示，则由公式(6-12)可得

$$\begin{cases}\theta_1=\arcsin\left(\dfrac{r_i\sin\theta_i}{r_i}\right)-\arcsin\left(\dfrac{d}{r_i}\right)\\ \theta_2=\arcsin\left(\dfrac{r_i\sin\theta_i}{r_i}\right)+\arcsin\left(\dfrac{d}{r_i}\right)\\ r_1=r_i\cos\theta_i\cos\theta+r_i\sin\theta_i\sin\theta-\\ \qquad\sqrt{(r_i\cos\theta_i\cos\theta+r_i\sin\theta_i\sin\theta)^2-(r_i^2-d^2)}\\ r_2=r_i\cos\theta_i\cos\theta+r_i\sin\theta_i\sin\theta+\\ \qquad\sqrt{(r_i\cos\theta_i\cos\theta+r_i\sin\theta_i\sin\theta)^2-(r_i^2-d^2)}\end{cases} \tag{6-13}$$

式中，θ_1 和 θ_2、r_1 和 r_2 分别代表极坐标中积分区域的上下界。

若原点 O 在节点 $i(r_i,\theta_i)$ 的覆盖范围 $B_d(r_i,\theta_i)$ 内，即 $r_i<d$，如图 6-28(b)所示，则有

$$\begin{cases}\theta_1=0\\ \theta_2=2\pi\\ r_1=0\\ r_2=r_i\cos\theta_i\cos\theta+r_i\sin\theta_i\sin\theta+\\ \qquad\sqrt{(r_i\cos\theta_i\cos\theta+r_i\sin\theta_i\sin\theta)^2-(r_i^2-d^2)}\end{cases} \tag{6-14}$$

设在区域 D 中，任意一个节点落入点 i 的覆盖范围 $B_d(r_i,\theta_i)$ 内的概率为 $p(r_i,\theta_i,d)$，则有

$$p(r_i,\theta_i,d)=\begin{cases}\displaystyle\int_{r_1}^{r_2}\mathrm{d}r\int_{\theta_1}^{\theta_2}f_{XY}^{D}(r\cos\theta,r\sin\theta)r\mathrm{d}\theta, & r_i\geqslant d\\ \displaystyle\int_{r_1}^{r_2}\mathrm{d}r\int_{\theta_1}^{\theta_2}f_{XY}^{D}(r\cos\theta,r\sin\theta)r\mathrm{d}\theta, & r_i<d\end{cases} \tag{6-15}$$

因为网络中各紫外光节点间相互独立，所以网络中其余节点落入节点 i 通信覆盖范围 $B_d(r_i,\theta_i)$ 内的概率服从二项分布 $Bin(n-1,p(r_i,\theta_i,d))$。则在区域 D 中，其他任意节点没有落入覆盖范围 $B_d(r_i,\theta_i)$ 的概率是 $1-p(r_i,\theta_i,d)$，所以节点 i 有 k 个邻居节点的概率为

$$P_k(r_i,\theta_i,d)=\binom{n-1}{k}\cdot p(r_i,\theta_i,d)^k\cdot\left(1-p(r_i,\theta_i,d)\right)^{n-1-k} \tag{6-16}$$

那么，节点 i 至少有 k 个邻居节点的概率为

$$P_{\geqslant k}(r_i,\theta_i,d)=1-\sum_{i=0}^{k-1}\binom{n-1}{i}\cdot p(r_i,\theta_i,d)^i\cdot\left(1-p(r_i,\theta_i,d)\right)^{n-1-i} \tag{6-17}$$

若节点 i 是凸多边形 D 内任意一点，且多边形 D 中各节点都是独立、相同的，则凸多边形 D 内任意一个节点至少有 k 个邻居节点的概率为

$$Q_{n,\geqslant k}(d)=\iint_D f_{XY}^{D}(r\cos\theta,r\sin\theta)P_{\geqslant k}(r_i,\theta_i,d)r\mathrm{d}\theta\mathrm{d}r \tag{6-18}$$

用网络中所有节点都至少有 k 个相邻节点的概率来近似网络的 k-连通概率，则有

$$P(G\text{ is }k\text{-connected})\approx P(d_{\min}\geqslant k) \tag{6-19}$$

至此，推导出了紫外光节点均匀分布于任意凸多边形区域的 k-连通概率为

$$P(G\text{ is }k\text{-connected})\approx P(d_{\min}>k)=(Q_{n,\geqslant k}(d))^n \tag{6-20}$$

将公式(6-9)、(6-15)、(6-16)、(6-17)、(6-18)带入公式(6-20)，可以得到凸多边形区域下紫外光网络 k-连通概率的表达式。结合前述发送功率、传输速率和路径损耗参数对紫外光节点通信半径的影响，再把通信半径作为桥梁，进而可以分析出各通信参数对网络 k-连通性的影响。

对于收发仰角组合的选择，按照前述的角度组合进行仿真，即 NLOS(a)类通信方式($\theta_1=90°,\theta_2=90°$)、NLOS(b)类通信方式($\theta_1=30°,\theta_2=90°;\theta_1=50°,\theta_2=90°$)和 NLOS(c)类通信方式($\theta_1=30°,\theta_2=50°$)。这样的收发仰角选择既能够保证角度组合的多样性，可以比较三类不同的工作方式，又不显得冗余、拖沓。

接下来，在凸多边形区域依次分析节点密度 ρ、发送功率 P_t 和数据速率 R_b 对紫外光网络 k-连通概率的影响。仿真过程中，选择的发散角 Φ_1 和视场角 Φ_2 分别为 17°和 30°。

2) 节点密度

在本节仿真过程中，将任意凸多边形区域选择为正方形，正方形区域的边长为 1000 m。

根据不同的网络参数生成 100000 幅拓扑图，分别计算具有 1-连通、2-连通和 3-连通特性的网络拓扑数量，将各自的拓扑数量与总拓扑数 100000 的比值近似作为紫外光网络的 k-连通概率($k=1,2,3$)。

图 6-29 表示的是在不同收发仰角组合的非视距工作方式下，紫外光网络 k-连通概率随节点密度 ρ 的变化情况($k=1,2,3$)。仿真过程中，发送功率 P_t 和数据速率 R_b 的取值不变($P_t=0.5$ W，$R_b=10$ kb/s)。

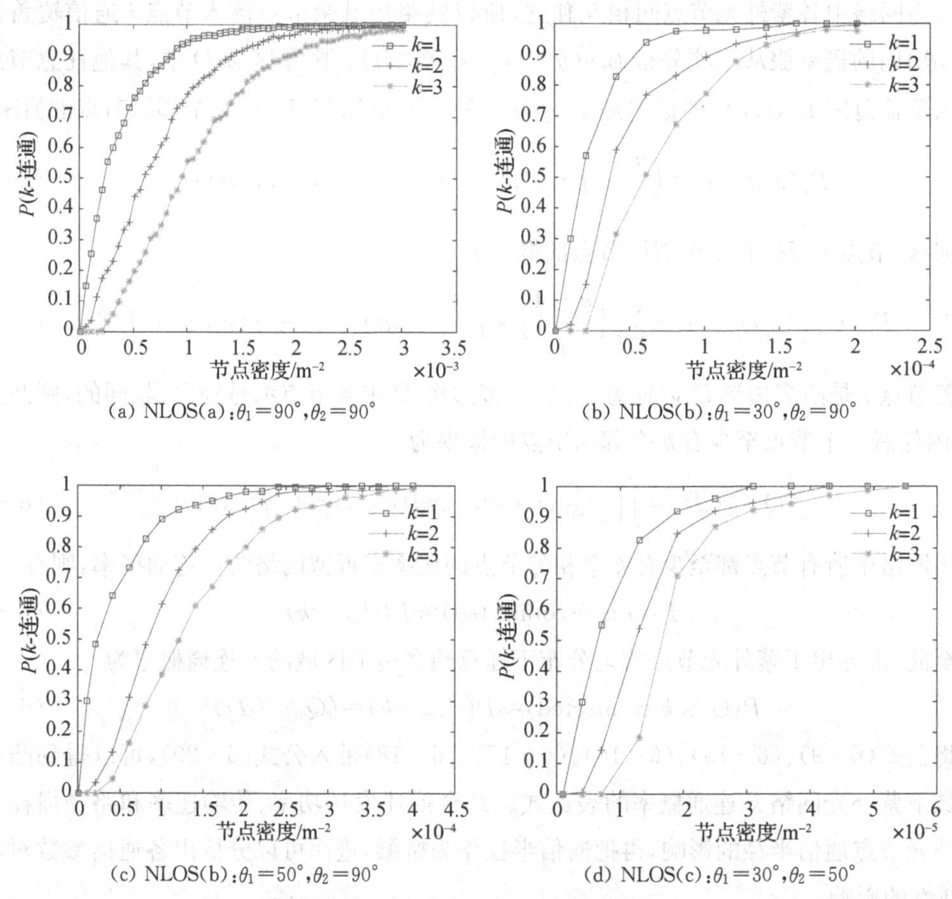

(a) NLOS(a)：$\theta_1=90°,\theta_2=90°$

(b) NLOS(b)：$\theta_1=30°,\theta_2=90°$

(c) NLOS(b)：$\theta_1=50°,\theta_2=90°$

(d) NLOS(c)：$\theta_1=30°,\theta_2=50°$

图 6－29　网络连通性与节点密度的关系

通过对比图 6－29 中的四个仿真结果可以看出，虽然在不同的收发仰角条件下，但都表现出了相似的变化趋势，即随着节点密度 ρ 的增加，网络的 k-连通概率也在增大。因此，若要获得更高的连通概率，则需要在分布区域内部署更多的紫外光节点。

通过对结果的分析可知，当 θ_1 和 θ_2 均为 90°时，即 NLOS(a)类通信方式下，通信半径最小、网络连通性较低。使用 NLOS(a)类通信方式时，当网络的 2-连通概率达到 95%，节点密度需要达到 $1.71\times10^{-3}\ m^{-2}$，在边长为 1000 m 的平面正方形区域中至少需要部署 1710 个节点。如果将发送仰角 θ_1 选择为 50°，而接收仰角 θ_2 不变，紫外光网络达到相同连通概率时的节点密度则为 $2.2\times10^{-4}\,m^{-2}$，在相同面积区域中部署的节点数为 220，仅占 NLOS(a)类通信方式的 12.8%。

在对图 6－29(a)、(b)、(c)和(d)的纵向比较中，我们注意到当达到相同的网络连通概率(95%)时，3-连通网络比 1-连通和 2-连通网络需要部署更多的节点。对于给定的连通概率，同样是采用 NLOS(a)类通信方式，2-连通网络若要达到 3-连通网络，则需要更密集的节点分布(约 40.9%)才能实现。而从 1-连通网络达到 2-连通网络，则需要增加 54.0%的紫外光节点以提高网络的连通性。在 NLOS(b)类和 NLOS(c)类通信方式下，所增加的节点百分比则没有这么多。这为实际组网中物理参数和通信方式的选择提供了参考依据。

3）数据速率

在不同发送和接收仰角条件下，无线紫外光网络连通性随数据速率 R_b 变化的情况如图 6－30 所示。仿真过程中，选择的节点密度 ρ 为 $5.0\times10^{-4}\ \mathrm{m}^{-2}$、选择的发送功率 P_t 为 0.5 W。

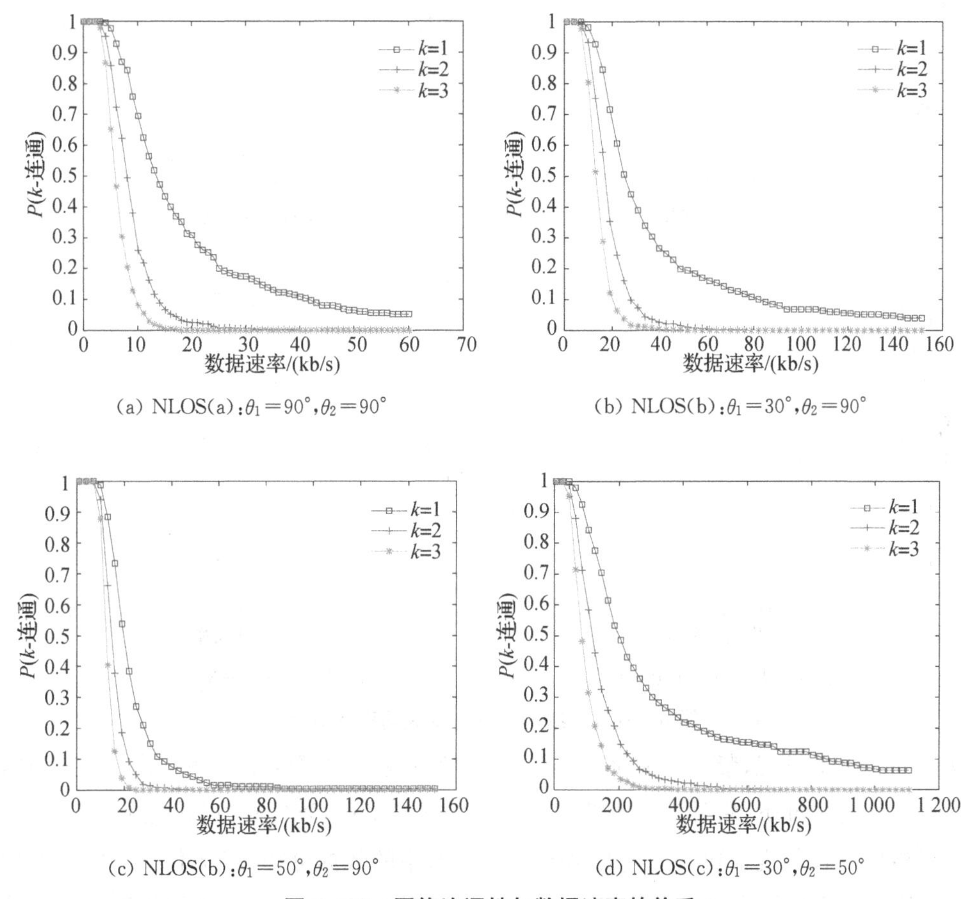

(a) NLOS(a)：$\theta_1=90°$，$\theta_2=90°$

(b) NLOS(b)：$\theta_1=30°$，$\theta_2=90°$

(c) NLOS(b)：$\theta_1=50°$，$\theta_2=90°$

(d) NLOS(c)：$\theta_1=30°$，$\theta_2=50°$

图 6－30 网络连通性与数据速率的关系

在图 6－30 中我们发现，不同紫外光通信方式下，随着数据速率增加，网络的连通性逐渐降低。如果要保持较好的连通性，网络的数据速率就不能选择得过大。并且在相同条件下，NLOS(c)类通信方式可支持的数据速率明显高于 NLOS(a)和 NLOS(b)类通信方式。

通过对图 6－30(d)中数据的比较可知，在 NLOS(c)类通信方式($\theta_1=30°$，$\theta_2=50°$)下，网络从 1-连通到 2-连通状态所需的数据速率降低了大约 26%，而从 2-连通到 3-连通状态，这个百分比降低到了 18%。

4）发送功率

图 6－31 表示的是在不同的收发仰角组合下，紫外光网络 k-连通性随发送功率 P_t 变化的情况($k=1,2,3$)。在每次仿真过程中，节点密度 ρ 的和数据速率 R_b 的取值不变($\rho=5.0\times10^{-4}\ \mathrm{m}^{-2}$，$R_b=10$ kb/s)。

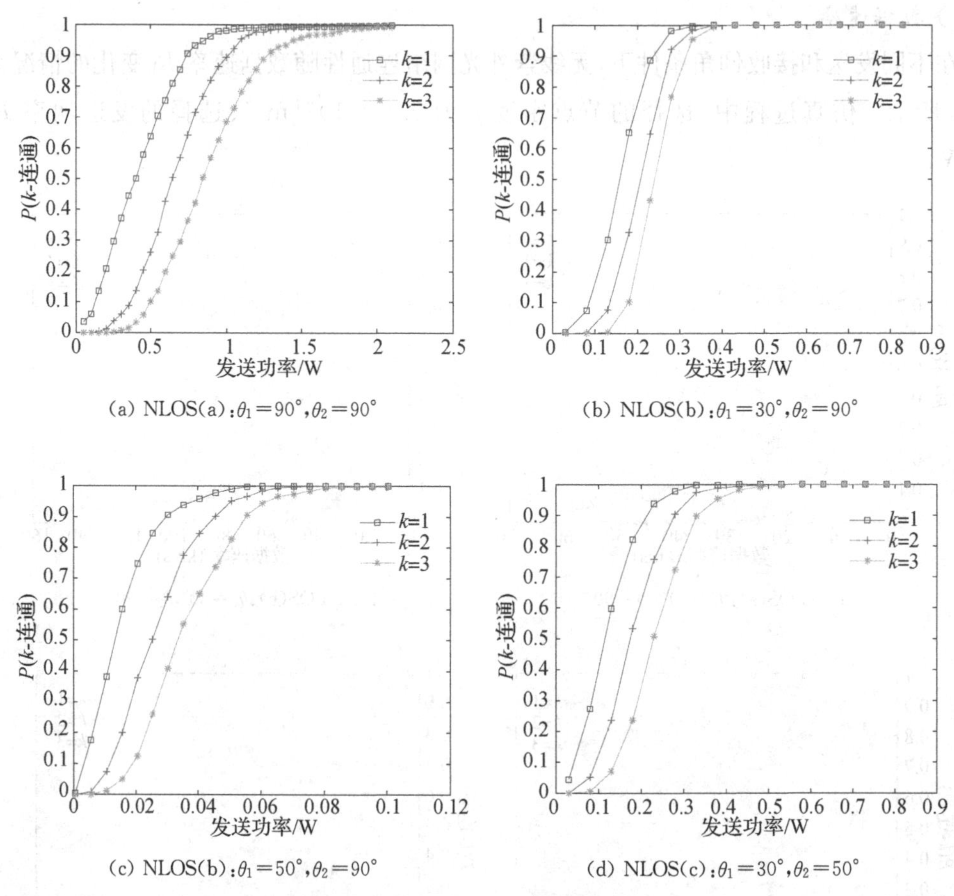

(a) NLOS(a)：$\theta_1=90°$，$\theta_2=90°$

(b) NLOS(b)：$\theta_1=30°$，$\theta_2=90°$

(c) NLOS(b)：$\theta_1=50°$，$\theta_2=90°$

(d) NLOS(c)：$\theta_1=30°$，$\theta_2=50°$

图 6－31　网络连通性与发送功率的关系

从图 6－31 中发现，紫外光网络的连通性会随着发送功率的增加而提高。在其他通信参数保持不变的情况下，紫外光三类非视距通信方式中，NLOS(c)的通信性能最佳，对应的网络连通概率增长得也最快。通过对比图 6－31(d)中的数据可知，需要增加约 27%的功率，紫外光 1-连通网络才能达到 2-连通，而从 2-连通网络到 3-连通网络则需要增加约 21%的功率。

5）小结

本节将紫外光节点运动区域由特殊性较高的圆形区域推广至更一般的任意凸多边形区域，分析了紫外光节点均匀分布于任意凸多边形中，紫外光三种非视距通信方式下，节点密度 ρ、发送功率 P_t 和数据速率 R_b 对网络 k-连通性的影响($k=1,2,3$)。

仿真结果表明，收发仰角越小，节点通信范围越大，网络性能也越好。在相同条件下，NLOS(c)类通信方式的连通概率高于 NLOS(a)和 NLOS(b)，这将为下一步实际无线紫外光通信节点的组网提供理论的指导与参考。

6.4.3　凸多边形区域 RWP 运动条件下的 k-连通性研究

在前面建立的网络模型中，紫外光节点均为均匀部署于所在区域。而在实际工作环境中，我们可能更期望紫外光终端可以运动起来，因而节点的位置往往是动态变化的。为贴合实际、可进一步优化和改进紫外光网络模型，本节将介绍节点在任意凸多边形区域中根据随机航路点（Random Way Point，RWP）移动的动态模型。

本节在紫外光三种非视距通信方式下，选择了具有各自通信特征的 4 组收发仰角组合，分别分析了三类通信参数（节点密度 ρ、发送功率 P_t 和数据速率 R_b）对无线紫外光网络连通性的影响。此外，综合了前述模型下的通信参数指标，在满足较好鲁棒性的 2-连通网络的前提下，横向比较了三个无线紫外光网络模型，为实际组网的参数选择提供借鉴。

1）紫外光网络节点分布

网络模型中紫外光节点是在二维平面中按照 RWP 运动模型运动的。RWP 运动模型是描述自组织网络节点运动最常用的模型之一，它描述了在给定区域内移动节点的运动方式[52]。该模型把节点的整个运动过程分解为一系列暂停和移动交替的过程。这意味着，紫外光节点在某个位置停留一定的时间后再向下一个目的地移动，而下一个目的地的选取是随机的。由于运动区域边界效应的影响，当紫外光节点按照 RWP 运动模型运动并达到稳态后，网络中的节点将呈现非均匀分布。

本节选择正方形区域进行实验仿真，正方形的边长为 1000 m。在正方形区域中，紫外光节点的运动服从 RWP 运动模型，节点空间分布的概率密度函数与节点的停留时间 t_p 及节点的运动速度 v 有关[53]，紫外光节点的概率密度函数为

$$f_{\mathrm{RWP}}^{D}(x,y)=\begin{cases}P_{\mathrm{pause}}+(1-P_{\mathrm{pause}})f(x,y), & (x,y)\in[0,1000]^2\\ 0, & \text{其他}\end{cases} \tag{6-21}$$

其中，

$$P_{\mathrm{pause}}=\frac{t_p}{t_p+\dfrac{0.521405}{v}} \tag{6-22}$$

$$\begin{aligned}f(x,y)=&6y+\frac{3}{4}(1-2x+2x^2)\left[\frac{y}{y-1}+\frac{y^2}{(x-1)x}\right]+\\&\frac{3y}{2}\left[(2x-1)(y+1)\ln\left(\frac{1-x}{x}\right)+\right.\\&\left.(1-2x+2x^2+y)\ln\left(\frac{1-y}{y}\right)\right]\end{aligned} \tag{6-23}$$

在公式(6-23)中，坐标系中点(x,y)的取值范围是

$$D^*=\{(x,y)\in[0,1]^2\mid(0<x\leqslant 500)\wedge(0<y\leqslant x)\} \tag{6-24}$$

函数 $f(x,y)$在正方形区域其他部分的概率密度函数可通过对称性获得，即

$$f(x,y)=f(y,x)=f(1-x,y)=f(x,1-y) \tag{6-25}$$

为便于仿真，我们选择的停留时间 t_p 为 0，即不暂停。于是紫外光节点的概率密度函数为

$$f_{\mathrm{RWP}}^{D}(x,y)=\begin{cases} f(x,y), & (x,y)\in[0,1000]^2 \\ 0, & \text{其他} \end{cases} \tag{6-26}$$

通过MATLAB仿真，我们得到了紫外光节点三维分布图，如图6-32所示。

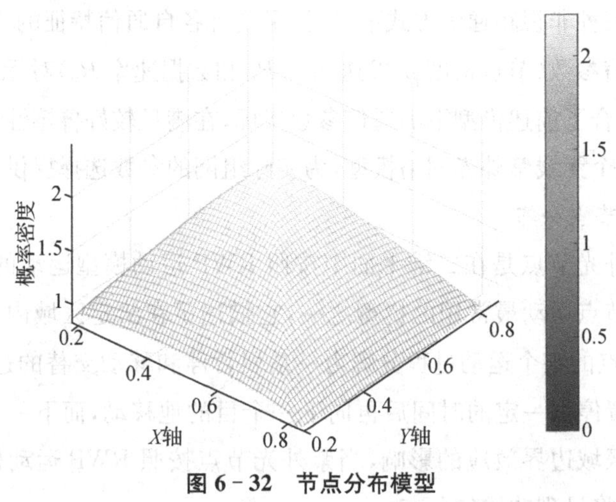

图6-32　节点分布模型

2）连通性推导

任意凸多边形区域中RWP运动条件下紫外光网络k-连通性的推导与前文相类似，即根据任意节点$i(r_i,\theta_i)$在运动区域内的两种分布情况分类讨论，除了节点在多边形区域D中的概率密度函数不同外，其余表达公式相同。将RWP运动模型下紫外光节点的概率密度函数公式(6-26)代入公式(6-18)，可以得到凸多边形区域内按RWP运动模型运动的紫外光网络k-连通概率表达式。结合前面所述发送功率、数据速率和路径损耗参数对通信半径的影响，再把通信半径作为桥梁，进而可以分析出各通信参数对网络k-连通性的影响。

3）节点密度

对于仿真过程中收发仰角组合的选择，可按照前文所述选择角度组合，即NLOS(a)类通信方式($\theta_1=90°$，$\theta_2=90°$)、NLOS(b)类通信方式($\theta_1=30°$，$\theta_2=90°$；$\theta_1=50°$，$\theta_2=90°$)和NLOS(c)类通信方式($\theta_1=30°$，$\theta_2=50°$)。这样的收发仰角选择既能够保证每种非视距工作方式的特殊性，也避免了仿真每个角度组合，面面俱到而带来的繁琐。

在凸多边形区域内紫外光节点按照RWP运动模型运动的条件下，依次分析了节点密度ρ、发送功率P_t和数据速率R_b对紫外光网络k-连通性的影响。仿真过程中，选择的发散角Φ_1和视场角Φ_2分别为17°和30°。

仿真过程中，选择的任意凸多边形区域为边长1000 m的正方形区域，根据不同的网络参数各自生成100000幅拓扑图，分别计算具有1-连通、2-连通和3-连通特性的网络拓扑图数量，将各自的拓扑图数量与总拓扑数100000的比值近似作为紫外光网络的k-连通概率($k=1,2,3$)。

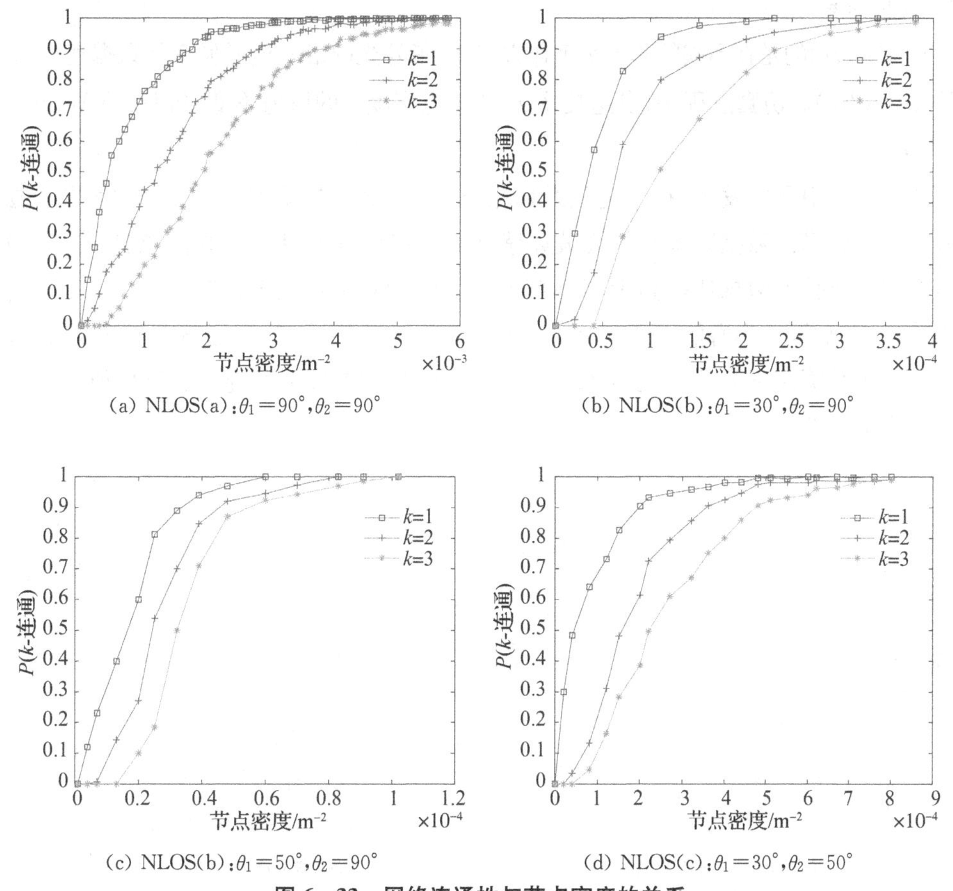

(a) NLOS(a)：$\theta_1=90°$，$\theta_2=90°$

(b) NLOS(b)：$\theta_1=30°$，$\theta_2=90°$

(c) NLOS(b)：$\theta_1=50°$，$\theta_2=90°$

(d) NLOS(c)：$\theta_1=30°$，$\theta_2=50°$

图 6－33　网络连通性与节点密度的关系

在不同的收发仰角条件下，紫外光网络 k-连通概率随节点密度 ρ 的变化情况如图 6－33 所示（$k=1,2,3$）。仿真过程中，发送功率 P_t 和数据速率 R_b 的取值不变（$P_t=0.5$ W，$R_b=10$ kb/s）。

图 6－33 中的仿真结果都表现出了相似的变化趋势，即 RWP 运动模型条件下紫外光网络 k-连通概率随着节点密度 ρ 的增加而增大。因此，若要获得较好的网络连通状况，则需要在凸多边形区域内部署更多的紫外光节点。

通过图 6－33 中结果的对比可知，NLOS(a)类通信方式的通信半径最小。此时紫外光网络的 2-连通概率若要满足基本通信需求（达到 95%），所需的节点密度 ρ 为 3.41×10^{-3} m^{-2}，即在边长为 1000 m 的平面正方形中需要 3410 个节点。当选用 NLOS(b)类通信方式，接收仰角不变、发送仰角为 50°时，达到相同连通概率所需的节点密度为 4.51×10^{-4} m^{-2}，仅为 NLOS(a)类通信方式的 13.2%。

比较四种收发仰角条件，与 2-连通网络相比，3-连通网络需要部署更多的节点才能达到相近的网络状况。在使用 NLOS(a)类通信方式时，需要多部署 37.5%的节点才能使 2-连通网络形成 3-连通网络，而从 1-连通网络达到 2-连通网络，则需要多部署 40.5%的节点。这为后续无线紫外光实际组网中的参数设置提供了理论指导。

4）数据速率

图 6－34 表示的是在不同的非视距工作方式下，紫外光网络 k-连通概率随数据速率 R_b 变化的情况（$k=1,2,3$）。仿真过程中，发送功率 P_t 和节点密度 ρ 的取值不变（$P_t=0.5$ W，$\rho=5.0\times10^{-4}$ m^{-2}）。

在图 6－34 中可以发现，在一定收发仰角条件下，随着数据速率增加，网络的连通性逐渐降低。所以较高的数据速率必然会破坏紫外光网络的连通性。在相同条件下，NLOS(c)类通信方式可支持的数据速率高于 NLOS(a)和 NLOS(b)类通信方式。

当使用 NLOS(c)类通信方式（$\theta_1=30°$，$\theta_2=50°$）时，网络从 1-连通状态到 2-连通状态后所允许的最大数据速率降低了大约 32.5％，而从 2-连通状态到 3-连通状态后所允许的最大数据速率降低了 22.0％。

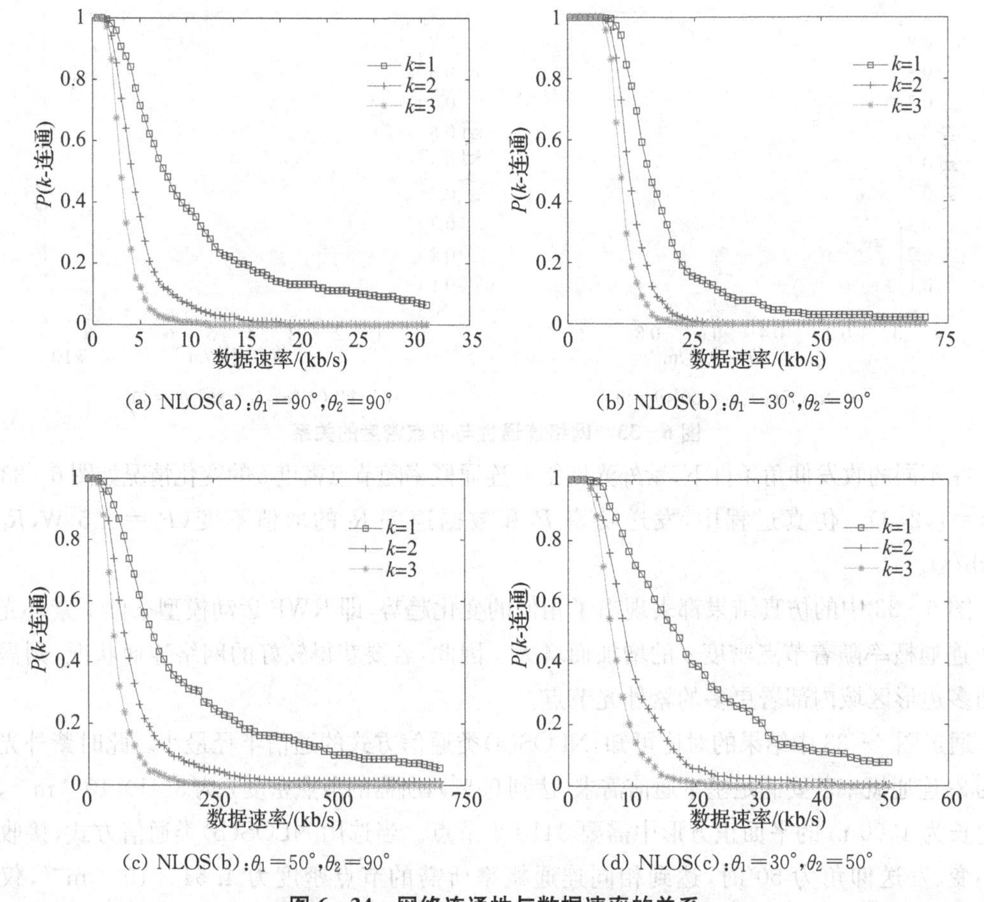

图 6－34　网络连通性与数据速率的关系

5）发送功率

图 6－35 表示的是在不同的非视距工作方式下，紫外光网络 k-连通性随发送功率 P_t 变化的情况（$k=1,2,3$）。在每次仿真过程中，节点密度 ρ 的和数据速率 R_b 的取值不变（$\rho=5.0\times10^{-4}$ m^{-2}，$R_b=10$ kb/s）。

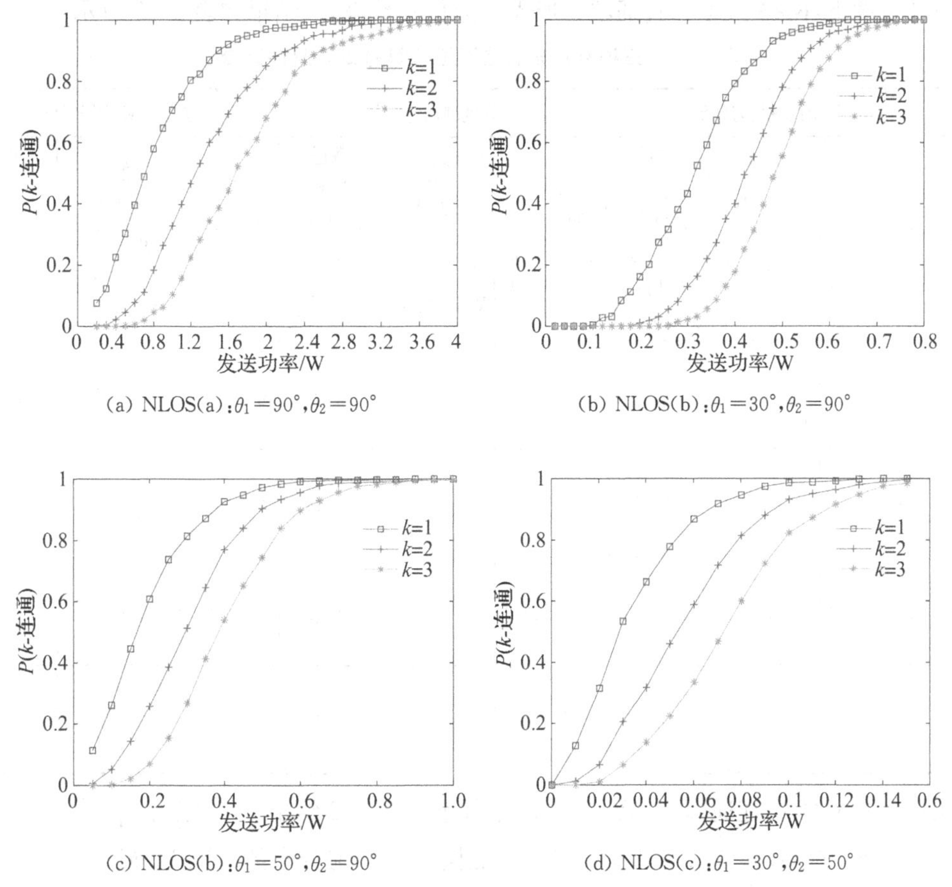

(a) NLOS(a): $\theta_1=90°, \theta_2=90°$　　(b) NLOS(b): $\theta_1=30°, \theta_2=90°$

(c) NLOS(b): $\theta_1=50°, \theta_2=90°$　　(d) NLOS(c): $\theta_1=30°, \theta_2=50°$

图 6-35　网络连通性与发送功率的关系

从图 6-35 中可以看出，紫外光网络的连通性随着发送功率的增加而提高。在紫外光三类非视距通信方式中，NLOS(c)的通信性能最佳，对应的网络连通概率增长得也最快。当使用 NLOS(c)类通信方式($\theta_1=30°$，$\theta_2=50°$)时，需要增加约 34.1%的发送功率，1-连通网络才能形成 2-连通网络，而从 2-连通网络达到 3-连通网络则需要增加约 18.5%的发送功率。

6）三种紫外光通信网络模型的 2-连通性比较

一般情况下，无线紫外光通信网络为了获得更高的抗毁性和可靠性，紫外光节点间通常需要达到多连通。但是多连通带来的是高能耗，这与无线紫外光终端节点能耗有限的实际相矛盾。

紫外光自组织网络是一种资源受限型网络，终端节点采用的电源往往是电池，各个节点的能源十分有限。因而既要保证紫外光网络通信质量的要求，又要减少通信过程中的能量消耗以延长网络的生命周期。现实应用中往往选择 2-连通网络作为折中方案。2-连通网络既保证了较好的鲁棒性，各个通信节点又不需要过高的能耗。

综合比较紫外光节点圆形区域均匀分布模型、方形区域均匀分布模型和方形区域 RWP

运动模型条件下，网络达到 2-连通状态所需的通信参数设置，结果如表 6－2 所示。

表 6－2　三种紫外光通信网络模型的 2-连通性比较

节点分布	圆形区域均匀分布			方形区域均匀分布			方形区域 RWP 分布		
紫外光通信参数	节点密度/m^{-2} $R_b=10$ kb/s $P_t=0.5$ W	发送功率/W $\rho=5.0\times10^{-4}$ m^{-2} $R_b=10$kb/s	数据速率/(kb/s) $\rho=5.0\times10^{-4}$ m^{-2} $P_t=0.5$ W	节点密度/m^{-2} $R_b=10$ kb/s $P_t=0.5$ W	发送功率/W $\rho=5.0\times10^{-4}$ m^{-2} $R_b=10$ kb/s	数据速率/(kb/s) $\rho=5.0\times10^{-4}$ m^{-2} $P_t=0.5$ W	节点密度/m^{-2} $R_b=10$ kb/s $P_t=0.5$ W	发送功率/W $\rho=5.0\times10^{-4}$ m^{-2} $R_b=10$ kb/s	数据速率/(kb/s) $\rho=5.0\times10^{-4}$ m^{-2} $P_t=0.5$ W
NLOS(a) $\theta_1=90°$ $\theta_2=90°$	4.51×10^{-3}	2.24	3.11	1.71×10^{-3}	1.12	4.41	3.41×10^{-3}	2.51	2.49
NLOS(b) $\theta_1=30°$ $\theta_2=90°$	1.95×10^{-4}	0.32	18.51	1.78×10^{-4}	0.26	21.82	2.51×10^{-4}	0.59	10.81
NLOS(b) $\theta_1=50°$ $\theta_2=90°$	4.32×10^{-4}	0.52	12.83	2.20×10^{-4}	0.31	18.11	4.51×10^{-4}	0.61	7.88
NLOS(c) $\theta_1=30°$ $\theta_2=50°$	3.51×10^{-5}	0.09	43.10	2.95×10^{-5}	0.05	53.01	6.20×10^{-5}	0.13	34.5

在紫外光网络 2-连通概率达到 95%的条件下，表 6－2 给出了节点密度 ρ、发送功率 P_t 和数据速率 R_b 的参数设置。我们注意到，节点同样是均匀分布的情况下，圆形区域内网络的通信参数设置比方形区域内的要求更严格。由于圆形区域的边界效应较强，因此更多的紫外光节点分布在其边缘，导致在圆形区域内网络连通性较差[54]。而同样是在正方形区域内，由于 RWP 运动模型条件下节点的不均匀分布，紫外光网络的连通性能低于均匀分布条件下的网络性能。

7) 小结

本节结合紫外光网络实际组网情况，研究了任意多边形区域 RWP 运动模型条件下，非视距通信方式下节点密度 ρ、发送功率 P_t 和数据速率 R_b 对网络 k-连通性的影响($k=1,2,3$)。通过研究发现，在相同条件下，NLOS(c)类通信方式的连通性能优于 NLOS(a)和 NLOS(b)类通信方式。此外，对网络 2-连通状态下的圆形区域均匀分布、方形区域均匀分布和方形区域 RWP 运动三种节点模型进行了横向的数值比较，得出了边界效应和节点移动都将导致网络连通性能变差的结论。这为接下来紫外光组网的实际应用提供了理论指导。

6.5　紫外光通信网络性能仿真与组网实验

除了前文所述紫外光通信网络的 k-连通性以外，紫外光通信网络的性能还可以从网络吞吐量、时延、网络公平性等方面进行评估。本节简要介绍网络性能分析的相关内容，并在最后介绍设计实现的实际紫外光通信终端、构建的紫外光通信网络以及相应的功能验证和性能测试结果。

6.5.1 紫外光通信网络性能参数

紫外光通信网络的性能参数主要包括网络吞吐量、时延、网络公平性等。

1）网络吞吐量

网络吞吐量(率)是网络的重要性能参数之一，主要用于评价网络的承载和服务能力。

吞吐量一般定义为单位时间内信道上成功传输的信息量。如数据帧的长度固定，为 L bit，且单位时间内成功传输的帧数为 n，则吞吐量可一般表示为 $n\times L$(b/s)。

通常，可用信道传输速率 R(b/s)对吞吐量进行归一化处理。由此，可定义归一化吞吐量 S 为

$$S=n\times\frac{L}{R}=n\times T \tag{6-37}$$

其中，T 为单帧平均传输时间。归一化吞吐量与接入协议方法中的信道利用率、信道空闲时间、数据帧成功传输时间以及数据帧碰撞时间等多个因素相关。

如果在信道上数据帧不发生碰撞，且帧间隙为零的话，信道将被最大限度地使用，这时 $R=n\times L$，即吞吐量 $S=1$。相反，如果信道上所有数据帧都发生碰撞，即成功传输的帧数 $n=0$ 的话，则吞吐量达最小值 $S=0$。

2）时延

衡量网络传输能力的指标之一是将一个分组从源节点传输到目的节点的时延。

对于整个网络而言，从某一数据帧进入缓冲器的时刻开始至成功地到达目的站接收缓冲器的时刻为止的一段时间，称为帧的传输时延。当某一数据帧被成功地传输时，其时延主要是由发送等待时间(接入时延)和该数据帧在信道上的传输时间组成。

在讨论对网络时延性能的影响时只考虑接入时延部分，即认为对网络时延的影响主要是由网络的接入时延造成的。

接入时延定义为节点从有数据需要发送到数据的实际发送的时间间隔，它是反映单个节点接入效率的重要参数。

3）网络公平性

公平性在流量控制、缓存管理和调度中是一个普遍的概念。一般来讲，对公平性最直观的理解就是保证没有一个用户被刻意地歧视或过分地优待。为了衡量一个协议对节点接入公平性的影响，可利用公平性指数(Fairness Index, FI)来分析，其定义为网络中最大链接吞吐量和最小链接吞吐量的比值，如下所示：

$$FI=\frac{\text{Throughput\_min}}{\text{Throughput\_max}} \tag{6-38}$$

还有一种带权值的公平性指数，根据业务流的重要性加入了权重的概念，对不同的业务

流分配不同的权值，其定义为

$$FI=\frac{\left(\sum_{i=1}^{n}T_i/\varphi_i\right)^2}{n\times\left(\sum_{i=1}^{n}T_i/\varphi_i\right)^2} \tag{6-39}$$

其中，T_i、φ_i 分别为业务流的吞吐量和权重，公平性指数 FI 的取值范围为(0,1)。公平性指数越大，就表示越公平。最公平的情况是各业务流都享有相等的份额即 $1/n$，此时的公平性指数为 1，即每个链接具有相同的吞吐量，公平地享用信道。而极端不公平的分配方案是其中的一个业务流独占了全部资源，在这种情况下，公平性指数为 $1/n$。

详细的网络性能评估需结合网络协议的分析和实践进行综合研究。

6.5.2 紫外光通信网络性能仿真

为了分析和验证紫外光通信组网的新型无损竞争接入方法，本节建立了四节点紫外光通信网络模型，并对其协议性能进行数值计算与仿真分析。

首先建立如图 6-36 所示的四节点紫外光通信网络模型，采用蒙特卡洛方法来仿真分析其性能。

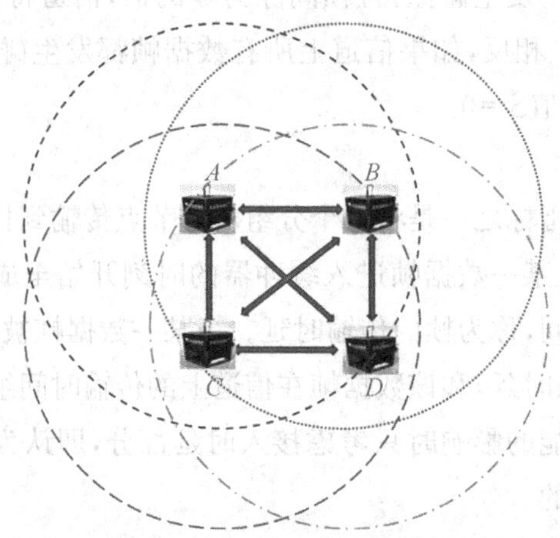

图 6-36 紫外光通信节点组网示意图

在本节讨论的无线组网协议中，各个节点归一化吞吐量 S 可具体定义为

$$S_A=\frac{P_A\cdot n\cdot L}{R} \tag{6-40}$$

$$S_B=\frac{(1-P_A)P_B\cdot n\cdot L}{R} \tag{6-41}$$

$$S_C=\frac{(1-P_A)(1-P_B)P_C\cdot n\cdot L}{R} \tag{6-42}$$

$$S_D=\frac{(1-P_A)(1-P_B)(1-P_C)P_D\cdot n\cdot L}{R} \tag{6-43}$$

其中，P_A、P_B、P_C、P_D 分别为节点 A、B、C、D 在单位时隙内各自的数据帧传输成功的概率。

由于本协议所有节点均共享一个信道，且同一时隙内有且仅有一个节点可以使用信道，所以网络总的归一化吞吐率量表示为

$$S=S_A+S_B+S_C+S_D \tag{6-44}$$

为简化分析，首先假定各节点无缓存设置，仿真分析引入无损竞争接入协议后网络吞吐量的变化情况。此时，节点无缓存意味着多节点发生竞争接入冲突时，低优先级节点的发送数据因竞争信道资源失败而直接丢弃数据。

如图 6-37 所示为节点 A、B、C、D 的归一化吞吐量随数据产生概率变化的示意图。节点 A 的优先级最高，节点 D 的优先级最低。随着数据产生概率变大，信道逐渐被高优先级的节点 A 占据，其余低优先级节点的归一化吞吐量逐渐降低。优先级越低的节点，其吞吐量降低越明显。

在实际网络节点设计中，为解决因竞争接入冲突而导致低优先级节点数据损失的问题，节点一般会引入一定的数据缓存，通过缓存一部分数据来达到减小因冲突而引起的数据损失的目的。

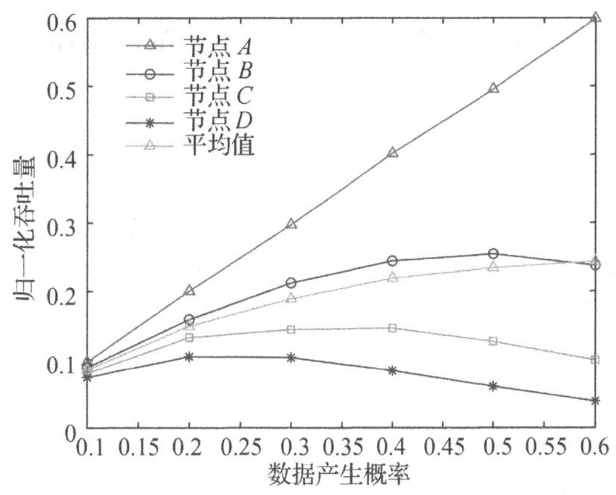

图 6-37 无缓存时无损竞争接入协议的吞吐量

当节点引入一定的缓存设置时，采用无损竞争接入协议的四节点紫外光通信网络的归一化吞吐量随缓存中数据包数量的变化情况分别如图 6-38、图 6-39 和图 6-40 所示。在以上仿真分析中，依次设定系统的数据产生概率为 0.2、0.3 和 0.7，分别对应网络承载业务为轻负载、中等负载和重负载时的情况，仿真次数为 100000 次。

图 6-38 给出了轻负载情况下($P=0.2$)，四个节点各自的归一化吞吐量及其平均值随缓存大小变化的情况。由仿真结果可知，随着缓存的增加，各节点吞吐量均得到有效提升。其中，优先级最高的节点 A 始终具有较高的数据处理能力。由于数据产生概率相对较低，即网络负载较轻，系统接入竞争不激烈，所有节点随着缓存中数据包数量的增多，均有较好的归一化吞吐量。

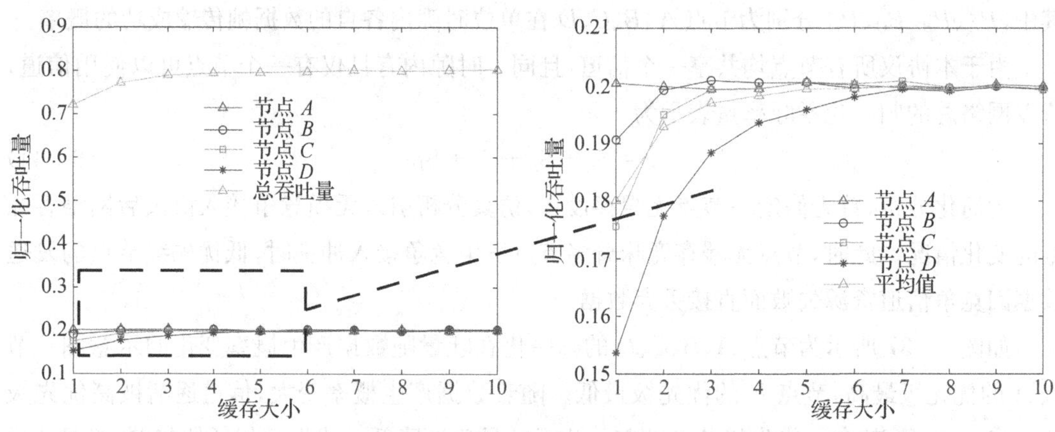

图 6-38 有缓存条件下无损接入协议的节点吞吐量($P=0.2$)

图 6-39 和图 6-40 分别给出了中等负载和重负载情况下，节点归一化吞吐量及其平均值随缓存大小变化的情况。由仿真结果可知，高优先级节点 A 一直保持着最高的吞吐量。随着缓存中数据包数量的增多，次优先级节点 B 的归一化吞吐量也逐渐增加。而对于优先级最低的节点 D 而言，随着缓存中数据包数量的增加，由于更多的信道资源被高优先级节点占据，其吞吐量逐步降低，在高缓存的情况下，甚至出现“饿死”的情况。

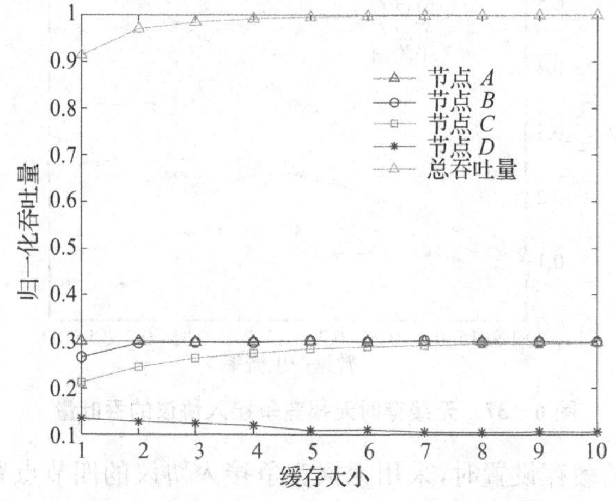

图 6-39 有缓存条件下无损接入协议的节点吞吐量($P=0.3$)

此外，从横向比较还可以看出，轻负载状态下系统总的归一化吞吐量稳定在 0.8 左右，而在中等负载和重负载的情况下，系统总的归一化吞吐量接近于 1，这表明系统信道一直被充分使用。但在重负载情况下，网络公平性出现了较大程度恶化，低优先级节点出现“饿死”的情况，这显然不是网络系统设计者所希望看到的，因此应尽量避系统的过高负载。

网络时延是衡量网络性能的另一个重要参数，一般定义为将某一报文或分组从网络的某一源节点传送到目的节点所需的时间，即某一帧数据从进入缓存开始，至成功到达目的站接收缓存并被正确处理的总时间。

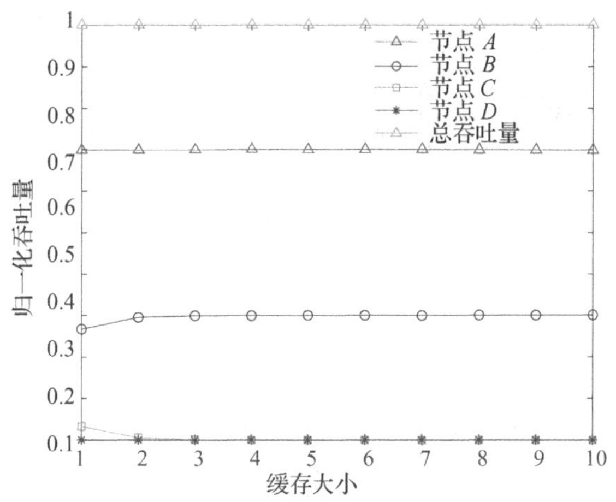

图 6-40 有缓存条件下无损协议的节点吞吐量($P=0.7$)

网络时延由传输时延、传播时延以及排队时延等组成。其中：

① 传输时延 τ_1 取决于发送数据长度 n 和信道传输速率 R，即有 $\tau_1=n/R$；

② 传播时延 τ_2 是光信号以光速 c 在信道中传播一定距离 L 所需的时间，即 $\tau_2=L/c$，一般可忽略；

③ 排队时延则包括发送等待时间和接收处理时间，前者也称为接入时延，表示节点从有数据需要发送到实际发送的时间间隔，可用于反映单个节点的接入效率。

当由于节点竞争接入冲突而引入缓存设置时，将不可避免地带来网络时延的进一步增加。采用无损竞争接入协议，在设置不同缓存的条件下，各节点的时延及其平均值随缓存中数据包数量的变化情况分别如图 6-41 和图 6-42 所示(仿真次数同样为 100000 次)。

图 6-41 中数据产生概率 P 为 0.2，而图 6-42 中数据产生概率 P 为 0.3，分别对应轻负载和中等负载情况。

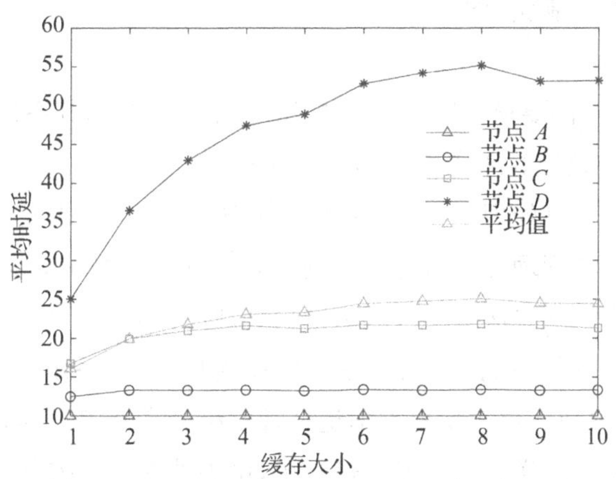

图6-41 有缓存条件下无损协议的平均时延($P=0.2$)

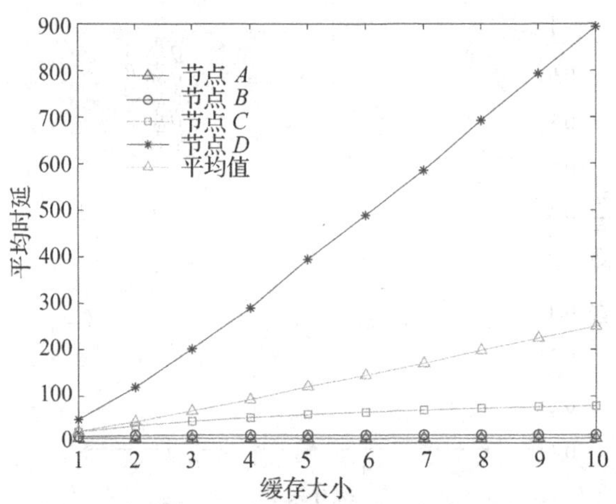

图6-42　有缓存条件下无损协议的平均时延(P=0.3)

由仿真分析结果可知,轻负载网络的总平均时延稳定在 25 ms 以下。网络中各个节点的平均时延与其优先级成反比,即节点优先级越高,其平均时延越低。同时,对低优先级节点而言,当缓存区域越大时,数据包在缓存中等待的时间越长,其平均时延也随之上升。

通过对比还可以发现,当系统负载变大时,低优先级网络节点的平均时延随之增加较快。四节点网络处于中等负载条件下,当缓存中数据包数量较多时,节点 A、B 和 C 的平均时延都低于 100 ms,而节点 D 的平均时延则达到近 1 s,其 QoS(Quality of Service,服务质量)严重下降,此时,该节点仅能完成对实时性要求较低的通信业务。

6.5.3　紫外光通信组网实验

当前,由于受到紫外光通信器件性能的限制以及缺乏有效的组网方法,国内外关于紫外光通信组网的实际应用鲜见报道。本节简要介绍陆军工程大学无线光通信课题组进行的紫外光通信组网实验和测试情况[55-56]。

1）紫外光通信终端

根据紫外光通信和组网要求,可设计实际的紫外光通信终端,其系统功能组成一般应包括发送端、接收端以及终端处理等部分,如图 6-43 所示。

终端处理部分通过中央处理单元来控制整个系统终端,包括收发控制处理,完成对发送策略和接收策略的控制和管理;此外,还可控制和监测所需发送或接收的信号。本课题提出的接入控制协议及协作组网方法等均主要由中央处理单元完成。

发送端的语音或数据信息通过语音/数据接口模块后,由系统完成信道调制和信道编码,然后被送往预处理模块。该模块根据信道估计的结果进行信号预处理,经驱动光源后由光学天线对光束进行整形发送。在该发送过程中,中央处理单元控制收发控制处理模块,根据链路控制接入协议和信道占用情况进行收发选择,或优化选择合适的信道接入时机。

在接收端,收发控制处理模块通过接收策略控制,选择光学天线所接收到的多个方向光

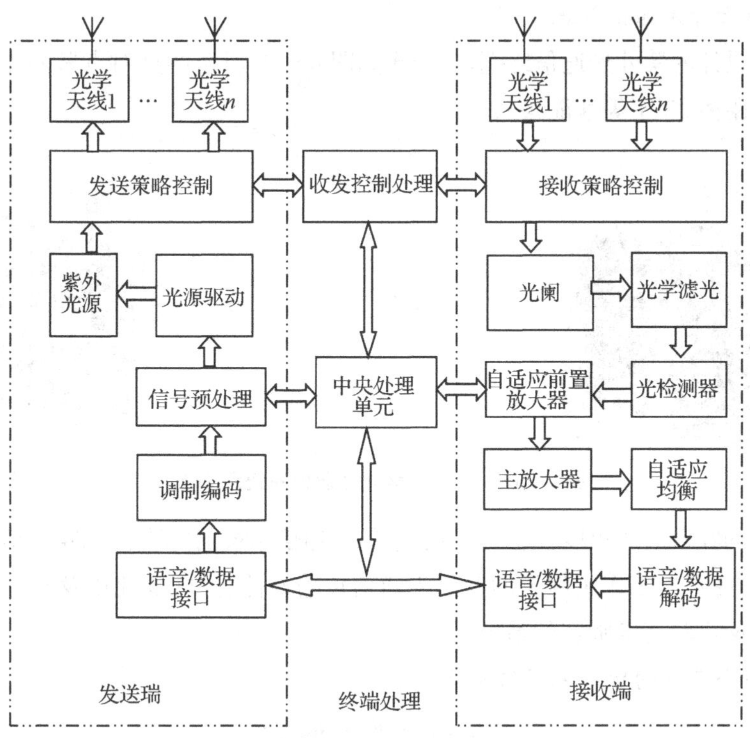

图 6 - 43　紫外光通信终端节点组成

信号中的最强信号送往光检测器，光检测器将微弱光信号转换为电信号，然后经过自适应前置放大器、主放大器，再送往信号处理模块。信号处理模块将强背景噪声下的失真信号恢复成原始数据，根据信息内容判断信息来源。接收端最关键的器件是紫外光检测器。同时，为了改善接收信号，还可采用多片干涉型滤光片来进行交叉滤波，以实现较窄带宽的背景光噪声滤除。

一种实际设计实现的紫外光通信终端如图 6 - 44 所示。紫外光通信终端呈六边形结构，各个方向使用多个紫外光 LED 构成光源阵列；接收检测器件使用 PMT 器件，主控板完成所有的信号处理、分析和控制功能。

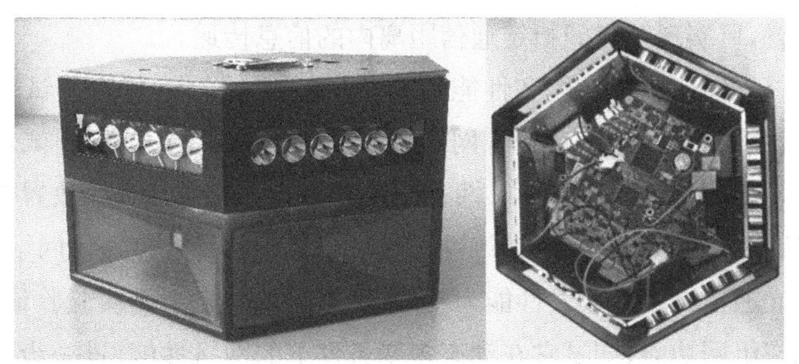

图 6 - 44　课题组设计的收发一体紫外光通信节点原型设备

2）点对点紫外光通信系统

利用以上设计的紫外光通信终端，可构成如图 6-45 所示的点对点紫外光通信系统，从而测试其传输距离、速率等性能参数。

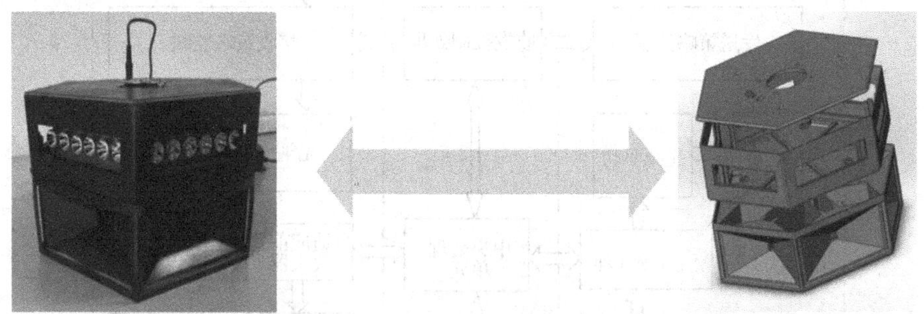

图 6-45　点对点紫外光通信系统示意图

调整不同的收发天线角度，测试点对点紫外光通信系统的非直视绕障通信能力；改变工作环境，测试它在不同工作条件下的紫外光通信传输性能、性能变化以及影响关系，从而为紫外光通信组网实验奠定坚实的基础。

3）具有多个节点的紫外光通信网络

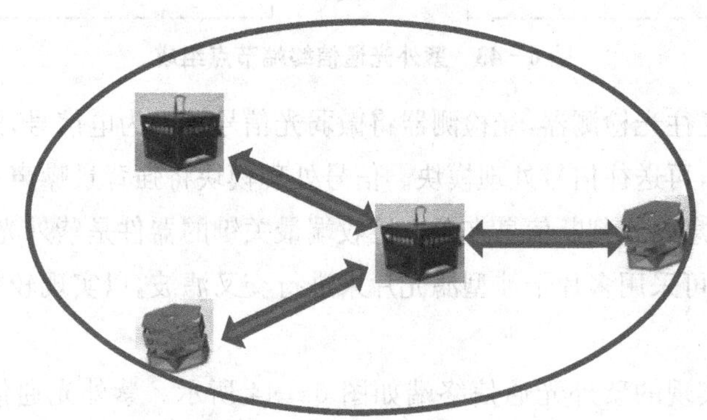

图 6-46　紫外光通信组网实验示意图

构建具有多个节点的紫外光通信网络，如图 6-46 所示。每个节点均包括相应的光发送及接收实验装置，可实现节点间指定通信距离内的信息传递。

下面进行紫外光通信网络功能和性能的验证与测试。首先，静态测试多个网络节点的组网接入功能和性能；然后，缓慢改变各网络单元的相对位置与方位，测试紫外光通信网络的接入机制与组网方法的适应性和可靠性；最后，可将紫外光通信终端放置于无人车或无人机等移动平台，从而将多个紫外光通信终端构成一个移动的紫外光通信网络。

以单个紫外光通信终端的收发性能为基础，可进行紫外光组网实验验证，从而验证紫外光通信网络的动态组网功能，测试它在动态多变条件下的网络性能，进一步验证提出的组网方法的有效性和可行性。

6.6　本章小结

紫外光通信不受电磁干扰影响的优点使其受到了军事应用领域的关注，而非视距通信的特点又使其具有实现广播组网的可能，在未来无人集群应用方面具有较大的发展潜力。本章介绍了紫外光通信及其特点，并重点分析了紫外光网络的性能特点以及提高网络性能的关键技术。

参考文献

[1] *Chan V W S. Free-space optical communications*[*J*]. *Journal of Lightwave Technology*, 2006, 24(12): 4750 - 4762.

[2] *Shaw G A, Siegel A M, Model J, et al. Recent progress in short-range ultraviolet communication*[*C*]// *Proceedings of SPIE. Unattended Ground Sensor Technologies and Applications VII . Bellingham, WA: SPIE*, 2005, 5796: 214 - 225.

[3] *G. L. Harvey, "A survey of ultraviolet communication systems", Naval Research Laboratory Technical Report, Washington D. C., March* 13, 1964.

[4] *Sanderson J A. Optics at the naval research laboratory*[*J*]. *Applied Optics*, 1967, 6(12): 2029.

[5] *Sunstein D. A scatter communications link at ultraviolet frequencies*[*D*]. *Boston, USA: Massachusetts Institute of Technology*, 1968: 813.

[6] *Luettgen M R, Reilly D M, Shapiro J H. Non-line-of-sight single-scatter propagation model*[*J*]. *Journal of the Optical Society of America A*, 1991, 8(12): 1964 - 1972.

[7] *Wang L J, Xu Z Y, Sadler B M. Non-line-of-sight ultraviolet link loss in noncoplanar geometry*[*J*]. *Optics Letters*, 2010, 35(8): 1263 - 1265.

[8] *Drost R J, Sadler B M. Survey of ultraviolet non-line-of-sight communications* [*J*]. *Semiconductor Science and Technology*, 2014, 29(8): 084006 - 084016.

[9] *Hariq S H, Karakaya B, Odabasioglu N. Outage analysis of MIMO NLOS-UV communication systems over atmospheric turbulence channels*[*J*]. *IET Communications*, 2020, 14(14): 2294 - 2302.

[10] *Shaik P, Garg K K, Bhatia V. On impact of imperfect channel state information on dual-hop nonline-of-sight ultraviolet communication over turbulent channel*[*J*]. *Optical Engineering*, 2020, 59: 016106.

[11] 倪国强，钟生东，刘榴绨，等. 自由大气紫外光学通信的研究[*J*]. 光学技术，2000，26(4)：297 - 303.

[12] Zuo Y, Wu J, Xiao H F, et al. Non-line-of-sight ultraviolet communication performance in atmospheric turbulence[J]. China Communications, 2013, 10(11): 52-57.

[13] Xiao H F, Zuo Y, Wu J, et al. Non-line-of-sight ultraviolet single-scatter propagation model in random turbulent medium[J]. Optics Letters, 2013, 38(17): 3366-3369.

[14] Han D H, Fan X, Zhang K, et al. Research on multiple-scattering channel with Monte Carlo model in UV atmosphere communication[J]. Applied Optics, 2013, 52(22): 5516-5522.

[15] 贾红辉，常胜利，杨建坤，等. 散射大气对脉冲紫外光传输时间特性研究[J]. 光散射学报，2007，19(1)：37-42.

[16] 罗畅，李霁野，陈晓敏. 无线紫外通信信道分析[J]. 激光与光电子学进展，2011，48(4)：28-33.

[17]丁莹，佟首峰，董科研，等.大气信道对垂直发收模式紫外光散射通信性能影响的仿真[J].光子学报，2010,39(10)，1851-1856.

[18] 张静，廖云，武保剑，等. 紫外光通信大气信道模型研究[J]. 电子科技大学学报，2007，36(2)：199-202.

[19] Zheng X, Tang Y F, Du J Y. Analysis of transmission characteristics of non-line-of-sight ultraviolet light under complex channel conditions[J]. MATEC Web of Conferences, 2021, 336(2): 01012.

[20] Hou W J, Liu C H, Lu F P, et al. Non-line-of-sight ultraviolet single-scatter path loss model[J]. Photonic Network Communications, 2018, 35(2): 251-257.

[21] Song P, Zhou X L, Song F, et al. Performance analysis of UV multiple-scatter communication system with height difference[J]. Applied Optics, 2017, 56(32): 8908-8916.

[22] Qin H, Zuo Y, Li F Y, et al. Analytical link bandwidth model based square array reception for non-line-of-sight ultraviolet communication[J]. Optics Express, 2017, 25(19): 22693-22703.

[23] 徐智勇，沈连丰，汪井源，等. 无线光通信中紫外散射传播特性的研究[J]. 光通信技术，2009，33(11)：56-59.

[24] 刘晔，徐智勇，汪井源. 紫外光通信中基于大气散射理论的传输模型[J]. 光学学报，2008，28(S2)：62-67.

[25] 陈晓华，汪井源. 日盲紫外光高速通信机国产化研究[J]. 东南大学学报(自然科

学版)，2008，38(S1)：226 - 230.

[26] Kedar D, Arnon S. *Non-line-of-sight optical wireless sensor network operating in multiscattering channel*[J]. *Applied Optics*, 2006, 45(33): 8454 - 8461.

[27] Vavoulas A, Sandalidis H G, Varoutas D. *Connectivity issues for ultraviolet UV-C networks* [J]. *Journal of Optical Communications and Networking*, 2011, 3(3): 199 - 205.

[28] Li Y Y, Wang L J, Xu Z Y, et al. *Neighbor discovery for ultraviolet ad hoc networks*[J]. *IEEE Journal on Selected Areas in Communications*, 2011, 29 (10): 2002 - 2011.

[29] Wang L J, Li Y Y, Xu Z Y. *On connectivity of wireless ultraviolet networks* [J]. *Journal of the Optical Society of America A*, 2011, 28(10): 1970 - 1978.

[30] Li Y Y, Ning J X, Xu Z Y, et al. *UVOC-MAC: a MAC protocol for outdoor ultraviolet networks*[J]. *Wireless Networks*, 2013, 19(6): 1101 - 1120.

[31] Haghighi Ardakani M, Uysal M. *Relay-assisted OFDM for ultraviolet communications: Performance analysis and optimization*[J]. *IEEE Transactions on Wireless Communications*, 2017, 16(1): 607 - 618.

[32] Ardakani M H, Heidarpour A R, Uysal M. *Performance analysis of relay-assisted NLOS ultraviolet communications over turbulence channels*[J]. *Journal of Optical Communications and Networking*, 2016, 9(1): 109 - 118.

[33] Refaai A, Abaza M, El-Mahallawy M S, et al. *Performance analysis of multiple NLOS UV communication cooperative relays over turbulent channels*[J]. *Optics Express*, 2018, 26(16): 19972 - 19985.

[34] Chowdhury M Z, Hossan M T, Islam A, et al. *A comparative survey of optical wireless technologies: Architectures and applications*[J]. *IEEE Access*, 6: 9819 - 9840.

[35] 柯熙政，陈锦妮，侯兆敏. 紫外光非视距通信的定向媒体接入控制协议[J]. 光电子 激光，2011，22(8)：1190 - 1195.

[36] 柯熙政. 紫外光自组织网络理论[M]. 北京：科学出版社，2011.

[37] 李济波，刘锡国，王红星，等. 改进的紫外光通信时分复用组网方法[J]. 中国激光，2014，41(11)：126 - 131.

[38] 熊扬宇，宋鹏，王建余，等. 紫外光通信网节点设计与性能分析[J]. 西安工程大学学报，2016，30(6)：797 - 801.

[39] 张曦文，赵尚弘，李勇军，等. 紫外光通信组网技术研究[J]. 光通信技术，2015，39(8)：47 - 49.

[40] Song P, Ke X Z, Song F, et al. *Multi-user interference in a non-line-of-sight ultraviolet communication network*[J]. *IET Communications*, 2016, 10(13): 1640-1645.

[41] Li C, Li J H, Xu Z Y, et al. *Study on the k-connectivity of UV communication network under the node distribution of RWP mobility model in the arbitrary polygon area*[J]. *IEEE Photonics Journal*, 2020, 12(4): 1-12.

[42] Li C, Li J H, Xu Z Y, et al. *Study on the k-connectivity of ultraviolet communication network under uniform distribution of nodes in a circular region*[C]. *Chengdu, China*: 2019 *IEEE 5th International Conference on Computer and Communications (ICCC)*, 2019: 797-802.

[43] 赵太飞，王小瑞，柯熙政. 无线紫外光散射通信中多信道接入技术研究[J]. 光学学报，2012，32(3)：14-21.

[44] 何华，柯熙政，赵太飞，等. 无线日盲紫外光网格网中的定位研究[J]. 激光技术，2010,34(5),607-610.

[45] Zhao T F, Gao Y Y, Zhang Y. *An area coverage algorithm for non-line-of-sight ultraviolet communication network*[J]. *Photonic Network Communications*, 2016, 32(2): 269-280.

[46] Zhao T F, Xie Y, Zhang Y. *Connectivity properties for UAVs networks in wireless ultraviolet communication*[J]. *Photonic Network Communications*, 2018, 35(3): 316-324.

[47] Feng T, Xiong F, Ye Q, et al. *Non-line-of-sight optical scattering communication based on solar-blind ultraviolet light*[C]// *Proceedings of SPIE. Optical Transmission, Switching, and Subsystems V. Bellingham, WA: SPIE*, 2007, 6783: 1008-1014.

[48] Zhao T F, Gao Y Y, Wu P F, et al. *A networking strategy for three-dimensional wireless ultraviolet communication network*[J]. *Optik*, 2017, 151: 123-135.

[49] Sun X B, Zhang Z Y, Chaaban A, et al. *71-Mbit/s ultraviolet-B LED communication link based on 8-QAM-OFDM modulation*[J]. *Optics Express*, 2017, 25(19): 23267-23274.

[50] Penrose M D. *On k-connectivity for a geometric random graph*[J]. *Random Structures and Algorithms*, 1999, 15(2): 145-164.

[51] Bettstetter C. *On the minimum node degree and connectivity of a wireless multi-hop network*[C]// *Proceedings of the Third ACM International Symposium on*

Mobile Ad Hoc Networking and Computing, *Lausanne*, *Switzerland*. 2002: 80 - 91.

[52] *Hyytia E*, *Lassila P*, *Virtamo J*. *Spatial node distribution of the random waypoint mobility model with applications*[*J*]. *IEEE Transactions on Mobile Computing*, 2006, 5(6): 680 - 694.

[53] *Bettstetter C*, *Resta G*, *Santi P*. *The node distribution of the random waypoint mobility model for wireless ad hoc networks*[*J*]. *IEEE Transactions on Mobile Computing*, 2003, 2(3): 257 - 269.

[54] *Bettstetter C*, *Krause O*. *On border effects in modeling and simulation of wireless ad hoc networks*[*C*]//*Proceedings of the 3rd International Conference on Mobile and Wireless Communication Networks*. *Recife*:*IEEE Press* , 2001.

[55] *Li C*, *Xu Z Y*, *Li J H*, *et al*. *Performance of the UV multinode network under the lossless contention MAC protocol*[*J*]. *IEEE Photonics Journal*, 2022, 14(2): 1 - 7.

[56] *Li C*, *Li J H*, *Xu Z Y*, *et al*. *Research on the lossless contention MAC protocol and the performance of an ultraviolet communication network*[*J*]. *Optics Express*, 2021, 29(20): 31952.

第7章 逆向调制无线光通信

7.1 逆向调制无线光通信概述

21世纪是信息化时代，随着通信技术的发展，人们能接触到的数据信息越来越多，庞大的数据信息使人们对通信速率和容量也提出了更高的要求。无线光通信由于其隐蔽性好、抗干扰性强、无需频谱分配许可等优点在军事应用中受到广泛关注。

如前文所述，无线光通信系统结构如图7-1所示，FSO通信链路的两个终端都配备了发射机和接收机，为了确保发出的激光束可以正确传输到接收端，通常还需要配备自动跟瞄系统。这样的配置加大了通信端机的体积、功耗、负载等，使其在无人机、小卫星之类平台上的应用受到了限制。例如很多小卫星的负载能力大约只有1 kg，而欧洲空间局(European Space Agency, ESA)SILEX计划中，如果采用传统的自由空间光通信技术，卫星终端的负载能力需要达到160 kg(改进后卫星终端负载需达到35 kg)才能实现星地光通信。

为此，研究人员一直在寻找解决问题的方法，于是出现了一种新型的无线光通信方式，即逆向调制无线光通信(Modulating Retro-Reflector, MRR)技术。

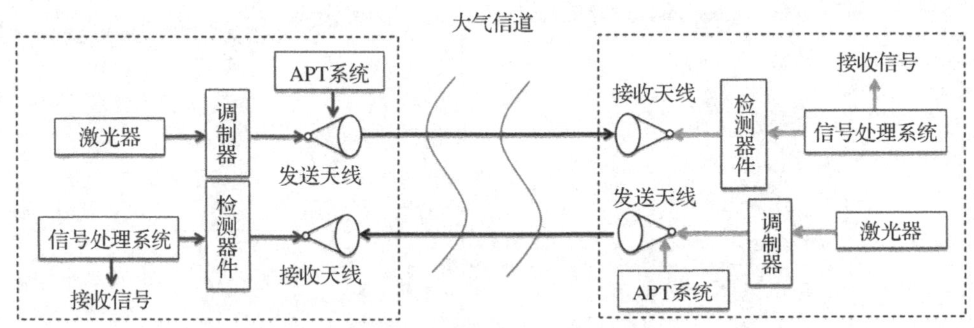

图7-1 自由空间光通信系统工作示意图

在黑暗的夜晚，我们经常会看到猫的眼睛特别明亮，原因就在于光线入射到猫的眼睛，通过猫眼的晶状体后照射到眼底上，然后经由眼底的反射，使光束沿原光路方向返回，反射回来的光投射到观察者的眼中，所以此时的猫眼看起来就显得比较亮。目前军事上常用的光电系统往往也有类似的现象，就是其光学元件对入射光具有很强的原光路方向反射的特性，通常这种反射光比漫反射目标的回波强$10^2 \sim 10^4$倍，这种特性就被称为"猫眼效应"。这种效应在军事上也常被用于激光主动侦察系统，用以探测敌方的光电装备。

由于激光照射到这种光电系统目标产生的回波远远强于漫反射目标，近些年来，研究人员也尝试利用猫眼效应来达到利用激光回波进行通信的目的。这就是逆向调制无线光通信。

相比于传统的无线光通信，逆向调制光通信将通信链路中一个终端用逆向调制器件来代替，其通信系统示意图如图 7－2 所示。逆向调制光通信实现的关键在于逆向调制端，询问端发射未经调制的激光束，逆向调制器能调制光发送机发送的询问光束，并且能够使调制后的光束沿原方向返回，这样逆向调制端本身不需要光源和自动跟瞄系统，可大大降低其体积、重量、功耗、成本等。实现光束原方向返回的光学设计，可以是基于猫眼效应设计的光学组件，也可以是角反射器。

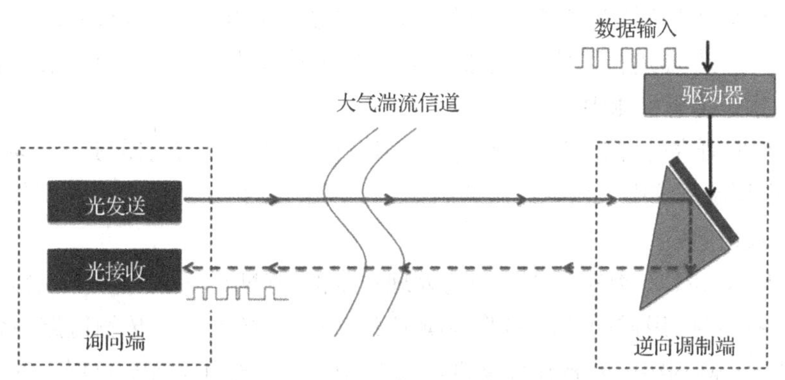

图 7－2　逆向调制光通信系统工作示意图

对于逆向调制光通信系统而言，询问端承担着发送激光光束和接收调制信号的任务。由于不需要进行自动跟瞄，这样的系统结构就使得逆向调制端可以设计得很小，且很轻便，逆向调制端也无需配备大功率的光源。

逆向调制光通信技术在国防军事、航天航空、星球开发等方面都潜在着巨大的应用价值，其主要应用方式及应用场合包括：小型无人机的抗干扰数据回传、小卫星的通信、战场敌我识别系统、UAV 对水下传感器的数据采集等。因此，美国、日本以及欧洲部分国家在上世纪就已投入大量资源进行研究。

逆向调制光通信技术最早在 1966 年被提出，当时称为 MIROS(Modulation-Inducting Retrodirective Optical System，调制感应逆向光学系统)，主要用于卫星通信，但是由于当时电子技术的限制，逆向调制技术发展缓慢。随着光电器件的不断进步，激光器、接收机、逆向调制器件迅速发展，逆向调制技术得到极大提高，系统通信速率也得到了极大的提高[1]。

由于逆向调制特有的技术优势，世界多国先后在该领域开展了相关研究。美国自 20 世纪 90 年代至今已开展了多项理论研究和演示验证，并取得了一定成果。此外，瑞典、加拿大、澳大利亚、英国、日本、以色列等国也开展了相应的研究。

20 世纪 90 年代，铁电液晶逆向调制器被广泛研究与应用。1996 年美国犹他州立大学与菲利普斯实验室合作，在热气球上安置了具有 9 个阵列的铁电液晶逆向调制器，然后将热气球升至 31 km 的高空，地面基站通过一个光学口径 1.5 m 的望远镜来接收调制光信号，实现了速率为 20 kb/s 的通信[2]。

1999 年秋，马里兰州切萨皮克湾美国海军研究实验室(NRL)在螺旋翼无人机上搭载了

InGaAs 多量子阱(Multiple Quantum Well,MQW)逆向调制器,完成了 400 kb/s 至 910 kb/s 数据速率的对地信息传输实验[3]。2002 年,NRL 在追踪飞行器上安装激光器和探测器,在目标飞行器上安装了 8 个 0.5 mm 的 InGaAs 多量子阱调制器组成阵列(单个逆向调制器重约 10 g),实现了对运动中目标的跟踪和识别[4]。

2003 年,NRL 和美国国家航空航天局提出把 MQW 的 PIN 结构既用作调制器件也用来接收数据,利用一个主节点和两个从节点结合光学检测设备构成美国军用通信标准的链路,经过调制和纠错编解码,最终实现了 40 Mb/s 的传输速率[5]。

2005 年,英国的斯特拉斯克莱德大学对角管式硅微机电系统(Micro Electro Mechanical,MEMS)逆向调制器进行了研究,他们初步完成了速率为 500 b/s 的通信实验并将该逆向调制器件应用于传感检测中[6]。

2007 年,瑞典研究防御署将带宽超过 10 MHz 的多量子阱调制器与大视场猫眼光学系统结合,在逆向调制系统中采用多进制调制技术实现了室内 90 m 距离以及室外 160 m 距离的逆向调制光通信实验[7]。

2008 年夏天,NRL 与海军爆炸性弹药处理技术部门(NAVEODTECH)合作,利用光通信的抗电磁干扰特性,用逆向调制链路替换了 1.5 Mb/s 的无线电传输链路,将 6 个 MRR 单元组成的 MRR 阵列终端安置在排爆机器人上,在 1 km 外可实现对机器人的控制[8]。

2009 年 6 月,NRL 在达格韦实验场进行实验,将两个独立工作吊舱挂载在无人机上,最终在 2.5 km 的距离上实现了速率为 2 Mb/s 的数据传输[9]。同年,英国切尔西公司在 1 km 的通信距离上实现了速率为 200 kb/s 的传输,而且实验中采用的逆向调制器的视场角达到了 120°[10]。

2010 年,美国波士顿大学微机电公司设计了一种低功耗、性能稳定的角管式微机电系统逆向调制器。他们用 1550 nm 波长的询问光束,在 2 km 距离上实现调制速率为 180 kb/s、连续工作时长达 24 小时的通信[11]。

2016 年,NASA 的 Ames 研究中心表示已经和西班牙国防系统工程公司(ISDEFE)协作,由 ISDEFE 负责器件研制,NASA 负责配置驱动,将逆向调制器件应用于小型卫星上。同期还有以日本东北大学为首的 RISESAT 小型卫星项目,该项目计划在 2017 年发送一颗 50 kg重的卫星,并实现了速率为 1 Mb/s 的卫星逆向调制通信实验。

7.2 信道传输特性分析

7.2.1 MRR 链路损耗

逆向调制光传输链路的传输过程如图 7-3 所示,询问端光发送机以光束发散角 θ_1 发送激光束,传播距离为 L,到达逆向调制端之后,逆向调制器调制信号并将其沿着原方向反射回来,回波反射光信号从逆向调制器端按 θ_2 的光束发散角进行反射传播之后被询问端光接收机接收。

询问端激光器发送光功率为 P_0,对于高斯光束,其远场发散角可表示为

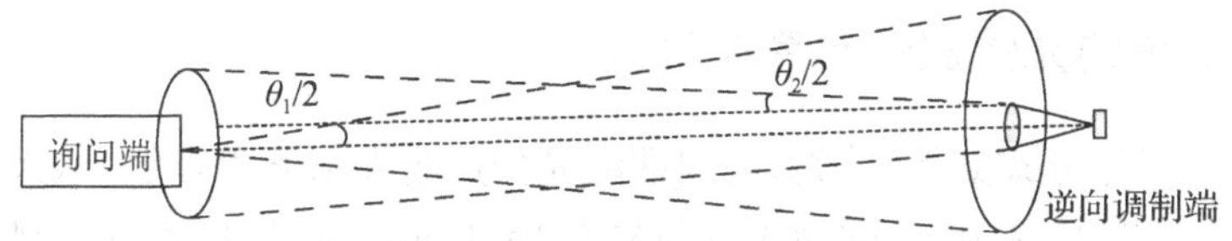

图 7-3　逆向调制光传输链路图

$$\theta_1=\frac{2\lambda}{\pi\omega_0} \tag{7-1}$$

远场时距离 L 处的光斑半径可表示为

$$\omega(L)=L\cdot\theta_1/2 \tag{7-2}$$

在估算 MRR 的链路损耗时，为方便起见，假定光强是均匀分布的，则逆向调制端接收并汇聚到逆向调制器的光功率 P_1 可表示为

$$P_1=P_0\frac{T_{\mathrm{atm}}\cdot\psi_1\cdot\psi_2\cdot D_1^2}{L^2\cdot\theta_1^2} \tag{7-3}$$

其中，ψ_1 为询问端光学发送天线的透过率；$T_{\mathrm{atm}}=\mathrm{e}^{-\sigma L}$ 为单程大气传输损耗；D_1 为逆向调制端透镜的直径；L 为询问端到逆向调制端的距离；θ_1 为询问端所发出激光束的发散角；ψ_2 为逆向调制端光学天线的透过率。

假设逆向调制器的反射面为朗伯漫反射平面，漫反射光中的一部分将通过透镜被反射回去，则有接近衍射极限的逆向调制端光束发散角 $\theta_2=2.44\lambda/D_1$，其中 λ 为工作波长，D_1 为逆向调制端透镜的直径[12]。

因此，从逆向调制端沿着原光路返回询问端，并被接收的光功率为

$$P_2=P_1\frac{T_{\mathrm{atm}}\cdot\rho\cdot\psi_2\cdot\psi_3\cdot D_2^2}{L^2\cdot\theta_2^2} \tag{7-4}$$

其中，D_2 为询问端光学接收天线的口径；ψ_3 为询问端光学接收天线的透过率；ρ 为逆向调制器的反射率。

所以，询问端接收到的光功率为

$$P_2=P_0\frac{T_{\mathrm{atm}}^2\cdot\rho\cdot\psi_1\cdot\psi_2^2\cdot\psi_3\cdot D_1^2\cdot D_2^2}{L^4\cdot\theta_1^2\cdot\theta_2^2} \tag{7-5}$$

从式(7-5)可以看出，回波反射信号的功率大小与传播距离、激光初始发送功率、逆向调制端的透镜直径大小、发射端的接收天线接收口径大小以及大气的能见度等各种因素有关，因此，在实际系统设计中，需要综合考虑各方面因素，以达到最优的效果。

传统自由空间光传输链路的链路损耗满足关系式 $\mathrm{e}^{-\sigma L}\cdot L^{-2}$，与传播距离的二次方成反比。而逆向调制光传输链路是一种非对称光传输链路，虽然传播距离是传统自由空间光传输链路的两倍，但是其链路损耗却要大得多，满足关系式 $\mathrm{e}^{-2\sigma L}\cdot L^{-4}$，与传输距离的四次方成反比。从链路损耗来看，逆向调制光传输链路的链路损耗远远大于 FSO 单向链路的链路损耗。因此，为了保证逆向调制光通信系统正常工作，必须对逆向调制光传输链路的链路损耗进行合理预算，以达到功率要求。

7.2.2 MRR 链路的光强起伏和系统性能

MRR 系统的工作方式如下：首先，询问端激光器产生发射光束，经发送天线进行光束整形后，对准逆向调制端后发射，经前向大气链路传送到逆向调制端，逆向调制端收集入射光束后，对未经调制的激光光束进行数字调制，并将调制后的光束经过后向链路沿原方向反射回询问端，该光束被接收天线接收后汇聚到光电检测器表面，检测器将接收到的光信号转化为电信号。在考虑湍流的影响下，主动端接收到的电信号 y 可表示为[13]

$$y=\eta Ix+n=\eta uI_0x+n \tag{7-6}$$

式中，η 是接收机光电转换系数；x 是发送电信号，取值为 $x\in\{0,1\}$；n 是零均值、σ_n^2 方差的加性高斯白噪声；$I=uI_0$ 是归一化光强；I_0 是发送数据为“1”时对应的信号光强；u 是大气湍流造成的衰落系数，表示为 $u=u_1u_2$；u_1 和 u_2 分别是前、后向链路大气湍流衰落系数。

1) MRR 链路的光强起伏

图 7-4 为 MRR 系统中光波在大气中的传输示意图，其中图 7-4(a)为双基系统示意图，图 7-4(b)为单基系统示意图。在 MRR 系统中，光波由发送机发射至逆向调制端并被反射器反射回接收机，其间两次穿越大气湍流信道。如图 7-4(a)所示，在双基系统中，入射光波与反射光波在大气湍流中相互独立传输，前、后向链路间无相关作用，此时逆向反射闪烁指数可以看作单程链路下光强闪烁的叠加[14]。

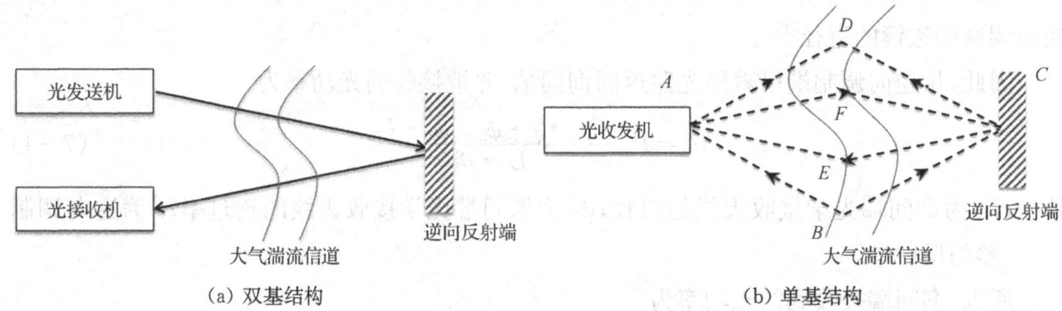

(a) 双基结构　　(b) 单基结构

图 7-4　MRR 系统中激光传输示意图

在图 7-4(*b*)中，路径 *ABCDA* 和 *ADCBA* 描绘了相反路径的几何形状，光束沿这两条路径经过的大气环境相同，仅方向相反，说明分别经过路径 *ABCDA* 和 *ADCBA* 的两条光束会同时穿过完全相同的大气湍流。折叠路径 *AFCEA* 仅包含一条这样的路径。在单基系统中，湍流对回波造成的负相位扰动包含两种类型的相关项，其中一个由相反路径引起，另一个则由折叠路径引起[15]。

入射波和反射波的相关性导致反射波的闪烁指数和相位方差在一定程度上有所增加，也就是后向散射增强效应，接收端的回波闪烁指数包含后向散射增强信号。若考虑后向散射增强效应，在弱波动强度下接收端的逆向反射闪烁指数 $\sigma_I^2(\boldsymbol{r},2L)$ 的表达式能够表示为[14]

$$\sigma_I^2(\boldsymbol{r},2L)=\sigma_{I,q}^2(0,L)+\sigma_{I,h}^2(L)+2\rho_I(\boldsymbol{r},L) \tag{7-7}$$

式中，$\boldsymbol{r}$ 为垂直于光轴的位置矢量；r 为该位置矢量的大小；$\sigma_{I,q}^2(0,L)$ 为入射光波的轴向闪烁指数；$\sigma_{I,h}^2(L)$为反射光波的闪烁指数即回程传输的闪烁指数；$\rho_I(\boldsymbol{r},L)$为入射波和反射波的相关函数，又称为后向散射增强项。与双基系统类似，在单基系统中，若 $r\gg\sqrt{L/k}$，后向散射增强项 $\rho_I(\boldsymbol{r},L)$的取值也为零[14]，此时逆向反射闪烁指数 $\sigma_I^2(\boldsymbol{r},2L)=\sigma_{I,q}^2(0,L)+\sigma_{I,h}^2(L)$。

若要考虑更广泛湍流条件下的闪烁性能，可以结合双基结构下的闪烁指数得到单基结构下的闪烁指数，计算方式为[16]

$$
\begin{aligned}
\sigma_I^2(\boldsymbol{r},2L)_{,\mathrm{pmpstatoc}} &= \frac{\langle I^2(\boldsymbol{r},2L)\rangle}{\langle I(\boldsymbol{r},2L)\rangle^2}-1 \\
&= \frac{\langle C^2(\boldsymbol{r})\rangle}{\langle C(\boldsymbol{r})\rangle^2}\frac{\langle I^2(\boldsymbol{r},2L)\rangle_{\mathrm{bistatic}}}{\langle I(\boldsymbol{r},2L)\rangle_{\mathrm{bistatic}}^2}-1 \\
&= \frac{\langle C^2(\boldsymbol{r})\rangle}{\langle C(\boldsymbol{r})\rangle^2}[1+\sigma_I^2(\boldsymbol{r},2L)_{\mathrm{bistatic}}]-1
\end{aligned}
\tag{7-8}
$$

式中，$\sigma_I^2(\boldsymbol{r},2L)_{\mathrm{bistatic}}$是双基结构下 MRR 系统接收端的闪烁指数；$C(\boldsymbol{r})=I(r,2L)/I(r,2L)_{\mathrm{uncorr}}$是一个统计独立的放大因子，其中 $I(r,2L)$、$I(r,2L)_{\mathrm{uncorr}}$分别表示单基结构时的光强、入射光与反射光之间没有相关性时的光强。

2) MRR 系统的通信性能

与 Gamma-Gamma 分布模型等数学模型相比，指数韦伯分布模型的适用性更广，能够描述有限孔径、任意湍流情况下接收机平面的光强闪烁情况[17]。因此，本节以指数韦伯分布模型为基础，对逆向调制无线光通信系统的通信性能展开研究，其中，MRR 链路大气湍流衰落系数的概率密度函数是进行通信性能分析的关键和基础。

(1) MRR 链路大气湍流衰落系数的概率密度函数

逆向调制无线光通信链路大气湍流衰落系数 u 的概率密度函数可以由单向链路湍流衰落系数 u_1、u_2 的联合概率密度函数 $f_{u_1,u_2}(u_1,u_2)$转换得到[17]。已知 $f_{u_1,u_2}(u_1,u_2)=f_{u_1}(u_1)f_{u_2}(u_2)$，其中 $u_2=u/u_1$，通过变量代换可得

$$
f_{u,u_1}(u,u_1)=\frac{1}{u_1}f_{u_1}(u_1)f_{u_2}\left(\frac{u}{u_1}\right) \tag{7-9}
$$

对式(7-9)关于 u_1 积分，得到 u 的概率密度函数为

$$
f_u(u)=\int f_{u,u_1}(u,u_1)\mathrm{d}u_1=\int\frac{1}{u_1}f_{u_1}(u_1)f_{u_2}\left(\frac{u}{u_1}\right)\mathrm{d}u_1 \tag{7-10}
$$

式中，$f_u(u)$是斜程逆向调制无线光通信衰落系数 u 的概率密度函数。

结合前面的分析，为了更好地描述有限接收孔径下的衰落分布，采用指数韦伯分布模型来模拟前、后向链路的大气湍流衰落系数，$u_i(i=1,2)$的概率密度函数 $f_{\mathrm{EW}_i}(u_i)$可表示为

$$
f_{\mathrm{EW}_i}(u_i)=\frac{\alpha_i\beta_i}{\eta_i}\left(\frac{u_i}{\eta_i}\right)^{\beta_i-1}\exp\left[-\left(\frac{u_i}{\eta_i}\right)^{\beta_i}\right]\times\left\{1-\exp\left[-\left(\frac{u_i}{\eta_i}\right)^{\beta_i}\right]\right\}^{\alpha_i-1},u_i\geqslant 0 \tag{7-11}
$$

根据牛顿广义二项式定理[19]，式(7-11)最后的乘项部分可以转换为

$$
\left\{1-\exp\left[-\left(\frac{u_i}{\eta_i}\right)^{\beta_i}\right]\right\}^{\alpha_i-1}=\sum_{j=0}^{\infty}\frac{(-1)^j\Gamma(\alpha_i)}{j!\Gamma(\alpha_i-j)}\exp\left[-j\left(\frac{u_i}{\eta_i}\right)^{\beta_i}\right] \tag{7-12}
$$

代入式(7-11)中，则 $f_{\mathrm{EW}_i}(u_i)(i=1,2)$也可转换为

$$f_{\mathrm{EW}_1}(u_1)=\frac{\alpha_1\beta_1}{\eta_1}\left(\frac{u_1}{\eta_1}\right)^{\beta_1-1}\sum_{j=0}^{\infty}\frac{(-1)^j\Gamma(\alpha_1)}{j!\Gamma(\alpha_1-j)}\exp\left[-(1+j)\left(\frac{u_1}{\eta_1}\right)^{\beta_1}\right] \tag{7-13}$$

$$f_{\mathrm{EW}_2}(u_2)=\frac{\alpha_2\beta_2}{\eta_2}\left(\frac{u_2}{\eta_2}\right)^{\beta_2-1}\sum_{i=0}^{\infty}\frac{(-1)^i\Gamma(\alpha_2)}{i!\Gamma(\alpha_2-i)}\exp\left[-(1+i)\left(\frac{u_2}{\eta_2}\right)^{\beta_2}\right] \tag{7-14}$$

将式(7-13)、式(7-14)与式(7-10)相结合，衰落系数 u 的概率密度函数 $f_{\mathrm{EW}}(u)$ 表示为

$$f_{\mathrm{EW}}(u)=\frac{\alpha_1\alpha_2\beta_1\beta_2}{\eta_1\eta_2}u^{\beta_2-1}\sum_{j=0}^{\infty}\sum_{i=0}^{\infty}\frac{(-1)^{i+j}\Gamma(\alpha_1)\Gamma(\alpha_2)}{i!j!\Gamma(\alpha_1-j)\Gamma(\alpha_2-i)}\times$$
$$\int_0^{\infty}u_1^{\beta_1-\beta_2-1}\exp\left\{-\left[(1+j)\left(\frac{u_1}{\eta_1}\right)^{-\beta_1}+(1+i)\left(\frac{u}{u_1\eta_2}\right)^{-\beta_2}\right]\right\}\mathrm{d}u_1 \tag{7-15}$$

根据文献[20]中的式(8.4.3.1)，可利用 Meijer'G 函数将 e^{-sx} 表示为 $G_{0,1}^{1,0}\left[sx\,\middle|\,{}^{-}_{0}\right]$，结合文献[20]中的式(2.24.1.1)，$f_{\mathrm{EW}}(u)$ 可化简为

$$f_{\mathrm{EW}}(u)=\frac{\alpha_1\alpha_2\beta_2\sqrt{kl}\,u^{\beta_2-1}}{(2\pi)^{\frac{1}{2}(l+k)-1}(\eta_1\eta_2)^{\beta_2}l^{\beta_2/\beta_1}}\sum_{j=0}^{\infty}\sum_{i=0}^{\infty}\frac{(-1)^{i+j}(1+j)^{\frac{\beta_2}{\beta_1}-1}\Gamma(\alpha_1)\Gamma(\alpha_2)}{i!j!\Gamma(\alpha_1-j)\Gamma(\alpha_2-i)}\times$$
$$G_{0,k+l}^{k+l,0}\left[\omega u^{\beta_2 k}\,\middle|\,\begin{matrix}-\\1-\Delta(k,1)\quad 1-\Delta(l,\beta_2/\beta_1)\end{matrix}\right] \tag{7-16}$$

式中，$G_{n,m}^{m,n}$ 表示 Meijer'G 函数，$\Delta(a,b)=\left[\dfrac{b}{a},\dfrac{b+1}{a},\cdots,\dfrac{a+b-1}{a}\right]$，$l$ 和 k 分别是满足 $l/k=\beta_2/\beta_1$ 的正整数[20]，ω 表示如下：

$$\omega=\frac{(1+i)^k(1+j)^l}{\eta_1{}^{\beta_1 l}\eta_2{}^{\beta_2 k}k^k l^l} \tag{7-17}$$

已知大气湍流衰落系数的概率密度分布函数，为了进行通信性能分析，首先需要求出接收信号瞬时信噪比 γ 的概率密度函数 $f(\gamma)$。已知瞬时信噪比 γ 和平均信噪比 $\bar{\gamma}$ 分别为 $\gamma=(\eta uI_0)^2/2\sigma_n^2$ 和 $\bar{\gamma}=[\eta E(u)I_0]^2/2\sigma_n^2$，考虑到 u_1、u_2 均为归一化信道衰落系数，可以得到 $\gamma=\bar{\gamma}u^2$，因此概率密度函数 $f_{\mathrm{EW}}(\gamma)$ 可表示为

$$f_{\mathrm{EW}}(\gamma)=\frac{\alpha_1\alpha_2\beta_2\sqrt{kl}}{2\bar{\gamma}^{\frac{1}{2}\beta_2}(2\pi)^{\frac{1}{2}(l+k)-1}(\eta_1\eta_2)^{\beta_2}l^{\beta_2/\beta_1}}\gamma^{\frac{1}{2}\beta_2-1}\sum_{j=0}^{\infty}\sum_{i=0}^{\infty}\frac{(-1)^{i+j}(1+j)^{\frac{\beta_2}{\beta_1}-1}\Gamma(\alpha_1)\Gamma(\alpha_2)}{i!j!\Gamma(\alpha_1-j)\Gamma(\alpha_2-i)}\times$$
$$G_{0,k+l}^{k+l,0}\left[\omega\bar{\gamma}^{-\frac{1}{2}\beta_2 k}\gamma^{\frac{1}{2}\beta_2 k}\,\middle|\,\begin{matrix}-\\1-\Delta(k,1)\quad 1-\Delta(l,\beta_2/\beta_1)\end{matrix}\right] \tag{7-18}$$

对概率密度函数 $f_{\mathrm{EW}}(\gamma)$ 进行积分，可以得到 γ 的累积分布函数 $F_\gamma(\gamma)$ 表示如下：

$$F_\gamma(\gamma)=\int_0^\gamma f_\gamma(t)\,\mathrm{d}t$$
$$=\frac{\alpha_1\alpha_2\sqrt{l/k}}{(2\pi)^{\frac{1}{2}(l+k)-1}(\eta_1\eta_2)^{\beta_2}l^{\beta_2/\beta_1}\bar{\gamma}^{\frac{1}{2}\beta_2}}\gamma^{\frac{1}{2}\beta_2}\sum_{j=0}^{\infty}\sum_{i=0}^{\infty}\frac{(-1)^{i+j}(1+j)^{\frac{\beta_2}{\beta_1}-1}\Gamma(\alpha_1)\Gamma(\alpha_2)}{i!j!\Gamma(\alpha_1-j)\Gamma(\alpha_2-i)}\times$$
$$G_{1,k+l+1}^{k+l,1}\left[\omega\bar{\gamma}^{-\frac{1}{2}\beta_2 k}\gamma^{\frac{1}{2}\beta_2 k}\,\middle|\,\begin{matrix}1-\frac{1}{k}\\1-\Delta(k,1)\quad 1-\Delta(l,\beta_2/\beta_1)\quad -\frac{1}{k}\end{matrix}\right] \tag{7-19}$$

3）MRR 链路的通信性能研究

为了进一步研究 MRR 链路的传输性能，在已知概率密度函数 $f(\gamma)$ 的基础上，可以推导出系统的中断概率、平均误码率、平均信道容量等性能评估指标。在第2章中针对中断概率等性能评估指标已进行了相关介绍，因此本节不做过多重复介绍。

根据式(7-19)得出的累积分布函数 $F_\gamma(\gamma)$，结合中断概率 P_{out} 的定义式，P_{out} 最终可以表示为

$$\begin{aligned}P_{\mathrm{out}} &= P(\gamma\leqslant\gamma_{th}) = F_\gamma(\gamma_{th})\\ &= \frac{\alpha_1\alpha_2\sqrt{l/k}}{(2\pi)^{\frac{1}{2}(l+k)-1}(\eta_1\eta_2)^{\beta_2}l^{\beta_2/\beta_1}\overline{\gamma}^{\frac{1}{2}\beta_2}}\gamma_{th}^{\frac{1}{2}\beta_2}\sum_{j=0}^{\infty}\sum_{i=0}^{\infty}\frac{(-1)^{i+j}(1+j)^{\frac{\beta_2}{\beta_1}-1}\Gamma(\alpha_1)\Gamma(\alpha_2)}{i!j!\Gamma(\alpha_1-j)\Gamma(\alpha_2-i)}\times\\ &\quad G_{1,k+l+1}^{k+l,1}\left[\omega\overline{\gamma}^{-\frac{1}{2}\beta_2 k}\gamma_{\mathrm{th}}^{\frac{1}{2}\beta_2 k}\middle|\begin{matrix}1-\frac{1}{k}\\ 1-\Delta(k,1)\quad 1-\Delta(l,\beta_2/\beta_1)\quad -\frac{1}{k}\end{matrix}\right]\end{aligned}\tag{7-20}$$

已知衰落信道下平均误码率 $\overline{P}_{\mathrm{e}}$ 可以通过将信道的瞬时误码率 P_{e} 与接收信号瞬时信噪比的概率密度函数 $f_\gamma(\gamma)$ 相乘求和得到，平均误码率计算方式如下：

$$\overline{P}_{\mathrm{e}} = \int_0^{\infty} f_\gamma(\gamma)P_{\mathrm{e}}\mathrm{d}\gamma \tag{7-21}$$

式中，瞬时误码率 $P_{\mathrm{e}}=\frac{1}{2}\mathrm{erfc}\left[\frac{\sqrt{\gamma}}{2}\right]$。结合 Meijer'G 函数，$\mathrm{erfc}\left(\frac{\sqrt{\gamma}}{2}\right)$ 可表示为 $\frac{1}{\sqrt{\pi}}G_{1,2}^{2,0}\left[\frac{\gamma}{2}\middle|\begin{matrix}1\\0,\frac{1}{2}\end{matrix}\right]$[21]，将式(7-18)代入式(7-21)中，可以得到平均误码率为

$$\begin{aligned}\overline{P}_{\mathrm{e}} &= \frac{\alpha_1\alpha_2\beta_2\sqrt{kl}}{2\overline{\gamma}^{\frac{1}{2}\beta_2}(2\pi)^{\frac{1}{2}(l+k)k_1+\frac{1}{2}l_1-1}(\eta_1\eta_2)^{\beta_2}l^{\beta_2/\beta_1}}\sum_{j=0}^{\infty}\sum_{i=0}^{\infty}\frac{(-1)^{i+j}(1+j)^{\frac{\beta_2}{\beta_1}-1}\Gamma(\alpha_1)\Gamma(\alpha_2)}{i!j!\Gamma(\alpha_1-j)\Gamma(\alpha_2-i)}\times\\ &\quad G_{2l_1,(k+l)k_1+l_1}^{(k+l)k_1,2l_1}\left[\frac{\omega^{k_1}(4l_2)^{l_1}}{k_1^{(k+l)k_1}\overline{\gamma}^{\frac{1}{2}\beta_2 kk_1}}\middle|\begin{matrix}\Delta\left(l_1,1-\frac{1}{2}\beta_2\right)\Delta\left(l_1,\frac{1}{2}-\frac{1}{2}\beta_2\right)\\ \Delta(k_1,b_1)\cdots\Delta(k_1,b_{k+l})\Delta\left(l_1,-\frac{1}{2}\beta_2\right)\end{matrix}\right]\end{aligned}\tag{7-22}$$

式中，l_1 和 k_1 分别是满足 $l_1/k_1=\beta_2 k/2$ 的正整数[21]。

同理，可以推导得到平均信道容量的闭式表达式如下：

$$\begin{aligned}\frac{\overline{C}}{B} &= \frac{\alpha_1\alpha_2\beta_2\sqrt{kl}}{2\ln 2\,\overline{\gamma}^{\frac{1}{2}\beta_2}(2\pi)^{\frac{1}{2}(l+k)k_2+l_2-2}(\eta_1\eta_2)^{\beta_2}l^{\beta_2/\beta_1}l_2}\sum_{j=0}^{\infty}\sum_{i=0}^{\infty}\frac{(-1)^{i+j}(1+j)^{\frac{\beta_2}{\beta_1}-1}\Gamma(\alpha_1)\Gamma(\alpha_2)}{i!j!\Gamma(\alpha_1-j)\Gamma(\alpha_2-i)}\times\\ &\quad G_{2l_2,(k+l)k_2+2l_2}^{(k+l)k_2+2l_2,2l_2}\left[\frac{\omega^{k_2}}{k_2^{(k+l)k_2}}\overline{\gamma}^{-\frac{1}{2}\beta_2 kk_2}\middle|\begin{matrix}\Delta\left(l_2,-\frac{1}{2}\beta_2\right)\quad\Delta\left(l_2,1-\frac{1}{2}\beta_2\right)\\ \Delta(k,b_1)\quad\cdots\quad\Delta(k,b_{k+l})\quad\Delta\left(l_2,-\frac{1}{2}\beta_2\right)\quad\Delta\left(l_2,-\frac{1}{2}\beta_2\right)\end{matrix}\right]\end{aligned}\tag{7-23}$$

式中，B 是信道带宽，l_2 和 k_2 分别是满足 $l_2/k_2=\beta_2 k/2$ 的正整数[21]。

通过中断概率、平均误码率以及平均信道容量等性能指标，可以对逆向调制无线光通信系统的链路性能展开评估。在本节中，大气折射率结构常数 C_n^2 分别取值为 $8.4\times10^{-15}\ \mathrm{m}^{-2/3}$、$1.7\times10^{-14}\ \mathrm{m}^{-2/3}$ 以及 $8.4\times10^{-12}\ \mathrm{m}^{-2/3}$，用来模拟弱、中、强三种强度的大气湍流环境。

图 7－5 为不同传输距离下链路性能指标随平均信噪比的变化曲线，其中，大气折射率结构常数为 $C_n^2=1.7\times10^{-14}\ \mathrm{m}^{-2/3}$、接收孔径 $D=0.08$ m。如图所示，当湍流强度、接收孔径 D 等参数固定时，随着通信距离 L 的减小及平均信噪比$\bar{\gamma}$的增大，系统的中断概率 P_{out}、平均误码率 $\overline{P}_e$均有明显降低，平均信道容量与带宽之比 $\overline{C}/B$ 也有所增大，说明此时通信性能有较好提升。

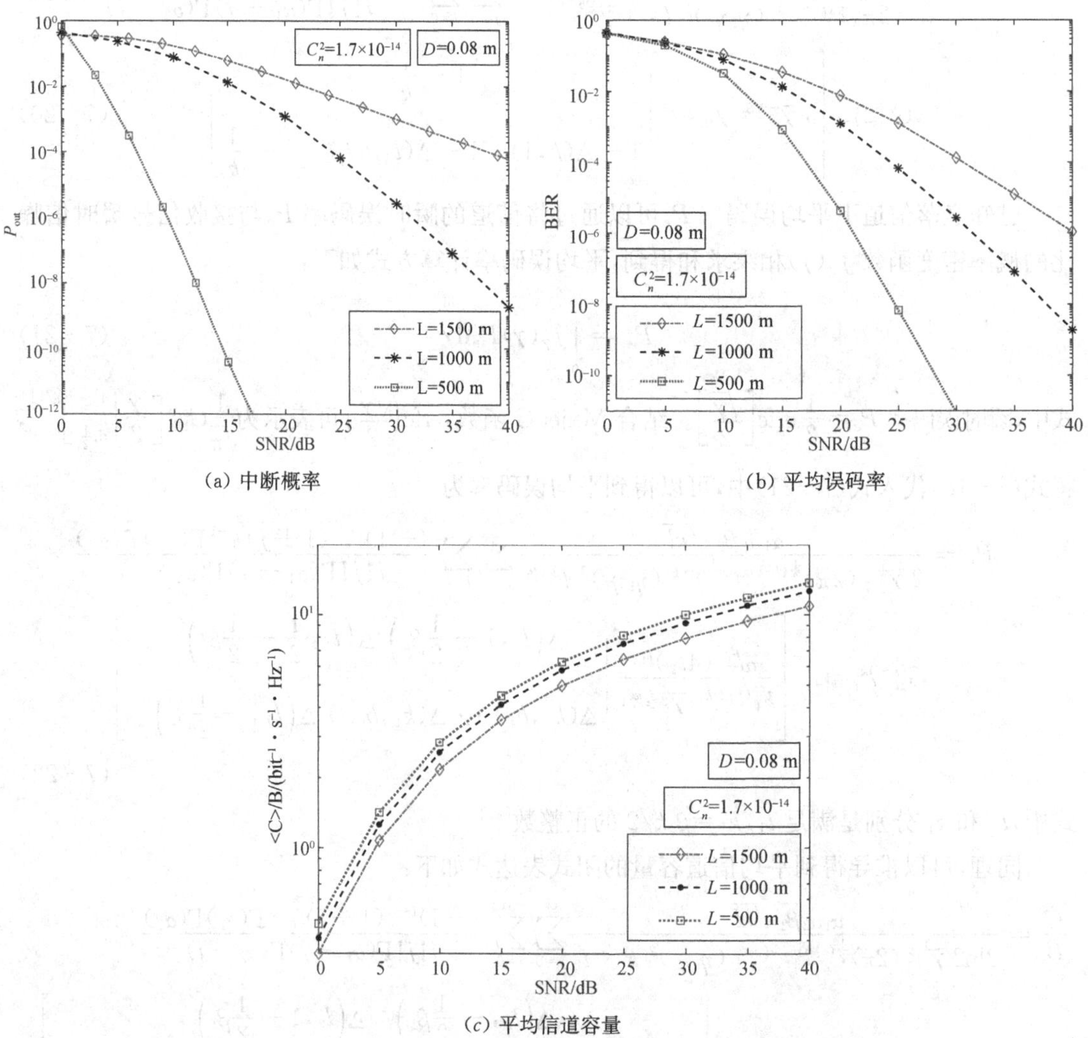

(a) 中断概率

(b) 平均误码率

(c) 平均信道容量

图 7－5 不同传输距离下链路性能指标随平均信噪比的变化曲线

图 7－6 为不同湍流强度下链路性能指标随平均信噪比的变化曲线，如图所示，随着湍流强度的降低，系统的中断概率、平均误码率均有明显降低，平均信道容量与带宽之比 $\overline{C}/B$ 有小幅度提升。要使通信性能达标，通常要求中断概率 P_{out}、平均误码率 $\overline{P}_e$都小于 10^{-6}，结

合图 7 - 6(b)可以看出，在弱湍流环境下，平均信噪比$\bar{\gamma}\geqslant 27$ dB 时，系统中断概率及误码性能均小于 10^{-6}，说明此时链路性能均能保持较好状态，但在强湍流环境下，即使是在平均信噪比$\bar{\gamma}$达到 40 dB 时，平均误码率 $\bar{P}_e=1.25\times10^{-5}$，仍不符合指标要求，说明此时的大气湍流对链路的影响依然很严重。

在单向无线光通信系统中，已经有充分的实验及理论研究结果证明了孔径平均技术具有较好的湍流抑制效果。光在逆向反射链路中的传输距离是传统无线光通信链路的两倍，受湍流的影响更是不可忽略。图 7 - 7 中分别选用 0.06 m、0.08 m、0.12 m 与 0.15 m 四组不同尺寸的接收孔径，得到了不同接收孔径下链路性能指标随平均信噪比的变化曲线。从图中可以看出，孔径平均技术能够在一定程度上降低大气湍流的影响，较好地改善逆向调制无线光通信系统的通信性能。在中湍流环境中，平均信噪比$\bar{\gamma}=25$ dB、$D=0.08$ m 时，系统的中断概率、误码率均在 10^{-5} 左右，此时系统稳定性和可靠性较差，随着孔径增大到 $D=0.15$ m，P_{out} 和 $\bar{P}_e$ 都有了明显降低。

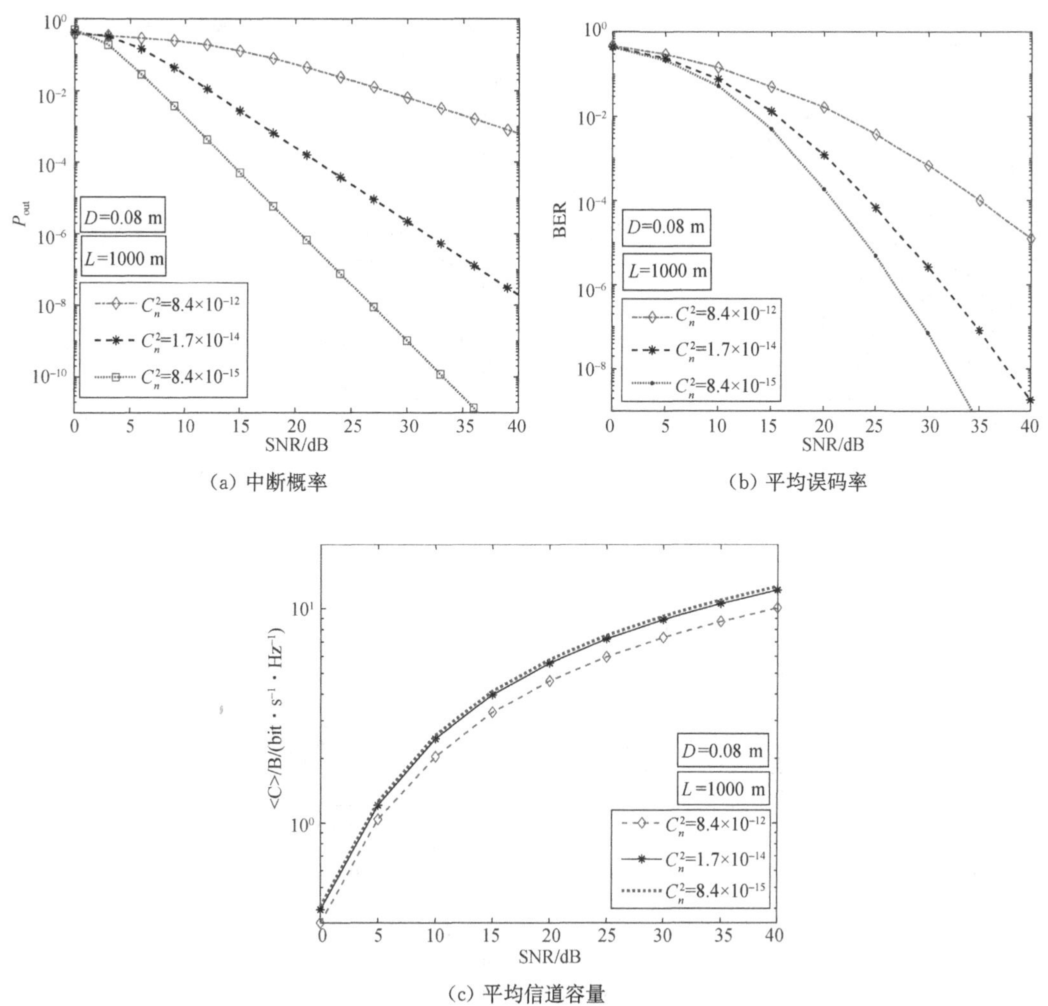

(a) 中断概率　　(b) 平均误码率

(c) 平均信道容量

图 7 - 6　不同湍流强度下链路性能指标随平均信噪比的变化曲线

综上所述，随着湍流强度、传输距离的增大，湍流对光束的影响变大，中断概率、误码率随之增大，平均信道容量随之减小，链路的传输性能有所下降。为了改善传输性能，可以适当提高信噪比、增大接收孔径，其中，随着信噪比的提升，平均信道容量有明显改善。在实际应用中，可以结合推导得出的中断概率、平均误码率等性能指标表达式来评估链路性能，为MRR系统的工程设计提供参考。

7.2.3 地-空斜程链路的通信性能分析

在逆向调制无线光通信中，逆向调制端无需配置APT子系统，就能够完成光束的调制与反射，具有体积小、重量轻、功耗低的优势，在无人机、卫星等小型移动平台对地通信方面有着较好的应用前景。本节将分析介绍地-空斜程链路MRR的通信性能。地-空斜程MRR传输模型结构框图如图7-8所示，其中询问端采用收发分离的双基结构，上、下行链路间传输具有独立性，从而降低大气湍流影响；逆向调制端采用的仍是OOK调制。

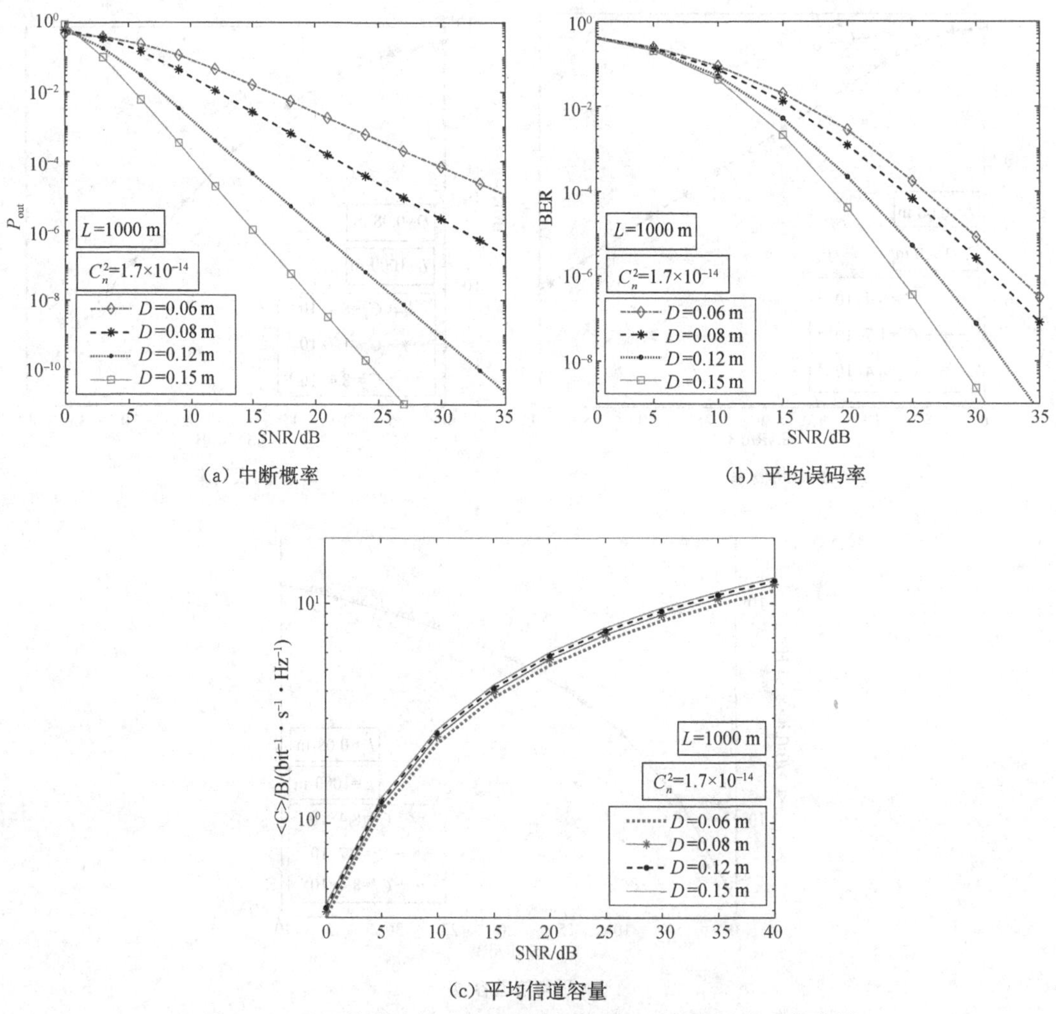

(a) 中断概率　　(b) 平均误码率

(c) 平均信道容量

图7-7　不同接收孔径下链路性能指标随平均信噪比的变化曲线

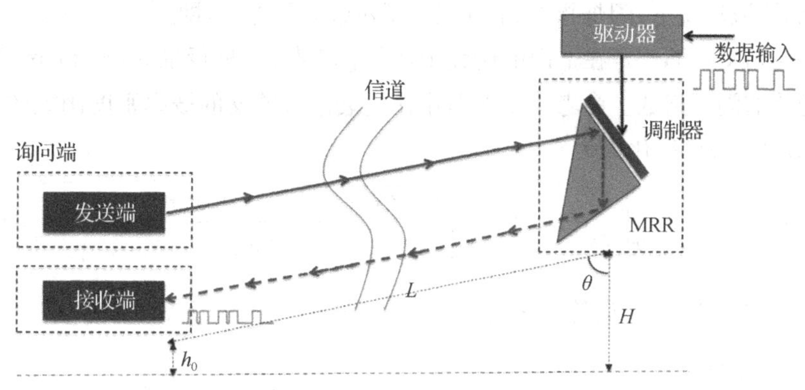

图 7-8　地-空斜程逆向调制无线光通信传输模型

地面高度为 h_0 的询问端首先将激光器产生的光束发射至高度为 H 的逆向调制端，逆向调制端接收到光信号后，进行 OOK 调制并将调制后的光束发射回询问端，主动接收端的光电检测器再将接收到的光信号转化为电信号。

在考虑湍流的影响下，询问端接收到的电信号 y 仍可表示为

$$y=\eta Ix+n=\eta uI_0x+n \tag{7-24}$$

式中，湍流衰落系数 $u=u_1u_2$，本小节中 u_1 和 u_2 分别表示上、下行链路中大气湍流的衰落系数。

(1) 地-空斜程 MRR 链路大气湍流衰落系数的概率密度函数

通常在斜程大气链路的分析中，当天顶角 $\theta\leqslant 60°$时一般认为该信道属于弱湍流环境[1]。结合文献[22]，当大气链路处于弱湍流环境时，其上、下行链路的光强闪烁系数可分别用下式来表示：

$$\sigma_{I,\mathrm{up}}^2=-1.30k^{\frac{7}{6}}L^{\frac{5}{6}}\sec\theta\mathrm{Re}\left[\int_{h_0}^{H}i^{-(1-\alpha/2)}\xi^{-(1-\alpha/2)}C_n^2(h)\Gamma(1-\alpha/2)\mathrm{d}h\right] \tag{7-25}$$

$$\sigma_{I,\mathrm{down}}^2=-1.30k^{\frac{7}{6}}L^{\frac{5}{6}}\sec\theta\mathrm{Re}\left[\int_{h_0}^{H}i^{-(1-\alpha/2)}\xi^{-(1-\alpha/2)}(1-\theta)^{-(1-\alpha/2)}C_n^2(h)\Gamma(1-\alpha/2)\mathrm{d}h\right] \tag{7-26}$$

式中，L 是激光传输的单向距离；$\xi=1-(h-h_0)/(H_0-h_0)$是归一化距离变量；$C_n^2(h)$是折射率结构参数，其取值与海拔高度有关，结合之前的介绍，$C_n^2(h)$的值可通过 H-V 模型计算得到[23]。

对数正态分布模型用于弱湍流环境的描述较合适，结构简单，是目前描述弱湍流环境最常用的数学模型。若采用对数正态分布模型描述上、下行链路的湍流衰落，u_1 和 u_2 分别表示上、下行链路的大气湍流衰落系数，u_1 和 u_2 的概率密度函数 $f_{u_i}(u_i)(i=1,\ 2)$可表示为

$$f_{u_i}(u_i)=\frac{1}{u_i(2\pi\sigma_{\ln I_i}^2)^{1/2}}\exp\left\{-\frac{[\ln u_i+\sigma_{\ln I_i}^2/2]^2}{2\sigma_{\ln I_i}^2}\right\} \tag{7-27}$$

式中，$\sigma_{\ln I_i}^2(i=1,\ 2)$分别表示 MRR 系统逆向调制端与近地接收端接收平面光信号的对数光

强方差。在弱湍流环境下，闪烁指数 σ_I^2 近似等于对数光强方差，即 $\sigma_I^2 \cong \sigma_{\ln I}^2$[24]。

基于 $\sigma_{\ln I_i}^2 \cong \sigma_{I_i}^2 (i=1, 2)$，在下面的研究中，用 $\sigma_{I_i}^2$ 代替 $\sigma_{\ln I_i}^2$ 进行推导，$\sigma_{I_1}^2$ 和 $\sigma_{I_2}^2$ 分别表示斜程上、下行链路的闪烁指数。参考 7.2.3 节中湍流衰落系数 u 的概率密度函数的计算方式，概率密度函数 $f_u(u)$ 可以化简为

$$f_u(u) = \frac{1}{\sqrt{2}\pi\sigma_{I_2} u}\int_{-\infty}^{\infty} \mathrm{e}^{-h^2} \exp\left\{-\left[\frac{-\sqrt{2}\sigma_{I_1} h + \ln u + 0.5(\sigma_{I_1}^2 + \sigma_{I_2}^2)}{\sqrt{2}\sigma_{I_2}}\right]^2\right\}\mathrm{d}h \quad (7-28)$$

结合高斯-埃米特积分运算公式 $\int_{-\infty}^{\infty} \mathrm{e}^{-x^2} f(x)\mathrm{d}x = \sum_{j=1}^{n} w_j f(x_j)$，进一步化简式(7-28)，可将 $f_u(u)$ 近似为

$$f_u(u) \approx \frac{1}{\sqrt{2}\pi\sigma_{I_2} u}\sum_{i=1}^{n} w_i \exp\left\{-\left[\frac{-\sqrt{2}\sigma_{I_1} h_i + \ln u + 0.5(\sigma_{I_1}^2 + \sigma_{I_2}^2)}{\sqrt{2}\sigma_{I_2}}\right]^2\right\} \quad (7-29)$$

式中，$\{w_i\}$ 和 $\{h_i\}$ $(i=1,\cdots,n)$ 分别是式(7-29)对应的高斯-埃米特多项式 $R_n(x) = (-1)^n \mathrm{e}^{x^2}\frac{\mathrm{d}^n}{\mathrm{d}x^n}\mathrm{e}^{-x^2}$ 的权重和零点[25]。$\{w_i\}$ 的计算方式如下：

$$w_i = \frac{2^{n-1} n!\ \sqrt{\pi}}{n^2 [R_{n-1}(h_i)]^2} \quad (7-30)$$

结合 7.2.3 节中的介绍，瞬时信噪比 γ 的概率密度函数 $f_\gamma(\gamma)$ 可表示为

$$f_\gamma(\gamma) = \frac{1}{2\sqrt{2}\pi\sigma_{I_2}\gamma}\sum_{i=1}^{n} w_i \exp\left\{-\left[\frac{\ln(\gamma/\overline{\gamma}) - 2\sqrt{2}\sigma_{I_1} h_i + \sigma_{I_1}^2 + \sigma_{I_2}^2}{2\sqrt{2}\sigma_{I_2}}\right]^2\right\} \quad (7-31)$$

对上式进行积分就可以得到瞬时信噪比 γ 的累积分布函数 $F_\gamma(\gamma)$ 为

$$F_\gamma(\gamma) = \frac{1}{2\sqrt{\pi}}\sum_{i=1}^{n} w_i \operatorname{erfc}\left\{-\left[\frac{\ln(\gamma/\overline{\gamma}) - 2\sqrt{2}\sigma_{I_1} h_i + \sigma_{I_1}^2 + \sigma_{I_2}^2}{2\sqrt{2}\sigma_{I_2}}\right]\right\} \quad (7-32)$$

式中，erfc(·)表示互补误差函数。

(2) 地-空斜程 MRR 链路的通信性能研究

结合式(7-32)得出的 $F_\gamma(\gamma)$，中断概率 P_{out} 的闭合表达式最终可以表示为

$$\begin{aligned} P_{\text{out}} &= P(\gamma \leqslant \gamma_{\text{th}}) = F_\gamma(\gamma_{\text{th}}) \\ &= \frac{1}{2\sqrt{\pi}}\sum_{i=1}^{n} w_i \operatorname{erfc}\left\{-\left[\frac{\ln(\gamma_{\text{th}}/\overline{\gamma}) - 2\sqrt{2}\sigma_{I_1} h_i + \sigma_{I_1}^2 + \sigma_{I_2}^2}{2\sqrt{2}\sigma_{I_2}}\right]\right\} \end{aligned} \quad (7-33)$$

同理，地-空斜程 MRR 链路平均误码率 $\overline{P}_{\text{e}}$、平均信道容量 $\overline{C}$ 的闭合表达式最终可表示为

$$\begin{aligned} \overline{P}_{\text{e}} &= \frac{1}{4\sqrt{2}\pi\sigma_{I_2}}\sum_{i=1}^{n} w_i \int_0^{\infty} \frac{1}{\gamma}\operatorname{erfc}\left(\frac{\sqrt{\gamma}}{2}\right)\exp\left\{-\left[\frac{\ln(\gamma/\overline{\gamma}) - 2\sqrt{2}\sigma_{I_1} h_i + \sigma_{I_1}^2 + \sigma_{I_2}^2}{2\sqrt{2}\sigma_{I_2}}\right]^2\right\}\mathrm{d}r \\ &= \frac{1}{2\pi}\sum_{i=1}^{n} w_i \exp\left(-\frac{m_i^2}{8\sigma_{I_2}^2}\right)\sum_{j=1}^{k} A_j \exp\left(\frac{m_i t_j}{\sqrt{2}\sigma_{I_2}}\right)\operatorname{erfc}\left[\frac{\exp(\sqrt{2}\sigma_{I_2} t_j)}{2}\right] \end{aligned} \quad (7-34)$$

$$\frac{\overline{C}}{B}=\frac{1}{\pi}\sum_{i=1}^{n}w_i\exp\left(-\frac{m_i^2}{8\sigma_{I_2}^2}\right)\sum_{j=1}^{l}s_j\exp\left(\frac{m_ip_j}{\sqrt{2}\sigma_{I_2}}\right)\log_2\left[1+\exp(2\sqrt{2}\sigma_{I_2}p_j)\right] \quad (7-35)$$

式中，$m_i=\ln\overline{\gamma}+2\sqrt{2}\sigma_{I_1}h_i-\sigma_{I_1}^2-\sigma_{I_2}^2$；$B$ 是信道带宽；$\{A_j\}$ 与 $\{t_j\}$ $(j=1,\cdots,k)$、$\{s_j\}$ 与 $\{p_j\}$ $(j=1,\cdots,l)$ 分别是式(7－34)、式(7－35)所对应的高斯-埃米特多项式的权重与零点[25]，A_j、s_j 的值均可通过式(7－30)计算得到。

与水平链路上逆向调制无线光通信系统类似，随着湍流强度、通信距离的增大，大气湍流对光束的影响变强，光强闪烁增大，系统的误码率、中断概率以及平均信道容量也随之下降。

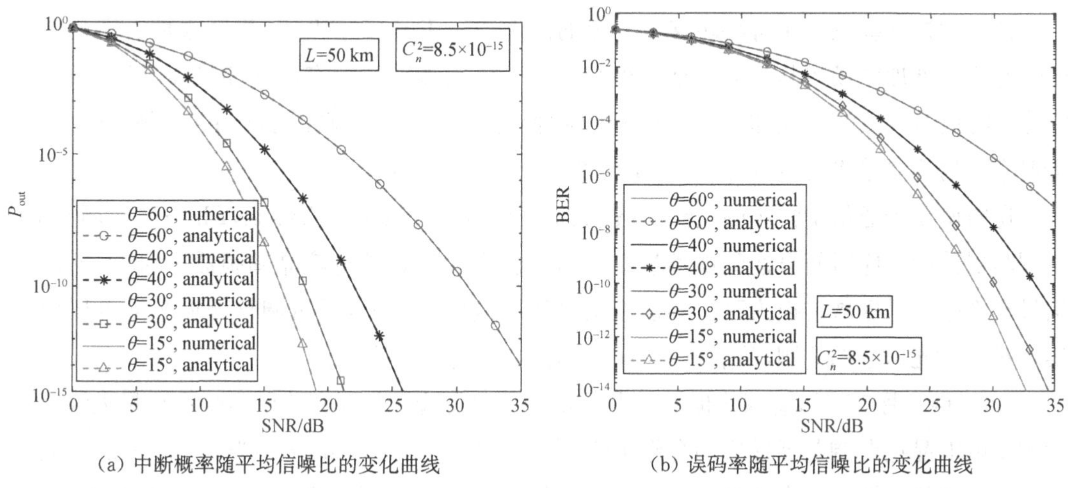

(a) 中断概率随平均信噪比的变化曲线　　(b) 误码率随平均信噪比的变化曲线

图 7－9　地-空斜程情况链路通信性能指标随平均信噪比的变化曲线图

本节分别给出了天顶角 θ 不同时，地-空斜程 MRR 系统的中断概率、平均误码率随系统平均信噪比变化的情况，结果如图 7－9 所示，其中 numerical 表示数值分析结果，analytical 表示解析分析结果。取地-空斜程 MRR 系统的通信距离为 $L=50$ km，近地大气折射率结构常数为 $C_n^2(0)=8.5\times10^{-15}\,\mathrm{m}^{-2/3}$，结合图 7－9 可以看出，随着平均信噪比的增大、天顶角的减小，中断概率和平均误码率减小，说明适当增大平均信噪比、减小天顶角，链路的通信性能得到较好改善。当信噪比达到 $\overline{\gamma}\geqslant25$ dB 时，即使在大天顶角的情况下中断概率也能较好地满足 $P_{out}\leqslant10^{-6}$ 的基本通信需求。

7.3　逆向调制器

逆向调制器件是逆向调制光通信系统中非常关键的组成部分。逆向调制器能够在某些特定的驱动信号下，对光波的幅度、相位、频率、偏振等参数进行调制。

衡量逆向调制器的主要技术参数包括调制速率、工作波段、调制深度等。调制速率指调制器件可调制的信号速率；工作波段指逆向调制器件可调制的询问光束的波长范围；调制深度定义为调制信号的最大幅度值和最小幅度值之差与之和的比值，用公式可表示为 $m=$

$\frac{(v_{max}-v_{min})}{(v_{max}+v_{min})}$，在一定条件下其大小将对系统误码率产生影响。

下面介绍几种常见的光学逆向调制器件。

20 世纪 90 年代，美国、瑞典等国的多家机构对逆向调制器件进行了研究，调制器件的速率也从最开始的千比特每秒量级发展到现在的吉比特每秒量级。目前逆向调制器件多种多样，所用材料也从传统的伸缩材料、液晶材料、微机电材料发展到目前使用较多的多量子阱以及新型纳米材料。

7.3.1 铁电液晶逆向调制器

铁电性指某些电介质材料能够在特定的温度内自发地发生极化，并且这种电极化的方向性能够被外加电场控制。液晶是一种在一定范围内能同时拥有液体和晶体性质的材料，它能同时拥有液体流动性和晶体各向异性两种特性。在某些电场的驱动下，液晶的磁导性、折射率等物理参数将发生改变，从而能对光束产生调制效果。

逆向调制光通信中常用的是铁电液晶(Ferroelectric Liquid Crystal，FLC)逆向调制器，该调制器件的响应时间可达到微秒量级。当入射光照射到铁电液晶调制器上时，入射的光信号在铁电液晶区域转换为可由外加驱动电压控制的电信号，通过调整外加驱动电压信号实现对入射光信号的调制，最后调制后的光信号会沿着原路返回。

1996 年 9 月 15 日，美国犹他州立大学航天动力实验室与菲利普斯实验室在星火计划中利用铁电液晶逆向调制器件成功合作实验，完成了高度为 31 km、速率为 20 kb/s 的逆向调制光通信实验。该实验中铁电液晶逆向调制器的功耗为 2 mW、视场角为 90°，拥有低功耗、大视场角等优点，但该器件的调制深度和调制速率都偏小，不适用于高速信息传输[1]。

7.3.2 微机电系统逆向调制器

微机电系统(MEMS)技术是基于微电子技术发展起来的，它融合了光学、物理学、电子工程、机械工程等技术，采用精密加工法在几毫米甚至更小尺寸上生成一个独立的智能系统。许多国家在进行微机电系统逆向调制器件的研究，其中美国是最早开始研究也是目前技术最先进的。2008 年美国波士顿大学微机电公司发明了一种静电驱动的多晶硅微机电系统逆向调制器件，目前已被实用化。该 MEMS 逆向调制器的工作原理图如图 7－10 所示，它是一种具有可控凹槽深度的反射型衍射光栅，在不对称链路中，其理论调制速率能达到 180 kb/s。它能够以逐点或二进制的方式在无能量下的平面反射状态和有能量下的散射状态切换，达到连续控制远场强度变化的效果[26]。

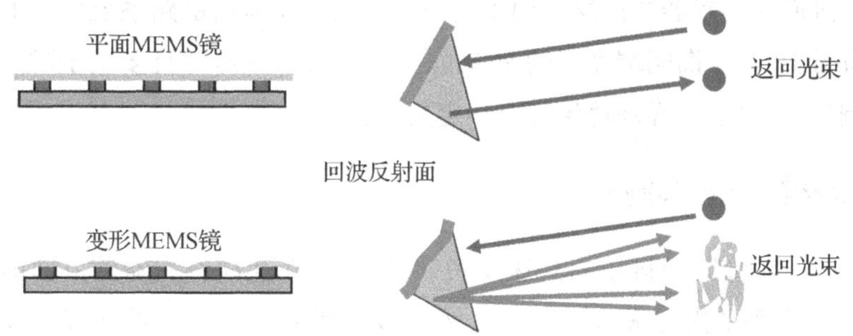

图 7-10　MEMS 逆向调制器工作原理示意图[26]

2010 年，美国波士顿大学微机电公司利用这种角管式 MEMS 逆向调制器，在 1550 nm 波长范围内实现了 2 km 距离上调制速率为 180 kb/s、连续工作时长达 24 h 的通信。实验证明此种调制器件的视场角可达到 60°，拥有超低功耗、性能稳定、调制深度较大等优点[26]。

7.3.3　多量子阱逆向调制器

量子阱由两种不同的半导体材料组成，这两种材料相间排序形成有量子限制的电子或空穴的势阱。多量子阱(MQW)逆向调制器是目前逆向调制光通信中实现较高速率传输的关键器件。多量子阱逆向调制器工作原理如图 7-11 所示，它由两种材料的薄半导体光电二极管交替构成，这两种材料一种构成阱，另外一种构成壁垒，在阱和壁垒间的区域形成本征区。当外加偏置电压时，吸收带在外加电压的作用下发生波长偏移，原本每个波长对应的光吸收系数也因此改变，从而达到调制的效果。

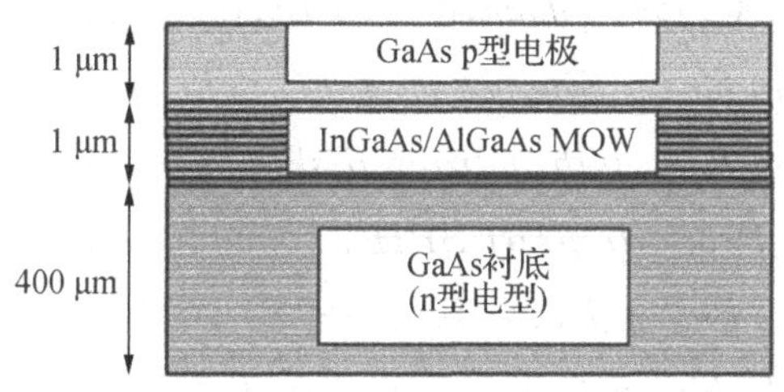

图7-11　MQW 逆向调制器工作原理示意图[27]

对于多量子阱逆向调制器件来说，要想获得较大的调制深度则需增大调制状态之间的光吸收系数差。为了增大调制深度，减小驱动电压，2004 年海军实验室利用 InGaAs 和 InAlAs材料成功研制出新型多量子阱光学逆向调制器，实验证明这种调制器可以在驱动电压仅 6 V 时在 1550 nm 处取得 1.5 的调制深度[27]。目前常用的一种增大多量子阱逆向调制器调制深度的方法是在量子阱的某一侧构成反射面，另一侧则构成部分反射面。当两侧的发射系数和量子阱本身的吸收系数到达特定关系时，调制器光吸收系数高，光几乎被完全吸收，而当两者关系不匹配时，反射出的光信号最强，最终实现较大的调制深度。

由于多量子阱逆向调制器拥有诸多优点，很容易能实现兆比特每秒量级的传输速率，所以目前多量子阱逆向调制器被广泛应用于高速逆向调制光通信链路系统中。但多量子阱逆向调制器造价昂贵,对于询问端光束的波长范围有较大的限制,并且多量子阱逆向调制器受外界温度影响严重,对于外界环境温度有一定要求。

7.3.4 纳米材料逆向调制器

21 世纪以来,随着纳米科技的高速发展,纳米材料在逆向调制器件方面的应用也逐步展开。2015 年以色列的内盖夫本・古里安大学成功研究出了一种可在红外波段使用的纳米材料逆向调制器[28]。当红外波段的询问光束照射到逆向调制器上时,在外加电压的驱动下,调制器内部产生较强的电浆共振调制光信号,最后调制完的光信号经反射器原路返回。

7.4 本章小结

逆向调制无线光通信是一种新型的无线光通信形式,本章介绍了一些逆向调制无线光通信的典型调制器件,分析了回波反射双向链路的信道传输特性,以及 MRR 通信系统的性能。随着人类对通信的需求越来越多样化,MRR 技术在相应的一些应用中会逐渐发挥出其独特的优势。

参考文献

[1] *Swenson C M, Steed C A, De La Rue I A, et al. Low-power FLC-based retromodulator communications system[C]// Proceedings of SPIE. Free-Space Laser Communication Technologies IX . Bellingham, WA :SPIE,*1997, 2990: 296 - 310.

[2] *Öhgren J, Kullander F, Sjöqvist L, et al. A high-speed modulated retro-reflector communication link with a transmissive modulator in a cat's eye optics arrangement[C]// Proceedings of SPIE. Unmanned/Unattended Sensors and Sensor Networks IV . Bellingham, WA: SPIE,* 2007, 6736: 345 - 356.

[3] *Gilbreath G C, Rabinovich W S, Meehan T J, et al. Large-aperture multiple quantum well modulating retroreflector for free-space optical data transfer on unmanned aerial vehicles[J]. Optical Engineering,* 2001, 40(7): 1348 - 1356.

[4] *Rabinovich W S, Gilbreath G C, Mahon R, et al. Free-space optical communication link at* 1550 *nm using multiple quantum well modulating retro-reflectors over a* 1-*kilometer range [C]//Proceedings of Conference on Lasers and Electro-Optics/Quantum Electronics and Laser Science Conference, June* 1-6, 2003, *Baltimore, Maryland ,USA.* 2003: 2026 - 2028.

[5] *Goetz P G, Rabinovich W S, Meehan T J, et al. Modulating retroreflector implementation of mil-std* 1553 *protocol with free-space optics [C]//*2003 *IEEE*

Aerospace Conference Proceedings. Big Sky, MT, USA: IEEE, 2003, 4: 1799 - 1808.

[6] *Jenkins C, Johnstone W, Uttamchandani D, et al. MEMS actuated spherical retroreflector for free-space optical communications*[J]. *Electronics Letters*, 2005, 41(23): 1278.

[7] *Allard L, Kullander F, Ohgren J, et al. Optisk Retrokommunikation, Statusrapport*[R]. *Atlanta: Georgia Tech*, 2007.

[8] *Gilbreath G C, Rabinovich W S. Research in free-space optical data transfer at the US Naval Research Laboratory*[C]// *Proceedings of SPIE. Free-Space Laser Communication and Active Laser Illumination* Ⅲ. *Bellingham, WA: SPIE*, 2004, 5160: 225 - 233.

[9] 孙华燕，张来线，赵延仲，等. 逆向调制自由空间激光通信技术研究进展[J]. 激光与光电子学进展，2013，50(4)：30 - 38.

[10] *Scott A M, Ridley K D, Jones D C, et al. Retro-reflective communications over a kilometre range using a MEMS-based optical tag*[C]// *Proceedings of SPIE. Unmanned/Unattended Sensors and Sensor Networks VI . Bellingham, WA: SPIE*, 2009, 7480: 136 - 145.

[11] *Steven C, Mark H, Jason S. Low power MEMS retroreflectors for optical communication: final report*[R]. *Cambridge, MA: Boston Micromachines Corporation*, 2010.

[12] 李双刚，程玉宝. 基于"猫眼"效应的激光回波功率理论分析[J]. 红外与激光工程，2006，35(S1)：80 - 83.

[13] *Sandalidis H G, Tsiftsis T A. Outage probability and ergodic capacity of free-space optical links over strong turbulence*[J]. *Electronics Letters*, 2008, 44(1): 46 - 47.

[14] *Andrews L C, Phillips R L. Laser Beam Propagation through Random Media* [M]. *Bellingham, WA: SPIE*, 2005.

[15] *Dainty J C, Mavroidis T, Solomon C J. Double-passage imaging through turbulence*[C]// *Proceedings of SPIE. Propagation Engineering: Fourth in a Series. Orlando, FL, USA: SPIE*, 1991, 1487: 2 - 9.

[16] *Andrews L C, Phillips R L. Monostatic lidar in weak-to-strong turbulence*[J]. *Waves in Random Media*, 2001, 11(3): 233 - 245.

[17] *Barrios R, Dios F. Exponentiated Weibull model for the irradiance probability density function of a laser beam propagating through atmospheric turbulence*

[J]. *Optics & Laser Technology*, 2013, 45: 13 - 20.

[18] *El Saghir B M, El Mashade M B, Aboshosha A M. Performance analysis of modulating retro-reflector FSO communication systems over Málaga turbulence channels*[J]. *Optics Communications*, 2020, 474: 126160 - 126165.

[19] *Zhao J, Zhao S H, Zhao W H, et al. Performance of mixed RF/FSO systems in exponentiated Weibull distributed channels* [J]. *Optics Communications*, 2017, 405: 244 - 252.

[20] *Prudnikov A P, Brychkov Y A, Marichev O I. Integrals and Series : Vol.* 3 *More Special Functions*[M]. *Amsterdam: Gordon and Breach Science Publishers*, 1990.

[21] 吴琰，梅海平，魏合理. 联合信道条件下自由空间光通信系统性能分析[J]. 激光与光电子学进展，2020，57(5)：92 - 98.

[22] 姬瑶，岳鹏，闫瑞青，等. 弱湍流下斜程大气激光通信误码率分析[J]. 西安电子科技大学学报，2016，43(1)：66 - 70.

[23] *Zilberman A, Golbraikh E, Kopeika N S. Propagation of electromagnetic waves in Kolmogorov and non-Kolmogorov atmospheric turbulence: Three-layer altitude model*[J]. *Applied Optics*, 2008, 47(34): 6385 - 6391.

[24] *Yang R K, Chen Y, Hou J, et al. BER of Gaussian beam propagation in non-Kolmogorov turbulent atmosphere on slant path*[C]// *Proceedings of SPIE. International Symposium on Photoelectronic Detection and Imaging* 2013: *Laser Communication Technologies and Systems . Bellingham,WA :SPIE*, 2013, 8906: 576 - 582.

[25] *Press W H, Teukolsky S A, Vetterling W T, et al. Numerical recipes in C: the art of scientific computing* [M]. *Cambridge: Cambridge University Press*, 1992.

[26] *Bifano T, Schatzberg L, Stewart J, et al. MEMS modulated retroreflectors for secure optical communication*[C]//*Proceedings of ASME* 2008 *International Mechanical Engineering Congress and Exposition, October* 31-*November* 6, 2008, *Boston, Massachusetts, USA.* 2009: 395 - 399.

[27] *Stievater T H, Rabinovich W S, Goetz P G, et al. A surface-normal coupled-quantum-well modulator at* 1.55 *μm*[J]. *IEEE Photonics Technology Letters*, 2004, 16(9): 2036 - 2038.

[28] *Rosenkrantz E, Arnon S.* 1550 *nm modulating retroreflector based on coated nanoparticles for free-space optical communication*[J]. *Applied Optics*, 2015, 54(17): 5309 - 5313.

附录 A

本附录主要对 5.2.2 节中讨论的第 1 个比特时间内第 n 个门的触发概率的一般表达式进行理论推导。

首先，推导任一门的触发概率关系式如下：

$$P_n\left(1|\text{gate}\right)=P_{\text{ap}}P_{n-1}\left(1|\text{gate}\right)+P_n\left(1|\text{cur}\right)-P_{\text{ap}}P_{n-1}\left(1|\text{gate}\right)P_n\left(1|\text{cur}\right) \quad (\text{A-1})$$

对于第 1 个比特时间内的第 1 个门，由于不存在后脉冲的影响，其触发概率表达式为

$$P_1^1\left(1|\text{gate}\right)=1-\mathrm{e}^{-\lambda} \quad (\text{A-2})$$

将式(A - 2)代入式(A - 1)，可得第 1 个比特时间内第 2、3、4 个门的触发概率表达式如下：

$$P_2^1\left(1|\text{gate}\right)=\left(1-\mathrm{e}^{-\lambda}\right)\left(1+P_{\text{ap}}\mathrm{e}^{-\lambda}\right) \quad (\text{A-3})$$

$$P_3^1\left(1|\text{gate}\right)=\left(1-\mathrm{e}^{-\lambda}\right)\left[1+P_{\text{ap}}\mathrm{e}^{-\lambda}+(P_{\text{ap}}\mathrm{e}^{-\lambda})^2\right] \quad (\text{A-4})$$

$$P_4^1\left(1|\text{gate}\right)=\left(1-\mathrm{e}^{-\lambda}\right)\left[1+P_{\text{ap}}\mathrm{e}^{-\lambda}+(P_{\text{ap}}\mathrm{e}^{-\lambda})^2+(P_{\text{ap}}\mathrm{e}^{-\lambda})^3\right] \quad (\text{A-5})$$

观察式(A - 2)至式(A - 5)，发现可采用同样形式的表达式。利用数学归纳法，假设第 1 个比特时间内第 n 个门的触发概率表达式为

$$P_n^1\left(1|\text{gate}\right)=\left(1-\mathrm{e}^{-\lambda}\right)\sum_{a=1}^{n}\left(P_{\text{ap}}\mathrm{e}^{-\lambda}\right)^{a-1} \quad (\text{A-6})$$

将式(A - 6)代入式(A - 1)，可得到第 1 个比特时间内第 $n+1$ 个门的触发概率表达式为

$$P_{n+1}^1\left(1|\text{gate}\right)=\left(1-\mathrm{e}^{-\lambda}\right)\sum_{a=1}^{n+1}\left(P_{\text{ap}}\mathrm{e}^{-\lambda}\right)^{a-1} \quad (\text{A-7})$$

式(A - 7)中的形式仍然满足式(A - 6)中的表达式，即当开门次数为 $n+1$ 时，式(A - 6)仍然成立。因此，可将该结论推至所有 $n\geqslant 1$ 的情况，式(A - 6)恒成立。

附录 B

本附录主要对 5.2.2 节中讨论的第 b 个比特时间内第 n 个门的触发概率的一般表达式进行理论推导。

首先，推导第 b 个比特时间内第 1 个门的触发概率关系式如下：

$$P_1^b\left(1|\text{gate}\right)=P_N^{b-1}\left(1|\text{afp}\right)+P_1^b\left(1|\text{cur}\right)-P_N^{b-1}\left(1|\text{afp}\right)P_1^b\left(1|\text{cur}\right) \tag{B-1}$$

根据式(B-1)，代入触发概率公式，可得到第 b 个比特时间内第 1 个门的触发概率表达式为

$$P_1^b\left(1|\text{gate}\right)=\left(1-\mathrm{e}^{-\lambda}\right)+P_N^{b-1}\left(1|\text{gate}\right)P_{\text{ap}}\mathrm{e}^{-\lambda} \tag{B-2}$$

进一步可推导得到第 b 个比特时间内第 2、3、4 个门的触发概率表达式如下：

$$P_2^b\left(1|\text{gate}\right)=\left(1-\mathrm{e}^{-\lambda}\right)\left(1+P_{\text{ap}}\mathrm{e}^{-\lambda}\right)+P_N^{b-1}\left(1|\text{gate}\right)\left(P_{\text{ap}}\mathrm{e}^{-\lambda}\right)^2 \tag{B-3}$$

$$P_3^b\left(1|\text{gate}\right)=\left(1-\mathrm{e}^{-\lambda}\right)\left[1+P_{\text{ap}}\mathrm{e}^{-\lambda}+\left(P_{\text{ap}}\mathrm{e}^{-\lambda}\right)^2\right]+P_N^{b-1}\left(1|\text{gate}\right)\left(P_{\text{ap}}\mathrm{e}^{-\lambda}\right)^3 \tag{B-4}$$

$$P_4^b\left(1|\text{gate}\right)=\left(1-\mathrm{e}^{-\lambda}\right)\left[1+P_{\text{ap}}\mathrm{e}^{-\lambda}+\left(P_{\text{ap}}\mathrm{e}^{-\lambda}\right)^2+\left(P_{\text{ap}}\mathrm{e}^{-\lambda}\right)^3\right]+P_N^{b-1}\left(1|\text{gate}\right)\left(P_{\text{ap}}\mathrm{e}^{-\lambda}\right)^4 \tag{B-5}$$

观察式(B-3)至式(B-5)，发现可采用同样形式的表达式。利用数学归纳法，假设第 b 个比特时间内第 n 个门的触发概率表达式为

$$P_n^b\left(1|\text{gate}\right)=\left(1-\mathrm{e}^{-\lambda}\right)\sum_{a=1}^{n}\left(P_{\text{ap}}\mathrm{e}^{-\lambda}\right)^{a-1}+P_N^{b-1}\left(1|\text{gate}\right)\cdot\left(P_{\text{ap}}\mathrm{e}^{-\lambda}\right)^n \tag{B-6}$$

将式(B-6)代入式(B-1)，可得到第 b 个比特时间内第 $n+1$ 个门的触发概率表达式为

$$P_{n+1}^b\left(1|\text{gate}\right)=\left(1-\mathrm{e}^{-\lambda}\right)\sum_{a=1}^{n+1}\left(P_{\text{ap}}\mathrm{e}^{-\lambda}\right)^{a-1}+P_N^{b-1}\left(1|\text{gate}\right)\cdot\left(P_{\text{ap}}\mathrm{e}^{-\lambda}\right)^{n+1} \tag{B-7}$$

式(B-7)中的形式仍然满足(B-6)中的表达式，即当开门次数为 $n+1$ 时，式(B-6)仍然成立。因此，可将该结论推至所有 $n\geqslant1$ 的情况，式(B-6)恒成立。

附录 C

本附录主要研究 5.2.2 节中讨论的情形 1 与情形 2 中第 $B+2$ 个比特时间内第 n 个门的触发概率上下界。

在情形 1 中，根据式(5－6)和式(5－8)，推导得到第 B 个比特为"0"时，第 n 个门的触发概率表达式为

$$P_n^B\left(1 \mid \text{gate}\right)_{0\text{bit}} = \left(1-\mathrm{e}^{-\lambda_0}\right)\sum_{a=1}^{n+(B-1)N}\left(P_{\text{ap}}\mathrm{e}^{-\lambda_0}\right)^{a-1} \tag{C－1}$$

将式(C－1)代入式(5－8)，得到第 $B+1$ 个比特为"1"时，第 n 个门的触发概率表达式为

$$P_n^{B+1}\left(1 \mid \text{gate}\right)_{1\text{bit}} = \left(1-\mathrm{e}^{-\lambda_1}\right)\sum_{a=1}^{n}\left(P_{\text{ap}}\mathrm{e}^{-\lambda_1}\right)^{a-1} + \sum_{a=n+1}^{n+BN}\left[\left(1-\mathrm{e}^{-\lambda_0}\right)\left(\mathrm{e}^{\lambda_1-\lambda_0}\right)^{a-n-1}P_{\text{ap}}\mathrm{e}^{-\lambda_1}\right]^{a-1} \tag{C－2}$$

其中，$\lambda_0=P_{\text{de}}\lambda_{\text{b}}+\lambda_{\text{d}}$ 为"0"比特单个门内产生的平均自由载流子数，$\lambda_1=P_{\text{de}}(\lambda_{\text{s}}+\lambda_{\text{b}})+\lambda_{\text{d}}$ 为"1"比特单个门内产生的平均自由载流子数。

首先，根据式(5－8)，对 $P_n^{B+1}\left(1|\text{gate}\right)_{1\text{bit}}$ 的上下界进行分析：

$$\begin{aligned}
&P_n^{B+1}\left(1 \mid \text{gate}\right)_{1\text{bit}} \\
&=\left(1-\mathrm{e}^{-\lambda_1}\right)\sum_{a=1}^{n}\left(P_{\text{ap}}\mathrm{e}^{-\lambda}\right)^{a-1}+\left(1-\mathrm{e}^{-\lambda_1}\right)\sum_{a=n+1}^{n+BN}\left[\frac{(1-\mathrm{e}^{-\lambda_0})(\mathrm{e}^{\lambda_1-\lambda_0})^{a-n-1}}{1-\mathrm{e}^{-\lambda_1}}P_{\text{ap}}\mathrm{e}^{-\lambda_1}\right]^{a-1} \\
&\leqslant\left(1-\mathrm{e}^{-\lambda_1}\right)\sum_{a=1}^{n}\left(P_{\text{ap}}\mathrm{e}^{-\lambda}\right)^{a-1}+\left(1-\mathrm{e}^{-\lambda_1}\right)\sum_{a=n+1}^{n+BN}\left(P_{\text{ap}}\mathrm{e}^{-\lambda}\right)^{a-1} \\
&=\left(1-\mathrm{e}^{-\lambda_1}\right)\sum_{a=1}^{n+BN}\left(P_{\text{ap}}\mathrm{e}^{-\lambda}\right)^{a-1}
\end{aligned} \tag{C－3}$$

$$P_n^{B+1}\left(1 \mid \text{gate}\right)_{1\text{bit}} \geqslant \left(1-\mathrm{e}^{-\lambda_1}\right)\sum_{a=1}^{n}\left(P_{\text{ap}}\mathrm{e}^{-\lambda}\right)^{a-1} \tag{C－4}$$

$$\left(1-\mathrm{e}^{-\lambda_1}\right)\sum_{a=1}^{n}\left(P_{\text{ap}}\mathrm{e}^{-\lambda}\right)^{a-1} \leqslant P_n^{B+1}\left(1 \mid \text{gate}\right)_{1\text{bit}} \leqslant \left(1-\mathrm{e}^{-\lambda_1}\right)\sum_{a=1}^{n+BN}\left(P_{\text{ap}}\mathrm{e}^{-\lambda}\right)^{a-1} \tag{C－5}$$

然后，根据式(C－5)，求解"1"比特→"1"比特的变化过程，即第 $B+2$ 个比特为"1"时，第 n 个门的触发概率上下界：

$$\begin{aligned}
&P_n^{B+2}\left(1 \mid \text{gate}\right)_{1\text{bit}} \\
&\leqslant \left(1-e^{-\lambda_1}\right)\sum_{a=1}^{n}\left(P_{\text{ap}}e^{-\lambda}\right)^{a-1}+\left[\left(1-e^{-\lambda_1}\right)\sum_{a=1}^{(B+1)N}\left(P_{\text{ap}}e^{-\lambda}\right)^{a-1}\right]\left(P_{\text{ap}}e^{-\lambda}\right)^{n} \\
&=\left(1-e^{-\lambda_1}\right)\sum_{a=1}^{n}\left(P_{\text{ap}}e^{-\lambda}\right)^{a-1}+\left(1-e^{-\lambda_1}\right)\sum_{a=n+1}^{n+(B+1)N}\left(P_{\text{ap}}e^{-\lambda}\right)^{a-1} \\
&=\left(1-e^{-\lambda_1}\right)\sum_{a=1}^{n+(B+1)N}\left(P_{\text{ap}}e^{-\lambda}\right)^{a-1}
\end{aligned} \tag{C-6}$$

$$\begin{aligned}
&P_n^{B+2}\left(1 \mid \text{gate}\right)_{1\text{bit}} \\
&\geqslant \left(1-e^{-\lambda_1}\right)\sum_{a=1}^{n}\left(P_{\text{ap}}e^{-\lambda}\right)^{a-1}+\left[\left(1-e^{-\lambda_1}\right)\sum_{a=1}^{N}\left(P_{\text{ap}}e^{-\lambda}\right)^{a-1}\right]\left(P_{\text{ap}}e^{-\lambda}\right)^{n} \\
&=\left(1-e^{-\lambda_1}\right)\sum_{a=1}^{n}\left(P_{\text{ap}}e^{-\lambda}\right)^{a-1}+\left(1-e^{-\lambda_1}\right)\sum_{a=n+1}^{n+N}\left(P_{\text{ap}}e^{-\lambda}\right)^{a-1} \\
&=\left(1-e^{-\lambda_1}\right)\sum_{a=1}^{n+N}\left(P_{\text{ap}}e^{-\lambda}\right)^{a-1}
\end{aligned} \tag{C-7}$$

$$\left(1-e^{-\lambda_1}\right)\sum_{a=1}^{n+N}\left(P_{\text{ap}}e^{-\lambda}\right)^{a-1} \leqslant P_n^{B+2}\left(1 \mid \text{gate}\right)_{1\text{bit}} \leqslant \left(1-e^{-\lambda_1}\right)\sum_{a=1}^{n+(B+1)N}\left(P_{\text{ap}}e^{-\lambda}\right)^{a-1} \tag{C-8}$$

同理，根据式(C-5)，求解“1”比特→“0”比特的变化过程，即第 $B+2$ 个比特为“0”时，第 n 个门的触发概率上下界：

$$\begin{aligned}
&P_n^{B+2}\left(1 \mid \text{gate}\right)_{0\text{bit}} \\
&\leqslant \left(1-e^{-\lambda_0}\right)\sum_{a=1}^{n}\left(P_{\text{ap}}e^{-\lambda_0}\right)^{a-1}+\left[\left(1-e^{-\lambda_1}\right)\sum_{a=1}^{(B+1)N}\left(P_{\text{ap}}e^{-\lambda}\right)^{a-1}\right]\left(P_{\text{ap}}e^{-\lambda_0}\right)^{n} \\
&=\left(1-e^{-\lambda_0}\right)\sum_{a=1}^{n}\left(P_{\text{ap}}e^{-\lambda_0}\right)^{a-1}+\left(1-e^{-\lambda_1}\right)\sum_{a=n+1}^{n+(B+1)N}\left[\left(e^{-\lambda_1+\lambda_0}\right)^{a-n-1}\left(P_{\text{ap}}e^{-\lambda_0}\right)^{a-1}\right] \\
&\leqslant \left(1-e^{-\lambda_1}\right)\sum_{a=1}^{n}\left(P_{\text{ap}}e^{-\lambda_0}\right)^{a-1}+\left(1-e^{-\lambda_1}\right)\sum_{a=n+1}^{n+(B+1)N}\left(P_{\text{ap}}e^{-\lambda_0}\right)^{a-1} \\
&=\left(1-e^{-\lambda_1}\right)\sum_{a=1}^{n+(B+1)N}\left(P_{\text{ap}}e^{-\lambda_0}\right)^{a-1}
\end{aligned} \tag{C-9}$$

$$
\begin{aligned}
&P_n^{B+2}\left(1 \mid \text{gate}\right)_{0\text{bit}} \\
&\geqslant \left(1-\mathrm{e}^{-\lambda_0}\right)\sum_{a=1}^{n}\left(P_{\text{ap}}\mathrm{e}^{-\lambda_0}\right)^{a-1}+\left[\left(1-\mathrm{e}^{-\lambda_1}\right)\sum_{a=1}^{N}\left(P_{\text{ap}}\mathrm{e}^{-\lambda}\right)^{a-1}\right]\left(P_{\text{ap}}\mathrm{e}^{-\lambda_0}\right)^{n} \\
&= \left(1-\mathrm{e}^{-\lambda_0}\right)\sum_{a=1}^{n}\left(P_{\text{ap}}\mathrm{e}^{-\lambda_0}\right)^{a-1}+\left(1-\mathrm{e}^{-\lambda_1}\right)\sum_{a=n+1}^{n+N}\left[\left(\mathrm{e}^{-\lambda_1+\lambda_0}\right)^{a-n-1}\left(P_{\text{ap}}\mathrm{e}^{-\lambda_0}\right)^{a-1}\right] \quad (\text{C}-10)\\
&\geqslant \left(1-\mathrm{e}^{-\lambda_0}\right)\sum_{a=1}^{n}\left(P_{\text{ap}}\mathrm{e}^{-\lambda_0}\right)^{a-1}+\left(1-\mathrm{e}^{-\lambda_0}\right)\sum_{a=n+1}^{n+N}\left(P_{\text{ap}}\mathrm{e}^{-\lambda_0}\right)^{a-1} \\
&= \left(1-\mathrm{e}^{-\lambda_0}\right)\sum_{a=1}^{n+N}\left(P_{\text{ap}}\mathrm{e}^{-\lambda_0}\right)^{a-1}
\end{aligned}
$$

$$
\left(1-\mathrm{e}^{-\lambda_0}\right)\sum_{a=1}^{n+N}\left(P_{\text{ap}}\mathrm{e}^{-\lambda_0}\right)^{a-1} \leqslant P_n^{B+2}\left(1 \mid \text{gate}\right)_{0\text{bit}} \leqslant \left(1-\mathrm{e}^{-\lambda_1}\right)\sum_{a=1}^{n+(B+1)N}\left(P_{\text{ap}}\mathrm{e}^{-\lambda_0}\right)^{a-1} \quad (\text{C}-11)
$$

在情形 2 中，与情形 1 中的研究方法相同，推导得到第 B 个比特为“1”时，第 n 个门的触发概率表达式为

$$
P_n^{B}\left(1 \mid \text{gate}\right)_{1\text{bit}} = \left(1-\mathrm{e}^{-\lambda_1}\right)\sum_{a=1}^{n+(B-1)N}\left(P_{\text{ap}}\mathrm{e}^{-\lambda}\right)^{a-1} \quad (\text{C}-12)
$$

进一步得到第 $B+1$ 个比特为“1”时，第 n 个门的触发概率表达式为

$$
P_n^{B+1}\left(1 \mid \text{gate}\right)_{0\text{bit}} = \left(1-\mathrm{e}^{-\lambda_0}\right)\sum_{a=1}^{n}(P_{\text{ap}}\mathrm{e}^{-\lambda_0})^{a-1}+\sum_{a=n+1}^{n+BN}\left[\left(1-\mathrm{e}^{-\lambda_1}\right)\left(\mathrm{e}^{\lambda_0-\lambda_1}\right)^{a-n-1}P_{\text{ap}}\mathrm{e}^{-\lambda_0}\right]^{a-1} \quad (\text{C}-13)
$$

首先，根据式(5 - 8)，对 $P_n^{B+1}\left(1|\text{gate}\right)_{0\text{bit}}$ 的上下界进行分析：

$$
\begin{aligned}
&P_n^{B+1}\left(1 \mid \text{gate}\right)_{0\text{bit}} \\
&\leqslant \left(1-\mathrm{e}^{-\lambda_1}\right)\sum_{a=1}^{n}\left(P_{\text{ap}}\mathrm{e}^{-\lambda_0}\right)^{a-1}+\sum_{a=n+1}^{n+BN}\left[\left(1-\mathrm{e}^{-\lambda_1}\right)P_{\text{ap}}\mathrm{e}^{-\lambda_0}\right]^{a-1} \quad (\text{C}-14)\\
&= \left(1-\mathrm{e}^{-\lambda_1}\right)\sum_{a=1}^{n+BN}\left(P_{\text{ap}}\mathrm{e}^{-\lambda_0}\right)^{a-1}
\end{aligned}
$$

$$
P_n^{B+1}\left(1 \mid \text{gate}\right)_{0\text{bit}} \geqslant \left(1-\mathrm{e}^{-\lambda_0}\right)\sum_{a=1}^{n}\left(P_{\text{ap}}\mathrm{e}^{-\lambda_0}\right)^{a-1} \quad (\text{C}-15)
$$

$$
(1-\mathrm{e}^{-\lambda_0})\sum_{a=1}^{n}\left(P_{\text{ap}}\mathrm{e}^{-\lambda_0}\right)^{a-1} \leqslant P_n^{B+1}\left(1 \mid \text{gate}\right)_{0\text{bit}} \leqslant \left(1-\mathrm{e}^{-\lambda_1}\right)\sum_{a=1}^{n+BN}\left(P_{\text{ap}}\mathrm{e}^{-\lambda_0}\right)^{a-1} \quad (\text{C}-16)
$$

然后，根据式(C - 16)，求解“0”比特→“1”比特的变化过程，即第 $B+2$ 个比特为“1”时，第 n 个门的触发概率上下界：

$$
\begin{aligned}
&P_n^{B+2}\left(1\mid \text{gate}\right)_{\text{1bit}} \\
&\leqslant \left(1-\mathrm{e}^{-\lambda_1}\right)\sum_{a=1}^{n}\left(P_{\text{ap}}\mathrm{e}^{-\lambda}\right)^{a-1}+\left[\left(1-\mathrm{e}^{-\lambda_1}\right)\sum_{a=1}^{(B+1)N}\left(P_{\text{ap}}\mathrm{e}^{-\lambda_0}\right)^{a-1}\right]\left(P_{\text{ap}}\mathrm{e}^{-\lambda}\right)^{n} \\
&=\left(1-\mathrm{e}^{-\lambda_1}\right)\sum_{a=1}^{n}\left(P_{\text{ap}}\mathrm{e}^{-\lambda}\right)^{a-1}+\left(1-\mathrm{e}^{-\lambda_1}\right)\sum_{a=n+1}^{n+(B+1)N}\left[\left(\mathrm{e}^{\lambda_1-\lambda_0}\right)^{a-n-1}\left(P_{\text{ap}}\mathrm{e}^{-\lambda}\right)^{a-1}\right] \quad (\text{C}-17) \\
&\leqslant \left(1-\mathrm{e}^{-\lambda_1}\right)\sum_{a=1}^{n}\left(P_{\text{ap}}\mathrm{e}^{-\lambda}\right)^{a-1}+\left(1-\mathrm{e}^{-\lambda_1}\right)\sum_{a=n+1}^{n+(B+1)N}\left(P_{\text{ap}}\mathrm{e}^{-\lambda}\right)^{a-1} \\
&=\left(1-\mathrm{e}^{-\lambda_1}\right)\sum_{a=1}^{n+(B+1)N}\left(P_{\text{ap}}\mathrm{e}^{-\lambda}\right)^{a-1}
\end{aligned}
$$

$$
\begin{aligned}
&P_n^{B+2}\left(1\mid \text{gate}\right)_{\text{1bit}} \\
&\geqslant \left(1-\mathrm{e}^{-\lambda_1}\right)\sum_{a=1}^{n}\left(P_{\text{ap}}\mathrm{e}^{-\lambda}\right)^{a-1}+\left[\left(1-\mathrm{e}^{-\lambda_0}\right)\sum_{a=1}^{N}\left(P_{\text{ap}}\mathrm{e}^{-\lambda_0}\right)^{a-1}\right]\left(P_{\text{ap}}\mathrm{e}^{-\lambda}\right)^{n} \\
&=\left(1-\mathrm{e}^{-\lambda_1}\right)\sum_{a=1}^{n}\left(P_{\text{ap}}\mathrm{e}^{-\lambda}\right)^{a-1}+\left(1-\mathrm{e}^{-\lambda_0}\right)\sum_{a=n+1}^{n+N}\left[\left(\mathrm{e}^{\lambda_1-\lambda_0}\right)^{a-n-1}\left(P_{\text{ap}}\mathrm{e}^{-\lambda}\right)^{a-1}\right] \quad (\text{C}-18) \\
&\geqslant \left(1-\mathrm{e}^{-\lambda_1}\right)\sum_{a=1}^{n}\left(P_{\text{ap}}\mathrm{e}^{-\lambda}\right)^{a-1}+\left(1-\mathrm{e}^{-\lambda_1}\right)\sum_{a=n+1}^{n+N}\left(P_{\text{ap}}\mathrm{e}^{-\lambda}\right)^{a-1} \\
&=\left(1-\mathrm{e}^{-\lambda_1}\right)\sum_{a=1}^{n+N}\left(P_{\text{ap}}\mathrm{e}^{-\lambda}\right)^{a-1}
\end{aligned}
$$

$$
\left(1-\mathrm{e}^{-\lambda_1}\right)\sum_{a=1}^{n+N}\left(P_{\text{ap}}\mathrm{e}^{-\lambda}\right)^{a-1}\leqslant P_n^{B+2}\left(1\mid \text{gate}\right)_{\text{1bit}}\leqslant \left(1-\mathrm{e}^{-\lambda_1}\right)\sum_{a=1}^{n+(B+1)N}\left(P_{\text{ap}}\mathrm{e}^{-\lambda}\right)^{a-1} \quad (\text{C}-19)
$$

同理，根据式(C－16)，求解“0”比特→“0”比特的变化过程，即第 $B+2$ 个比特为“0”时，第 n 个门的触发概率上下界：

$$
\begin{aligned}
&P_n^{B+2}\left(1\mid \text{gate}\right)_{\text{0bit}} \\
&\leqslant \left(1-\mathrm{e}^{-\lambda_0}\right)\sum_{a=1}^{n}\left(P_{\text{ap}}\mathrm{e}^{-\lambda_0}\right)^{a-1}+\left[\left(1-\mathrm{e}^{-\lambda_1}\right)\sum_{a=1}^{(B+1)N}\left(P_{\text{ap}}\mathrm{e}^{-\lambda_0}\right)^{a-1}\right]\left(P_{\text{ap}}\mathrm{e}^{-\lambda_0}\right)^{n} \\
&=\left(1-\mathrm{e}^{-\lambda_0}\right)\sum_{a=1}^{n}\left(P_{\text{ap}}\mathrm{e}^{-\lambda_0}\right)^{a-1}+\left(1-\mathrm{e}^{-\lambda_1}\right)\sum_{a=n+1}^{n+(B+1)N}\left(P_{\text{ap}}\mathrm{e}^{-\lambda_0}\right)^{a-1} \quad (\text{C}-20) \\
&\leqslant \left(1-\mathrm{e}^{-\lambda_1}\right)\sum_{a=1}^{n+(B+1)N}\left(P_{\text{ap}}\mathrm{e}^{-\lambda_0}\right)^{a-1}
\end{aligned}
$$

$$
\begin{aligned}
&P_n^{B+2}\left(1 \mid \text{gate}\right)_{0\text{bit}} \\
&\geqslant \left(1-\mathrm{e}^{-\lambda_0}\right)\sum_{a=1}^{n}\left(P_{\text{ap}}\mathrm{e}^{-\lambda_0}\right)^{a-1}+\left[\left(1-\mathrm{e}^{-\lambda_0}\right)\sum_{a=1}^{N}\left(P_{\text{ap}}\mathrm{e}^{-\lambda_0}\right)^{a-1}\right]\left(P_{\text{ap}}\mathrm{e}^{-\lambda_0}\right)^{n} \\
&=\left(1-\mathrm{e}^{-\lambda_0}\right)\sum_{a=1}^{n}\left(P_{\text{ap}}\mathrm{e}^{-\lambda_0}\right)^{a-1}+\left(1-\mathrm{e}^{-\lambda_0}\right)\sum_{a=n+1}^{n+N}\left(P_{\text{ap}}\mathrm{e}^{-\lambda_0}\right)^{a-1} \\
&=\left(1-\mathrm{e}^{-\lambda_0}\right)\sum_{a=1}^{n+N}\left(P_{\text{ap}}\mathrm{e}^{-\lambda_0}\right)^{a-1}
\end{aligned}
\tag{C-21}
$$

$$
\left(1-\mathrm{e}^{-\lambda_0}\right)\sum_{a=1}^{n+N}\left(P_{\text{ap}}\mathrm{e}^{-\lambda_0}\right)^{a-1}\leqslant P_n^{B+2}\left(1 \mid \text{gate}\right)_{0\text{bit}}\leqslant\left(1-\mathrm{e}^{-\lambda_1}\right)\sum_{a=1}^{n+(B+1)N}\left(P_{\text{ap}}\mathrm{e}^{-\lambda_0}\right)^{a-1}
\tag{C-22}
$$

通过观察发现式(C-8)与式(C-19)、式(C-11)与式(C-22)的形式完全一致，可知经过情形 1 与情形 2 后得到的触发概率上下界不变，与雪崩事件的历史过程无关，仅与当前比特时间内的比特信息有关。因此，“0”比特与“1”比特的触发概率上下界的一致表达式归纳如下：

$$
\left(1-\mathrm{e}^{-\lambda_0}\right)\sum_{a=1}^{n+N}\left(P_{\text{ap}}\mathrm{e}^{-\lambda_0}\right)^{a-1}\leqslant P_n^{B+2}\left(1 \mid \text{gate}\right)_{0\text{bit}}\leqslant\left(1-\mathrm{e}^{-\lambda_1}\right)\sum_{a=1}^{n+(B+1)N}\left(P_{\text{ap}}\mathrm{e}^{-\lambda_0}\right)^{a-1}
\tag{C-23}
$$

$$
\left(1-\mathrm{e}^{-\lambda_1}\right)\sum_{a=1}^{n+N}\left(P_{\text{ap}}\mathrm{e}^{-\lambda}\right)^{a-1}\leqslant P_n^{B+2}\left(1 \mid \text{gate}\right)_{1\text{bit}}\leqslant\left(1-\mathrm{e}^{-\lambda_1}\right)\sum_{a=1}^{n+(B+1)N}\left(P_{\text{ap}}\mathrm{e}^{-\lambda}\right)^{a-1}
\tag{C-24}
$$